装配式建筑培训系列教材

装配式混凝土建筑设计

中 建 科 技 有 限 公 司
中建装配式建筑设计研究院有限公司　　编　著
中 国 建 筑 发 展 有 限 公 司

中国建筑工业出版社

图书在版编目（CIP）数据

装配式混凝土建筑设计/中建科技有限公司，中建装配式建筑
设计研究院有限公司，中国建筑发展有限公司编著. —北京：
中国建筑工业出版社，2017.12
装配式建筑培训系列教材
ISBN 978-7-112-21451-8

Ⅰ.①装⋯　Ⅱ.①中⋯②中⋯③中⋯　Ⅲ.①装配式混凝土
结构-建筑设计-技术培训-教材　Ⅳ.①TU37

中国版本图书馆 CIP 数据核字(2017)第 267828 号

本书全面、系统地讲解了装配式混凝土建筑各方面设计内容，具体包括：装
配式建筑设计概论、建筑系统划分及系统集成设计、结构系统设计、机电系统设
计、内装系统设计、外围护系统设计、BIM 协同设计平台构建及信息化集成设
计、案例分析。

本书适合装配式混凝土建筑各专业设计人员使用，也适合高等院校相关专业
师生、科研院所技术人员参考使用。

责任编辑：李　阳　李　明　朱首明　周　觅
责任设计：李志立
责任校对：焦　乐　王雪竹

装配式建筑培训系列教材
装配式混凝土建筑设计
中 建 科 技 有 限 公 司
中建装配式建筑设计研究院有限公司　编著
中 国 建 筑 发 展 有 限 公 司
*
中国建筑工业出版社出版、发行(北京海淀三里河路 9 号)
各地新华书店、建筑书店经销
北京建筑工业印刷厂制版
廊坊市海涛印刷有限公司印刷
*
开本：787×1092 毫米　1/16　印张：16½　字数：410 千字
2017 年 12 月第一版　2017 年 12 月第一次印刷
定价：45.00 元
ISBN 978-7-112-21451-8
(31066)

本书编委会

主　　任：叶浩文

副 主 任：叶　明　樊则森

委　　员：周　冲　刘治国　李　文　李志武　王云燕

成　　员：蒋　杰　徐政宇　李新伟　廖敏清　鲁晓通

　　　　　邱　勇　欧天祺　张志彬　崔燕辉　钱　骁

　　　　　张永深　曹　民　蓝　芬　李文伟　陈锡谐

　　　　　吴晓亮　浦华勇　王　秒　张明皓　尹述伟

　　　　　吴　江　严　涛　张艾荣　黄轶群

序　言

2016 年 9 月，《国务院办公厅关于大力发展装配式建筑的指导意见》（国办发［2016］71 号）中提出要坚持标准化设计、工厂化生产、装配化施工、一体化装修、信息化管理、智能化应用，大力发展装配式混凝土建筑和钢结构建筑，提高技术水平和工程质量，促进建筑产业转型升级。2017 年 3 月，住房和城乡建设部印发了《"十三五"装配式建筑行动方案》（建科［2017］77 号），进一步明确了发展装配式建筑的工作目标，强调要形成装配式建筑专业化队伍，全面提升装配式建筑质量、效益和品质，实现装配式建筑全面发展。

在国家大力推广装配式建筑之际，建筑业转型升级迎来了重大机遇，国家及各地政府也都相继出台相关鼓励政策，颁布了相应的国家、行业及地方技术标准。此外，科技部在国家"十三五"重点研发方面，围绕"绿色建筑及建筑工业化"领域科技需求，广泛组织行业人员开展装配式建筑科研课题攻关，从基础理论、顶层设计、产业链整合和技术评估等多方面进行深入研究。装配式混凝土建筑是装配式建筑的主要结构形式，是实现建筑工业化的重要手段和主要抓手。我国通过总结、创新适合我国国情的装配式建筑关键技术体系，引进和消化国外先进技术，不断积累和改进，已基本形成相关结构体系并得到成功应用。目前，我国正处于快速发展并推广装配式建筑的关键时期。随着装配式建筑工程规模的逐渐增大，从事装配式建筑研发、设计、生产、施工和管理等环节的从业人员，无论是数量还是素质均已经无法满足装配式建筑的市场需求。据统计，我国建筑工业化专业技术人才的缺口已近百万人。截至目前，在高等院校的培养教育方面，建筑工业化发展所需后备人才仍是空白。因此，为了较好地加快装配式建筑领域专业人才的培养，中建科技有限公司、中建装配式建筑设计研究院有限公司、中国建筑发展有限公司受中国建筑工业出版社邀请，编写《装配式混凝土建筑设计》和《装配式混凝土建筑施工技术》等培训系列教材。希望通过本培训系列教材，使得传统建筑人才具备从事装配式建筑工程技术研发、设计、生产、施工及工程管理的知识和能力，从而全面提升装配式建筑全产业链整合和实践能力，促进装配式建筑的可持续健康发展。

最后，由于装配式建筑发展迅速，新技术、新产品、新工艺等不断涌现，有一些行业技术标准也未统一，加之我们水平有限，书中难免有不妥和遗漏之处，谨请广大读者批评指正。

叶浩文

2017 年 7 月

前　言

装配式建筑是指用预制的构件在工地装配而成的建筑，通过"标准化设计、工厂化生产、装配式施工、一体化装修、信息化管理"，全面提升建筑品质和建造效率，达到可持续发展的目标。发展装配式建筑是建造方式的重大变革，是推进供给侧结构性改革和新型城镇化发展的重要举措，也是推进建筑业转型的重要方式，有利于节约资源能源、减少施工污染、提升劳动生产效率和质量安全水平，有利于促进建筑业与信息化、工业化深度融合，培育新产业、新动能，推动化解过剩产能，实现社会的可持续发展。

2016 年 9 月 27 日《国务院办公厅关于大力发展装配式建筑的指导意见》（国办发〔2016〕71 号）中提出力争用 10 年左右的时间，使装配式建筑占新建建筑面积的比例达到 30％。该政策的出台将会促进装配式建筑的发展，同时也对装配式建筑技术提出了更高的要求。

现阶段从事装配式建筑研发、设计、生产、施工、管理等的人员，已经无法满足装配式建筑的发展需求。为了加速培养具有装配式建筑技术的相关人才，中建科技有限公司、中建装配式建筑设计研究院有限公司、中国建筑发展有限公司受中国建筑工业出版社邀请，编写了本教材。本教材结合目前装配式混凝土建筑的相关政策现行标准规范，以培训装配式混凝土建筑设计人员为主要目标，重点介绍了建筑系统划分及系统集成设计、结构系统设计、机电系统设计、内装系统设计、外围护系统设计、BIM 协同设计平台构建及信息化集成设计，同时进行了相关的案例分析。本教材编写过程中力求内容精炼、图文并茂、重点突出、文字表述通俗易懂，便于相关人员更好地掌握装配式建筑的知识。

目　　录

1 绪 论

装配式建筑古已有之，希腊古典柱式中的柱头、柱身及柱础以装配的方式组装在一起。装配式建筑不是舶来品，我国古建筑中的榫卯、斗栱均采用了装配组装的方式，整栋建筑甚至可以不用一颗铆钉和一滴胶水，仅通过榫卯干式连接的方式就可以建造完成。建筑业泰斗梁思成先生在 1962 年即提出了"设计标准化、构件预制工厂化、施工机械化"的"三化论"。从 20 世纪 80 年代末期开始，我国的装配式建筑经历了从一度繁盛到逐步走向衰落的过程。停滞了近 20 年的装配式建筑，终于在 21 世纪迎来了复苏。随着时代的发展和科技的进步，装配式建筑行业在吸收并学习"三化论"的基础上，提出了新的"五化一体"概念，补充增加了"机电内装一体化与管理信息化"。2016 年叶浩文同志在中国建筑学会建筑产业现代化发展委员会成立大会上，代表学会作了《建筑工业化"三个一体化"的发展思维》主题报告，首先提出了"三个一体化"发展论，为行业转型发展，向着工业化、绿色化、信息化系统集成的方向迈进提供了理论支持和实践方法论。

1.1 装配式建筑的"三化论"

1962 年 9 月 9 日梁思成先生在《人民日报》上撰文《从拖泥带水到干净利索》。在此非常有必要以敬仰的心态，重温梁先生的文字，原文如下：

"结合中国条件，逐步实现建筑工业化。"这是党给我们建筑工作者指出的方向。我们是不可能靠手工业生产方式来多快好省地建设社会主义的。

19 世纪中叶以后，在一些技术先进的国家里生产已逐步走上机械化生产的道路。唯独房屋的建造，却还是基本上以手工业生产方式施工。虽然其中有些工作或工种，如土方工程，主要建筑材料的生产、加工和运输，都已逐渐走向机械化；但到了每一栋房屋的设计和建造，却还是像千百年前一样，由设计人员个别设计，由建筑工人用双手将一块块砖、一块块石头，用湿淋淋的灰浆垒砌；把一副副的桁架、梁、柱，就地砍锯刨凿，安装起来。这样设计，这样施工，自然就越来越难以适应不断发展的生产和生活的需要。

第一次世界大战后，欧洲许多城市遭到破坏，亟待恢复、重建，但人力、物力、财力又都缺乏，建筑师、工程师们于是开始探索最经济地建造房屋的途径。这时期他们努力的主要方向在摆脱欧洲古典建筑的传统形式以及繁缛雕饰，以简化设计施工的过程，并且在艺术处理上企图把一些新材料、新结构的特征表现在建筑物的外表上。

第二次的世界大战中，造船工业初次应用了生产汽车的方式制造运输舰只，彻底改变了大型船只个别设计、个别制造的古老传统，大大地提高了造船速度。从这里受到启示，建筑师们就提出了用流水线方式来建造房屋的问题，并且从材料、结构、施工等各个方面探索研究，进行设计。"预制房屋"成了建筑界研究试验的中心问题。一些试验性的小住

1

宅也试建起来了。

在这整个探索、研究、试验，一直到初步成功，开始大量建造的过程中，建筑师、工程师们得出的结论是：要大量、高速地建造就必须利用机械施工；要机械施工就必须使建造装配化；要建造装配化就必须将构件在工厂预制；要预制就必须使构件的类型、规格尽可能少，并且要规格统一，趋向标准化。因此标准化就成了大规模、高速度建造的前提。

标准化的目的在于便于工厂（或现场）预制，便于用机械装配搭盖，但是又必须便于运输；它必须符合一个国家的工业化水平和人民的生活习惯。此外，既是预制，也就要求尽可能接近完成，装配起来后就无需再加工或者尽可能少加工。总的目的是要求盖房子像孩子玩积木那样，把一块块构件搭在一起，房子就盖起来了。因此，"标准应该怎样制订"就成了近20年来建筑师、工程师们不断研究的问题。

标准的制定，除了要从结构、施工的角度考虑外，更基本的是要从适用——即生产和生活的需要的角度考虑。这里面的一个关键就是如何让求得一些最恰当的标准尺寸的问题。

多样化的生产和生活需要不同大小的空间，因而需要不同尺寸的构件。怎样才能使比较少数的若干标准尺寸足以适应层出不穷的适用方面的要求呢？除了构件应按大小分为若干等级外，还有一个极重要的模数问题。所谓"模数"就是一座建筑物本身各部分以及每一主要构件的长、宽、高的尺寸的最大公约数，每一个重要尺寸都是这一模数的倍数。只要在以这模数构成的"格网"之内，一切构件都可以横、直、反、正、上、下、左、右地拼凑成一个方整体，凑成各种不同长、宽、高比的房间，如同摆七巧板那样，以适应不同的需要。模数不但要适应生产和生活的需要，适应材料特征，便于预制和机械化施工，而且应从比例上的艺术效果考虑。我国古来虽有"材"、"分"、"斗口"等模数传统，但由于它们只适于木材的手工业加工和殿堂等简单结构，而且模数等级太多，单位太小，显然是不能适用于现代工业生产。

建筑师们还发现仅仅使构件标准化还不够，又从两方面进一步发展并扩大了标准化的范畴。一方面是利用标准构件组成各种"标准单元"，例如在大量建造的住宅中从一户一室到一户若干室的标准化配合，凑成种种标准单元。一幢住宅就可以由若干个这种或那种标准单元搭配布置。另一方面的发展就是把各种房间，特别是体积不太大而内部管线设备比较复杂的房间，如住宅中的厨房、浴室等，在厂内整体全部预制完成，做成一个个"匣子"，运到现场，吊起安放在设计预定的位置上。这样，把许多"匣子"垒叠在一起，一幢房屋就建成了。

从工厂预制和装配施工的角度考虑，首先要解决的是标准化的问题。但从运输和吊装的角度考虑，则构件的最大允许尺寸和重量又是不容忽视的。总的要求是要"大而轻"。因此，在吊车和载重汽车能力有限的条件下，如何减轻构件重量，加大构件尺寸，就成了建筑师、工程师，特别是材料工程师和建筑机械工程师所研究的问题。研究试验的结果：一方面是许多轻质材料，如矿棉、陶粒、泡沫矽酸盐、轻质混凝土等等和一些隔热、隔声材料以及许多新的高强轻材料和结构方法的产生和运用；一方面是各种大型板材（例如一间房的完整的一面墙做成一整块，包括门、窗、管、线、隔热、隔声、油饰、粉刷等，一应俱全，全部加工完毕），大型砌块，乃至上文所提到的整个房间之预制，务求既大且轻。同时，怎样使这些构件、板材等接合，也成了重要的问题。

机械化施工不但影响房屋本身的设计，而且也影响到房屋组群的规划。显然，参差错落，变化多端的排列方式是不便于在轨道上移动的塔式起重机的操作的（虽然目前已经有了无轨塔式起重机，但尚未普遍应用）。在"设计标准化，构件预制工厂化，施工机械化"的前提下圆满地处理建筑物的艺术效果的问题，在"千篇一律"中取得"千变万化"，的确不是一个容易解答的难题，需要作巨大努力。

我国古代哲匠的传统办法虽然可以略资借鉴，但显然是不能解决今天的问题的，但在苏联和其他技术先进的国家已经有了不少相当成功的尝试。"三化"是我们多快好省地进行社会主义基本建设的方向。但"三化"的问题是十分错综复杂，彼此牵扯联系着的，必须由规划、设计、材料、结构、施工、建筑机械等方面人员共同研究解决。几千年来，建筑工程都是将原材料运到工地现场加工，"拖泥带水"地砌砖垒石、抹刷墙面、顶棚和门窗、地板的活路。"三化"正在把建筑施工引上"干燥"的道路。近几年来，我国的建筑工作者已开始做了些重点试验，如北京的民族饭店和民航大楼以及一些试点住宅等。但只能说在主体结构方面做到"三化"，而在最后加工完成的许多工序上还是不得不用手工业方式"拖泥带水"地结束。"三化"还很不彻底；其中许多问题我们还未能很好地解决。目前基本建设的任务比较轻了。

我们应该充分利用这个有利条件，把"三化"作为我们今后一段时间内科学研究的重点中心问题，以期在将来大规模建设中尽可能早日实现建筑工业化。那时候，我们的建筑工作就不要再拖泥带水了。

梁先生在文章中提到了很多关键词，例如"模数"、"网格"、"标准化单元"、"匣子"、"三化"等。虽然时间过去了半个世纪，这些关键词依然是发展装配式建筑经常被提及的概念。就目前而言，有些内容是进步了的，有些还是在原地踏步，还有一些甚至出现了倒退。现阶段我们肩负着历史与行业发展的使命，以"预制梦想、装配未来"为发展理念，提出"五化一体"的产业发展方向，坚持"三个一体化"核心思想，时刻牢记"两提两减"的装配式建筑发展初心。

1.2 装配式建筑的"五化一体论"

2015 年 11 月，中国建筑股份有限公司副总工程师、中建科技集团有限公司董事长叶浩文同志撰写《EPC 五化一体是建筑工业化必由之路》，详细阐明了"五化一体"的核心内容与装配式建筑的发展路径，原文如下：

建筑工业化给行业带来了很多思考，我的思考结论就是"做好这件事就要实行 EPC 五化一体"。建筑工业化是我国推进生态文明、精益建造企业转型升级的一件大事。这几年政府陆续出台了很多政策，非常积极地推动建筑工业化，很多地方政府也积极响应中央政府，上海和深圳响应力度较大。在政府的大力引导下，部分企业正在积极实践，我们中建就开展了很多尝试，做了很多示范项目，目前很多建筑产业化基地也逐渐开展起来了，可以说建筑工业化进入了一个很好的发展机遇期。

建筑工业化目前面临着诸多的困难、诸多的挑战、诸多的困惑。中建为了做好这个事业，近两年做了很多调研和思考。现在我把我们在调研中的一些思考、困惑、误区跟大家做一个交流。大家都知道做建筑工业化就是要实现绿色发展，要推行设计标准化、生产工厂化、施工装配化、装修一体化以及过程全部管理信息化，但在实际过程中会碰到很多困惑和挑战，很多地方都是以装配率和预制率来衡量建筑工业化程度，其实这是远远不够的。要搞好建筑工业化，就要技术的创新，要管理的创新，要全产业链的发展。只有一次大的革命创新才能搞好建筑工业化，如果不是大的创新，只是小打小闹的话，建筑工业化的发展是没有前景的。

我们仅仅做主体结构的预制还不够，还要使用全产业链的部品，只有全产业链的协同设计、协同生产、协同装配、共同发展，才能产生巨大的作用。大家应该有这么一个感觉，如果单独做某一件东西，成本肯定会很大，但如果我们把一个东西以生产线方式批量自动生产，这个成本一定会变小；所以要控制住成本，就要标准化、批量生产。我们现在碰到的问题除了前面讲的，在管理上也存在着诸多的问题，比如现在没有推行建筑、结构、机电、装修一体化，无法实现 EPC 工程总承包模式。这个工程总承包模式是工业化能够向前大迈进的一个关键模式，这个管理模式可以极大地推动建筑工业化向前发展，我认为这是唯一模式。

……

前面谈的是建筑工业化存在的一些阻碍、障碍、问题、误区，要怎么解决这些阻碍、障碍、问题、误区呢？我觉得那就是要采用"EPC 五化一体"模式进行建设（设计标准化、生产工厂化、施工装配化、机电装修一体化、管理信息化），整体协同发展，这才是建筑工业化的必由之路。"EPC 五化一体"的技术优势，就是通过设计能够把模数、模块认真的研究，使其系列化、标准化、模块化，这样就可以不单在一个地方生产，还可以在全国各地生产。这个技术优势非常显著，统筹策划、协同设计、生产加工等环节都可以做到很精密。搞建筑工业化有一个误区，就是有些同志认为，工业化搞的是低端产品，开发商搞的是成品房，自己搞的是精品，工业化产品不适合自己。实际上不是这样，建筑工业化就是精品制造。我们之前去国外参观时发现重要建筑和关键建筑只有工厂才能够做到精益，比如造汽车，如果手工做一辆汽车，没有多少人敢用，但如果在生产线上做辆汽车，大多数人会更放心，会觉得更好。

实现 EPC 五化一体最为重要的就是要确定工程总承包，总承包主体可以是大的建筑集团，也可以是大的建筑设计集团。无论是大的建筑集团还是大的建筑设计集团，都要能够把全产业链统筹起来，实行总包策划和管理管控。只要我们能够实行这种 EPC 五化一体，就能够做到效益的最大化，品质会更佳，成本会更低，工期会更短，安全性会更高。EPC 五化一体的技术优势非常明显，同时也还有其他方面的众多优势，此处不再详述。

下面再简单说一下中建对建筑工业化的思考和实践。中建以前主要服务于各个开发商和各个设计院，做了很多现场调装、拼装的工作，但是没有系统的、完整地去做这件事，经过诸多的调研，中建专门成立了中建科技集团，要将其打造成中建建筑工业化的产业平台、技术研发平台、投资管控平台，同时协同八大工程局来共同发展。我们聚焦于绿色建筑与节能、新型的建筑材料、新能源等，然后融入建筑工业化里面，通过建筑工业化来带动绿色建筑、建筑节能、新型建筑材料的发展。如果没有将新材料、新工艺融入建筑工业化当中，建筑工业化就仅仅是个框架，建造出的房子舒适度就不会高，性能也不会好，所以要搞好建筑工业化就应该因地制宜地进行多元素融合。

中建科技集团打造产业平台，是一个新技术、新材料应用及产业化发展的平台，我们的发展理念和思路就是要"设计先导，技术引领；合理布局，系统联动；产业化平台，区域经营；EPC 五化一体"。这个设计先导讲的是我们成立了建筑工业化设计研究院、建筑工业化技术研究中心，要把全产业链都要研究和开发起来，成立若干个分院，对设计、生产加工、建筑材料等进行全面的研究。研究的产品，除了住宅、酒店、办公、医院、学校外，还包括地下综合管廊，从体系上讲除了框架以外，PC、PS、盒子结构都在研究中。

......

通过中建总公司的合理布局，中建科技集团要和八个工程局进行系统联动，未来要在全国建三四十个预制构件厂。现在我们搭建了一个产业平台，就是要区域发展，实行 EPC 五化一体。我们的理念是不卖构件，要卖就卖产品，实行产业联盟，联合各家公司共同搞好这件事情。

让我们共同携手，把建筑工业化变成一个大战略，联合有志要发展的行业企业共同推进建筑工业化的发展。就说到这里，谢谢大家。

1.3　装配式建筑的"三个一体化发展论"

2016 年 6 月 26 日，在中国建筑学会建筑产业现代化发展委员会成立大会上，叶浩文代表学会作了《建筑工业化"三个一体化"的发展思维》主题报告，首先提出了"三个一体化发展论"（图 1.3-1），为行业转型发展，向着工业化、绿色化、信息化的方向迈进提供了理论支持和实践的方法论。

一体化集成设计关键技术　　　　一体化集成建造关键技术　　　　技术—管理—市场一体化

图 1.3-1　三个一体化发展论

"三个一体化发展论"主要针对的是我国现阶段装配式建筑发展过程中存在的几个关键问题：

（1）全过程割裂的问题

突出体现在设计不考虑工厂加工生产和现场装配施工的需要，导致工厂加工效率低、人工浪费，现场既有预制又有现浇，工序工艺复杂，人工减少和材料节省有限，质量和效率的提升不明显。

（2）全专业分割的问题

突出体现在"装配式结构"的研究没有与建筑围护、机电设备和装饰装修结合。目前建成的装配式建筑存在的质量问题，绝大多数是主体结构、建筑围护、机电设备、装饰装修不配套导致的问题。

（3）管理和运行机制不适应技术和市场需求的问题

突出体现在按照传统的施工总承包模式，无法从施工的末端引导前端的技术研发、设计、部品部件采购等环节，需要建立国际通行的工程总承包模式，以管理、技术、市场一体化的责任主体统筹全链条。

"三个一体化发展论"以问题为导向提出了相应的解决方案：

（1）建筑、结构、机电、装修一体化，是系统性装配的要求

要解决建筑、结构、机电管线、装饰装修协同度差以及专业间分割的问题，不仅需要建立标准化的模数模块、统一的接口和规则，还需要建立标准化的协同工作平台，用信息化手段确保各个专业在同一个虚拟模型上统一设计，实现"建筑、结构、机电设备和装饰装修一体化"。

（2）设计、加工、装配一体化，是工业化生产的要求

要解决装配式建筑设计、加工、装配脱节的问题，需要研究不同阶段对建筑系统的要求和系统集成的方法，实现"设计、加工、装配一体化"。

（3）技术、管理、市场一体化，是产业化发展的要求

要解决管理和运行机制不适合技术发展和市场需求的问题，需要实现"管理、技术、市场一体化"。

综上所述，"三个一体化发展论"，在技术层面以装配式建筑为最终产品形成建筑、结构、机电、装修一体化技术体系，在管理层面以整体效益最大化为目标形成设计、生产、施工一体化管理体系，在生产运营层面以工程总承包为发展模式形成技术、管理、市场一体化发展战略。

2 装配式建筑设计概论

2.1 装配式建筑的设计阶段及深度要求

装配式建筑的设计阶段包括技术策划及方案设计、初步设计、施工图、预制构件加工图等设计阶段。每个设计阶段除了与常规现浇建筑设计有类似之处外，还有许多独特的设计要点需要特别注意。

2.1.1 技术策划及方案设计

1. 技术策划阶段

装配式建筑应在项目技术策划阶段进行前期方案策划及经济性分析，对规划设计、产品生产和施工建造各个环节统筹安排。建筑、结构、内装、机电、经济、构件生产等环节应密切配合，对方案的装配式技术选型、技术经济可行性和可建造性进行评估。

装配式建筑是一个系统工程，相比传统的建造方式而言，预制构件的约束条件更多、更复杂。为了实现建造速度快、节约劳动力并提高建筑质量的目的，需要尽量减少现场湿作业，将大部分构件在工厂按计划预制并按时运到现场，经过短时间存放进行吊装施工。因此实施方案的经济性与合理性，生产组织和施工组织的计划性，设计、生产、运输、存放、安装等各工序的衔接性和协同性，相比传统的施工方式尤为重要。好的计划能有效控制成本，提高效率，保证质量，充分体现装配式建筑的产业化优势。

技术策划的总体目标是使项目的经济效益、环境效益和社会效益实现综合平衡。技术策划的重点是项目经济性的评估，主要包括：

（1）建筑方案和结构选型的合理性

项目无论采用什么样的建造方式，首先要满足使用功能的需求；其次取决于建筑方案是否符合标准化设计的要求，是否结合装配式建造的特点和优势进行了高完成度的设计并考虑了易建性和建造效率；最后是结构选型的合理性，结构选型本质上也属于建筑方案适用和合理性的重要方面，对建筑的经济性和合理性非常重要。装配式混凝土结构按照结构形式，可分为装配式框架结构、装配式剪力墙结构、装配式框架—剪力墙结构等。目前应用最多的是装配式剪力墙结构，主要用于住宅建筑，其次是框架结构、框架—剪力墙结构，主要应用于公共建筑。

常见的装配式建筑体系主要有五种：

体系一：现浇为主、部分装配为辅。

主体受力结构采用标准模板现浇，将建筑外墙（包括飘窗挂板）、阳台、楼梯等外围护构件和公共楼梯部分作为预制构件，预制率在15%以上，该体系有"内浇外挂"和"内浇外嵌"两种形式。

图 2.1-1 为上海万科城花新园工程项目。该项目位于七宝镇，采用了 PC 技术，外墙、阳台等围护结构以及楼梯采用 PC 工厂预制的方式生产。

图 2.1-1　上海万科城花新园项目

体系二：标准模板现浇＋复合构件组合。

主体受力结构采用现浇形式，结构内筒体及承重墙体现浇，非承重内墙、外墙（非承重墙体与叠合梁一同预制）、阳台板、公共楼梯预制，预制率可达 30％左右。

图 2.1-2 为中国铁建南岸花语城。该项目的建筑外墙、楼板、阳台、空调板、楼梯、轻质内隔墙采用预制构件。

图 2.1-2　中国铁建南岸花语城项目

体系三：装配为主、部分装配为辅。

现浇部分包括核心筒墙体、现浇楼板、叠合板现浇部分、预制构件连接现浇节点。预制部分包括预制外墙板（剪力墙及非承重墙）、预制内墙板（剪力墙及非承重墙）、预制叠合楼板、预制阳台板、预制楼梯板及预制防火隔墙等，预制率在 50％以上。

图 2.1-3 为深圳裕璟幸福家园保障性住房项目。该项目是深圳市乃至全国首个采用 EPC 总承包模式的住宅产业化试点项目，项目预制率高达 50％，而成本增量仅为 5％，此项目将成为深圳市建筑工业化新技术应用的新标杆。

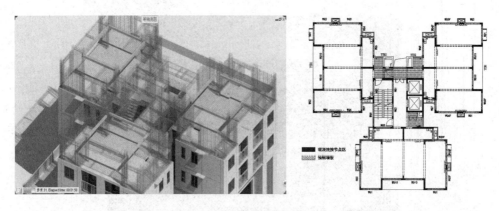

图 2.1-3　深圳裕璟幸福家园保障性住房项目

体系四：预制混凝土框架结构。

混凝土结构全部或部分采用预制柱或叠合梁、叠合板等构件，竖向受力构件之间通过套筒灌浆形式，水平受力构件之间通过套筒灌浆或后浇混凝土形式，节点部位通过后浇或叠合方式形成可靠传力机制，并满足承载力和变形要求的框架结构，预制率在75%左右。

图 2.1-4 为沈阳万科春河里项目。该项目采用日本鹿岛框架筒体结构体系，核心筒采用现浇方式，框架梁、框架柱采用预制方式，楼板采用叠合方式，内墙、复合夹芯保温外墙及楼梯均采用预制方式，结构预制部分达到 70% 以上，施工速度快，构件质量控制好。

图 2.1-4　沈阳万科春河里项目

体系五：装配式钢框架结构。

装配式钢结构体系由框架梁和框架柱作为主要受力构件抵抗竖向和水平荷载的钢结构体系。框架梁有 I 形、H 形和箱形梁等种类，框架柱有 H 形、空心圆钢管或方钢管柱、方钢管混凝土柱等种类。外墙、分户墙、楼板均可采用预制构件，整个建筑中预制率高达90% 以上。

图 2.1-5 为招金置业办公楼，采用的是装配式钢框架结构，该项目建筑面积 13512m²。

图 2.1-5　招金置业办公楼项目

（2）预制构件厂生产条件、生产规模、可生产预制构件的形式与生产能力

预制构件几何尺寸、重量、连接方式、集成度、采用平面构件还是立体构件等技术选型，需要结合预制构件厂的实际情况来确定。

（3）预制构件厂与项目的距离及运输的可行性与经济性

应综合考虑预制构件厂的合理运输半径，用地周边应具备完善的市政道路条件，构件进出场地条件便利。当运输条件限制时，个别的特殊构件也可在现场预制完成。

（4）施工组织及技术路线

主要包括施工现场的预制构件临时堆放方案的可行性，用地是否具备充足的构件临时存放场地及构件在场区内的运输通道，构件运输组织方案与吊装方案协调同步，吊装能力、吊装周期及吊装作业单元的确定等。

（5）造价及经济性评估

预制构件在工厂生产，其成本较传统的湿作业方式易于确定。从国内的实践经验来看，其具有比较透明的市场价格，通常是用每立方米混凝土为基本单位来标定的，在前期策划阶段可参考。

（6）装配式建筑宜在适宜的部位采用工业化、标准化的产品

建筑的围护结构、楼梯、阳台、隔墙、空调板、管道井等配套构件，以及室内装修材料宜采用工业化、标准化产品。

根据建筑的主体结构及使用功能要求选择适合装配的部位与种类，其中楼梯、阳台等在装配式建筑中属于标准化程度高、比较便于重复生产的部位，建筑使用功能空间分隔与安装、室内装修与内装部品是建筑中比较适宜采用工业化产品的部位，在室内装修中宜采用工厂生产的部品现场组装。现阶段的内装，推广采用整体厨房和整体卫浴间，可以减少施工现场的湿作业，满足干法施工的工艺要求。在预制率要求比较高的情况中，可考虑在梁、外部剪力墙、楼板等部位采用预制装配式构件。

（7）预制率与装配式计算方法

关于预制率与装配率，不同地区有不同的计算方法。不同地区的项目计算预制率和装配率的时候，应依据国标和当地最新政策、法规确定。

2. 方案设计阶段

（1）设计说明书

①设计总说明应有装配式钢筋混凝土结构建筑设计专门内容。

②设计总说明中应简述技术策划报告或设计任务书中提出的项目装配式设计要求，包括要求采用的装配式结构体系、要求实施的装配式技术、要求实施装配式的建筑面积，以及预制率、装配率等。

③宜使用 BIM 技术对方案的预制构件种类、数量，以及预制率、装配率等重要技术经济指标进行控制。

④设计总说明中应有设计方案采用的装配式技术列表、各装配式建筑单体的建筑面积统计、装配式建筑的总建筑面积；如果方案执行了政府政策文件中相应的激励措施，需明确该激励措施的具体影响（包括影响的部位、面积）。

⑤建筑设计说明中应有建筑方案的模数及模数数列（包括方案的开间、进深、层高以及门窗洞口等部位）；建筑方案关于模块化的设计内容；简要说明楼梯是否采用了装配式楼梯，及其类型、数量；装配式建筑构件种类统计表。

⑥结构设计说明中应包含装配式结构类型、预制构件分布情况说明、采用预制构件的相关说明、装配式建筑的结构典型连接方式、装配式建筑所采用的计算分析方法。

⑦建筑电气设计说明应简述电气管线、电气预埋箱、电气盒等与预制构件的关系及处理原则。

⑧给排水设计说明应简述给排水管线或相关设备等与预制构件的关系及处理原则。

⑨暖通设计说明应简述给暖通管线或相关设备等与预制构件的关系及处理原则。

（2）设计图纸

①在总平面设计图纸中应对采用装配式技术的拟建建筑和未采用装配式建筑技术的拟建建筑采用不同的图例进行填充，并在图例列表中注明。

②总平面图应考虑预制构件及设备的运输通道、堆放以及起重设备所需空间，在不具备临时堆场的情况下，应尽早结合施工组织，为吊装和施工预留好现场条件。

③建筑平面图宜表达预制墙板的组合关系。

④应有预制构件组合图。

⑤应绘制标准层预制构件组合分析图。

⑥宜绘制预制墙板组合图、预制楼板组合图等。

2.1.2 初步设计要点及深度要求

（1）总平面

总平面图中应标识出采用装配式的建筑，并表达预制构件及设备的运输通道、堆放以及起重设备所需空间。

（2）建筑专业

①简要核算建筑面积、预制率等，如有预制外墙满足不计入规划容积率的条件，需列出各单体中该部分面积，并提供预制外墙面积计算过程。

②当采用预制外墙时，应注明预制外墙外饰面做法，如预制外墙反打面砖、反打石材、涂料等。

③采用装配式的建筑单体要在平面图中用不同图例注明采用预制构件的位置。

④应有预制构件板块的立面示意及拼接缝的位置。

(3) 结构专业

①明确预制装配式结构的设防类别、预制装配式结构抗震等级，采用装配式结构体系引起的荷载取值变化、地震作用放大、预制构件的施工荷载等。

②水平构件布置图中有节点或者另绘节点详图时，应在平面图中注明详图索引号，在图面上要清晰表示出现浇部分、装配构件、装配方向。

③竖向构件布置图中应清晰区分现浇部分及预制部分竖向构件，并注明装配方向。

④混凝土结构节点构造详图中，梁、柱与墙体锚拉等详图应绘出平、剖面，注明相互定位关系、构件代号、连接材料、附加钢筋（或预埋件）的规格、型号、性能、数量。

⑤结构及构件计算时，装配式结构的相关系数应按照规范要求调整，连接接缝应按照规范要求进行计算，无支撑叠合构件应进行两阶段验算。

⑥采用预制夹心保温墙体时，内外层板间连接件连接构造应符合其产品说明的要求；当采用没有定型的新型连接件时，应有结构计算书或结构试验验证。

⑦计算书中应包含预制装配式结构预制率和装配率的计算、无支撑叠合构件两阶段验算。

(4) 电气专业

装配式建筑平面图中应在图中明确预制构件和非预制构件范围，并注明在预制构件中预留孔洞、套管、管道等的定位尺寸、标高及大小，电气构件深化处理原则及示意图。

(5) 给排水专业

建筑室内给水排水平面图中应注明在预制构件中预留孔洞、套管、管道等的定位尺寸、标高及大小。

(6) 暖通专业

装配式建筑平面图中应注明在预制构件中预留孔洞、套管、管道等的定位尺寸、标高及大小。

(7) 装饰装修专业

①平面图要表达出平面功能布置。

②机电点位图要表达出墙地设备设施及管线综合情况。

③要有立面造型图。

2.1.3　施工图设计要点及深度要求

(1) 总平面

总平面图中应标识出采用装配式的建筑，并表达预制构件及设备的运输通道、堆放以及起重设备所需空间。

(2) 建筑专业

①平面图中注明预制构件位置，并标注构件截面尺寸及其与轴线关系尺寸；预制构件与主体现浇部分的平面构造做法。

②立面图中表达立面外轮廓及主要结构和建筑构造部件的位置，预制构件板块划分的立面分缝线、装饰缝和饰面做法；竖向预制构件范围。

③剖面图要包含竖向预制构件范围，当为预制构件时应用不同图例示意。

④应在详图中用不同图例注明预制构件；当预制外墙为反打面砖或石材时，应表达其铺贴排布方式等。

⑤预制构件尺寸控制图，对预制构件各向尺寸、构造尺寸及饰面做法作出规定。

（3）结构专业

①平面图中应用不同图例区分现浇构件、预制构件、后浇节点等不同部位；绘出定位轴线与现浇或预制梁、板位置及必要的定位尺寸，并注明其编号和楼面结构标高。

②竖向构件布置图应区分现浇部分和预制部分。

③预制装配式结构的节点、梁、柱与墙体锚拉等详图应绘出平、剖面，注明相互定位关系、构件代号、连接材料、附加钢筋（或预埋件）的规格、型号、性能、数量。

（4）建筑电气专业

①应在电气平面图上注明预制构件中预留孔洞、沟槽及预埋管线等的部位，预制构件中预埋的电气设备应有精准尺寸及定位，电气设备、管线、接线盒在预制墙或楼板中的位置应明确。

②构件详图中要预留电气孔洞及沟槽的定位，管线交叉较多的部位应给出管线综合图。

（5）给排水专业

①设计说明中应描述与相关专业的技术接口要求。

②构件详图中应标注预留的给排水孔洞、沟槽、预埋套管的标高或孔径。

③应注明装配式建筑管道接口要求（如整体卫浴管道接口或同层排水管道接口）。

④当平面图无法表示清楚时，系统图应标明预制构件中预埋的管道。

（6）暖通专业

①在设计说明中应描述管道、管件及附件等设置在预制构件或装饰墙面内的位置，管道、管件、附件在预制构件中预留孔洞、沟槽、预埋管线等的部位，沟槽做法要求，管道安装方式，预留孔洞、管槽的尺寸，穿过预制构件部位采取的防水、防火、隔声、保温等措施。

②应在预制墙、梁、楼板上注明预留孔洞、沟槽、套管、百叶、预埋件等的定位尺寸、标高及大小。

（7）装饰装修专业

①设计说明中要列出装配式项目装饰材料防火等级。

②平面布置图中隔墙做法、尺寸定位、图纸索引等信息，要标识完整。

③地面铺装图中地面材质名称、标高、分割方式、纹理方向、起铺点等标注齐全准确。

④顶棚布置图中顶棚造型尺寸、材质、标高、灯具定位、各机电点位等标注齐全准确。

⑤机电点位图中墙地设备设施及管线综合情况，如开关、插座、电箱、网络、电话等强弱电等点位设施定位标注齐全准确。

⑥立面图中立面造型、材质名称、分缝、各机电点位定位等标注齐全准确。

⑦详图中造型或做法复杂的区域的具体做法要详尽，整体卫生间、厨房设备布置详图

要完善（如采用）。

⑧节点中装饰造型、具体材料收口做法要符合规范要求，要能够指导现场施工。

2.1.4 预制构件加工图设计及深度要求

预制构件加工图设计是将各专业需求转换为实际可操作图纸的过程，一般是由具有综合各专业设计和施工能力的组织，将各专业需求进行综合简化后，直接表现为系列简单符号的过程。例如：将专业需求中预留预埋需求简化为埋件（规格型号部位），将施工需求中预留预埋简化为螺栓（规格型号部位），将建材需求简化为系列的尺寸要求，将构件制作工艺需求简化为设计说明，再通过施工总承包的综合协调处理，将各需求统筹安排，实现一埋多用、型号统一等过程。

预制构件加工图的设计原则是"少类型、多组合"。预制构件加工图的设计目标是精准设计、方便生产、利于施工。预制构件的特点是采用标准化、系列化、通用化的预制混凝土构件，将原来大量的模板工程，通过预制与施工分离，在预制阶段高质量、高精度、高效率地完成。

预制构件加工图的设计优化过程需遵循功能需求原则。功能需求直接决定预制构件加工图设计的方向，功能需求的确定直接影响预制构件的生产和施工安装。生产需求和施工需求是预制构件从设计完成到具备加工条件、安装条件而必须执行的需求，而这两个需求的强制性与灵活性又反过来制约着功能需求。材料需求的变动将影响功能需求的调整与变动。预制构件加工图的设计过程就是通过调整各方需求，而形成最优结果的过程。预制构件加工图的设计一般有预制构件加工图配筋设计、预制构件加工图模具设计、预制构件加工图预留预埋设计。

预制构件加工图配筋设计，对预制构件的经济性、结构设计的合理性、生产制作的难易性、运输吊装过程中的安全性、施工装配过程中的便捷性都影响深远。预制构件中使用的钢筋宜采用工业化流水线机械加工的成型钢筋，如图 2.1-6 所示。

图 2.1-6 预制墙板钢筋

预制构件模具设计，对预制构件的生产工艺、加工质量、生产成本影响较大。模具是在外力作用下使胚料成为有特定形状和尺寸的物件的工具，是预制构件加工过程中的一个工具。模具设计的目的是使加工制造系列化、规模化，从而获得更高的产品质量和更好的经济效益。模具设计的过程是满足项目预制构件所有型号的要求，满足模具系列化、通用化的要求，满足工期和安装顺序要求，满足生产工艺要求，满足成本最小化要求等一系列过程，图 2.1-7 是预制墙板模具图。

图 2.1-7　预制墙板模具

预制构件加工图预留预埋设计主要包括模板加固预埋件、斜支撑固定预埋件、外架附着预埋件、塔式起重机附墙预埋件、施工电梯附墙预埋件、雨棚预埋件、空调架预埋件等。预留预埋设计是精细化工程，是保证后期顺利施工的前提，一般推荐一埋多用，如图 2.1-8 所示。

图 2.1-8　预制墙板内线盒预埋

预制构件加工图一般需要有：项目名称、设计单位、设计编号、设计阶段、授权盖章、设计日期、图纸目录、设计说明、平面布置图、数量统计表、模板详图、配筋详图、通用节点详图、其他图纸、设计计算书等。

预制构件加工图图纸目录，一般按图纸序号排列，并体现预制构件的相关参数。预制构件加工图设计说明包含工程概括、设计依据、图纸说明、设计构造、材料要求、生产技术要求、堆放与运输要求、现场施工要求、构件连接要求等。预制构件加工平面布置图体现预制构件的平面位置，预制构件加工数量统计表统计各种预制构件的数量，预制构件加工模板详图表达预制构件的外形尺寸，预制构件加工配筋详图说明预制构件的结构配筋，预制构件加工通用节点详图阐述预制构件的各种构造节点。预制构件加工其他图纸包括装饰面材料排布图、保温材料排版图、拉结件排布图、填充块排布图等。预制构件加工图设计计算书要能够说明预制构件设计的各种计算过程。预制构件加工图设计深度要求将在第4章详细展开。

2.2　装配式建筑设计要点概述

装配式建筑的总平面设计应在符合城市总体规划要求，满足国家规范及建设标准要求的同时配合现场施工方案，充分考虑构件运输通道、吊装及预制构件临时堆场的设置：

（1）在前期规划与方案设计阶段，各专业应充分配合，结合预制构件的生产运输条件和工程经济性，安排好装配式建筑实施的技术路线、实施部位及规模。

（2）在总平面设计中应考虑预制构件及设备的运输通道、堆放以及起重设备所需空间，在不具备临时堆场的情况下，应尽早结合施工组织，为吊装和施工预留好现场条件，如图2.2-1所示。

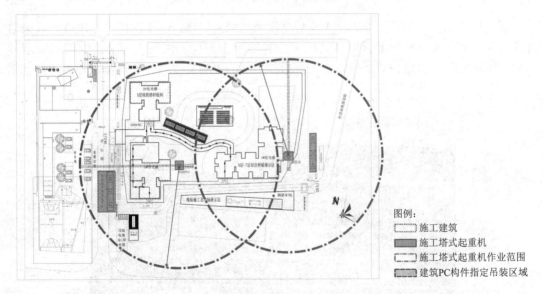

装配式施工现场布置要点：
1. 施工塔式起重机需靠近施工建筑布置，确保所有的施工建筑能够被施工塔式起重机作业范围覆盖。
2. 尽量做到建筑PC构件不落地的施工原则，即PC构件由车辆运输到施工现场指定区域后，由施工塔式起重机立即进行施工吊装作业。

图2.2-1　施工场地安排示意

（3）应考虑好施工组织流程，保证各施工工序的有效衔接、提高效率、缩短施工周期。

（4）建筑外轮廓宜规整，平面交接处不应出现"细腰连接"，平面轮廓不宜出现较大的凹凸不平，如图2.2-2和图2.2-3所示。

平面布置除满足建筑使用功能外，还应考虑有利于装配式混凝土结构建筑建造的要求：

（1）装配式建筑平面设计应尽量采用大开间结构形式（图2.2-4），大开间设计有利于减少预制构件的数量和种类，提高生产和施工效率，减少人工，节约造价。

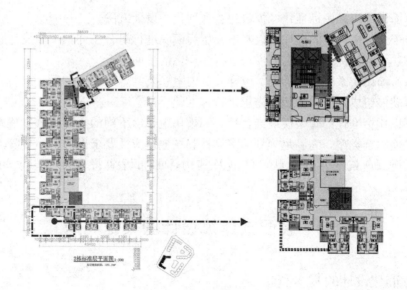

图 2.2-2　形体交接示意（一）

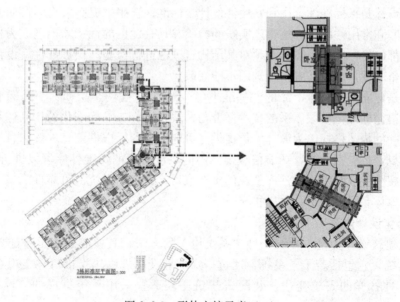

图 2.2-3　形体交接示意（二）

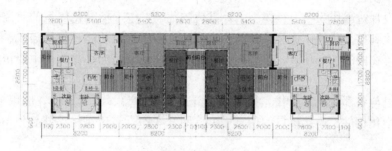

图 2.2-4　大板结构示意

（2）平面设计应采用标准化、模数化、系列化的设计方法。

（3）装配式住宅建筑的设计应以基本套型为模块进行组合设计，平面设计宜运用模块化的设计方法，利用优化后的套型模块进行多样化的平面组合。

（4）核心筒模块主要由楼梯间、电梯井、前室、公共走道、候梯厅、设备管道井、加压送风井等功能组成，应根据使用需求进行标准化设计。

（5）可以用标准化的套型模块结合核心筒模块组合出不同的平面形式和建筑形态，创造出多种平面组合类型，为满足规划的多样性和场地适应性要求提供设计方案。

（6）装配式建筑的平面形状、体型及其构件的布置应符合现行国家相关标准的要求。

2.3　装配式建筑设计的关键问题

2.3.1　标准化设计的基本概念

1. 标准化设计

标准化设计是指标准件选用和常用件设计。标准件选用中提高效率的最简便的方法是建立标准件库和常用件库，经过生产实践的检验并具有优良的性能才能确立为标准件，其结构和参数都已经标准化，所以无须对其结构合理性进行检验。在标准件库设计中体现了信息传递的单向性，即设计者只能选用不能修改。

标准化是建立一个行业产品的"基准平台"，主要包含两个层面：一是标准化的操作模式，包括遵循标准化模数体系的技术标准与模块设计；二是标准化的产品体系库。标准件库采用统一的描述格式，为设计人员提供尽可能完整的标准件信息，该信息不仅包含尺寸、图形信息，还包括材料、功能信息等。不同系统开发的标准件库可以进行信息交换，最大限度地减少重复开发标准件库造成的资源浪费，并提高系统的可靠性。基于事物特性表的标准件库体系是开放的，易于扩充。

2. 标准化设计体系

在现代建筑设计理论中，有一种"系统论"的方法，其核心思想是将建筑看作一个大的建筑系统，它包括若干子系统，通过一定的标准和规则建立接口，实现系统集成并满足建筑各种各样的需求变化。装配式建筑比较适宜采用系统集成的"标准化设计"方法。

标准的本质特征是统一，其对象则包含生产、技术、经济工作和社会活动等各个领域，将建筑设计过程作为一个整体纳入标准化的范畴，整个标准化体系的研究范围涵盖了从部品标准化到整个建筑楼栋标准化的各个层面，考虑建筑功能、使用需求、立面效果以及维修维护等在内的各个环节。建立一套适用装配式建筑的标准化体系主要包含以下几个方面：

（1）通过与各部件厂家合作，搭建项目开放信息平台（图 2.3-1），应用 BIM 技术建立可视化标准化构件、连接接口的信息模型（图 2.3-2），将建筑相关部品分类并录入该信息模型中。

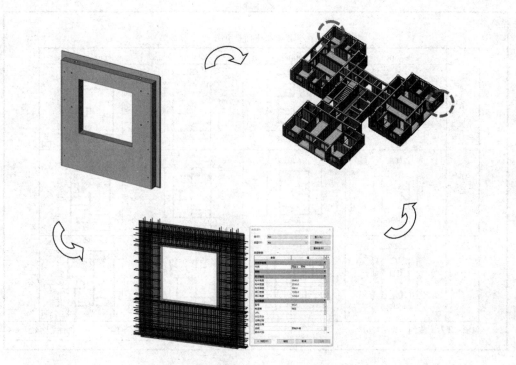

图 2.3-1　深圳市某项目标准化构件

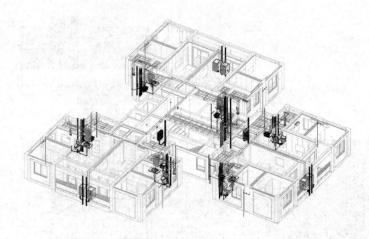

图 2.3-2　深圳市某项目管线、洞口连接接口设计

（2）依据人体工程学原理和精细化设计方法，实现各使用功能模块的标准化设计。

（3）通过对本地区居民生活习惯的调研以及相关政策对模块面积标准的要求，实现功能模块的有机组合，形成模块的标准化设计（图 2.3-3）。

（4）综合本地气候环境及场地适应性，将标准模块进行多样化组合，同时应用多种绿色建筑技术，实现节能环保的组合平面及楼栋的标准化设计（图 2.3-4）。

（5）依据不同性质的住宅配套设施和社区规划，最终形成多样化建筑成套标准化设计体系。

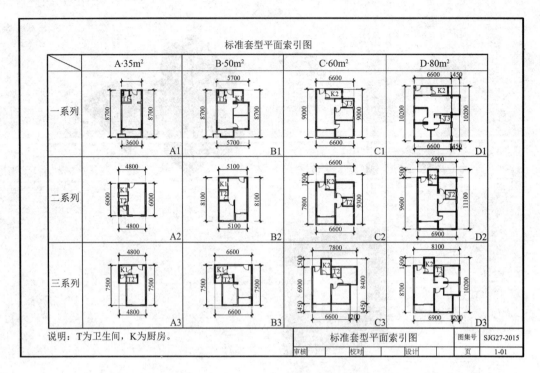

图 2.3-3 深圳市某项目标准化设计图集

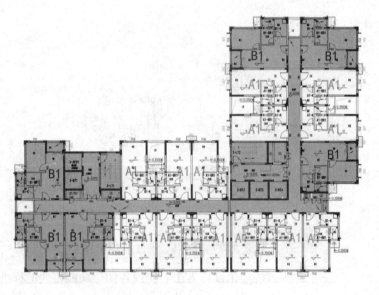

图 2.3-4 深圳市某项目标准化设计

3. 标准设计、标准化设计、标准图集的关系

"标准"是一个广义的概念,有文件标准、实物标准等。我们这里的标准化设计既不是标准设计,也不是标准图集,这三者之间存在着密不可分的关联:

(1)"标准化设计"不等于"标准设计",这是两个完全不同的概念。建筑标准化设计是一种方法和手段,是指在建筑设计中,对重复性的要素和概念通过制订、发布和实施标

准达到统一，以获得设计对象的最佳秩序和社会效益。标准化设计有很多种表现形式和实现方式，如模数和模数协调、模块化设计、部品和模块的重复利用、规划中标准楼栋的重复利用。在具备一定规模的建筑设计中，几乎都要用到标准化设计的概念及方法。从广义上来讲，按照一定的标准和规则来进行的设计都叫"标准化设计"，而标准设计是标准化设计的结果之一，是按照一定的标准和规则设计的具有通用性的建筑物、构筑物、构配件、零部件、工程设备等。用"标准设计"来替代"标准化设计"是片面的，不能简单地将"标准化设计"等同于编制标准图或编制标准。

（2）"标准化设计"不等于千篇一律，不等于千城一面，不等于没有个性，其实"标准化设计"首先是设计，应该具备设计所必需的"针对性、环境性、地域性、民族性、历史性和文化性"等基本要素，就像汽车是高度标准化的工业产品，针对不同的消费者有不同的个性化产品，甚至还创造了不同地域、不同民族的汽车文化和历史。

（3）"标准化设计"不是统一固化的设计，不是缺少弹性而僵化的设计。其实很多存世的建筑设计经典总是要有"一定之规"的。当代最新潮、最具个性和变化的"参数化设计作品"，往往需要通过一套复杂的几何控制系统来生成和演化，其实就是"标准化设计"的典型过程。几乎所有的设计过程，都是一个从制定规则到实现规则的过程。"标准化"规则可变性决定了"标准化设计"也不应该是僵化的。

2.3.2 模数和模块的基本概念

1. 模数的概念

为了使建筑制品、建筑构配件和组合件实现工业化大规模生产，使不同材料、不同形式和不同制造方法的建筑构配件、组合件符合模数并具有较大的通用性和互换性，将《建筑模数协调统一标准》GB/T 50002—2013 作为设计、施工、构件制作、科研的尺寸依据。

（1）建筑模数

它是指选定的尺寸单位，作为尺度协调中的增值单位，也是建筑设计、建筑施工、建筑材料与制品、建筑设备、建筑组合件（指建筑材料或构配件做成的房屋功能组成部分）等各部门进行尺度协调的基础，其目的是使构配件安装吻合，并有互换性。

（2）基本模数

它是建筑模数协调统一标准中的基本数值，用 M 表示（1M＝100mm），主要用于层高系列。

（3）扩大模数

它是导出模数的一种，其数值为基本模数的倍数。为了减少类型、统一规格，扩大模数按 2M、3M 选用。

1）水平扩大模数为 3M、6M、12M、15M、30M、60M 等 6 个，其相应的尺寸分别为 300mm、600mm、1200mm、1500mm、3000mm、6000mm。

2）竖向扩大模数的基数为 3M、6M 两个，其相应的尺寸为 300mm、600mm。

（4）分模数

它是导出模数的另一种，其数值为基本模数的分倍数。为了满足细小尺寸的需求，分模数选用 M/2（50mm），M/10（10mm），主要用于截面尺寸、缝隙尺寸和制品尺寸。

（5）模数数列

它是基本模数、扩大模数和分模数为基础扩展成的一系列尺寸，见表 2.3-1 模数数列表。

模数数列表　　　　　　　　　　　　表 2.3-1

基本模数	扩大模数						分模数		
1M	3M	6M	12M	15M	30M	60M	1/10M	1/5M	1/2M
100	300	600	1200	1500	3000	6000	10	20	50
200	600	1200	2400	3000	6000	1200	20	40	100
300	900	1800	3600	4500	9000	1800	30	60	150
400	1200	2400	4800	6000	1200	2400	40	80	200
500	1500	3000	6000	7500	1500	3000	50	100	250
600	1800	3600	7200	9000	18000	3600	60	120	300
700	2100	4200	8400	10500	2100		70	140	350
800	2400	4800	9600	12000	2400		80	160	400
900	2700	5400	10800		2700		90	180	450
1000	3000	6000	12000		3000		100	200	500
1100	3300	6600			3300		110	220	550
1200	3600	7200			3600		120	240	600
1300	3900	7800					130	260	650
1400	4200	8400					140	280	700
1500	4500	9000					150	300	750
1600	4800	9600					160	320	800
1700	5100						170	340	850
1800	5400						180	360	900
1900	5700						190	380	950
2000	6000						200	400	1000
2100	6300								
2200	6600								
2300	6900								
2400	7200								
2500	7500								
2600									

基本模数	扩大模数						分模数		
1M	3M	6M	12M	15M	30M	60M	1/10M	1/5M	1/2M
2700									
2800									
2900									
3000									
3100									
3200									
3300									
3400									
3500									
3600									

注：1. 水平基本模数的数列幅度为（1～20）M，主要适用于门窗洞口和构配件断面尺寸。

2. 竖向基本模数的数列幅度为（1～36）M，主要适用于建筑物的层高、门窗洞口、构配件等尺寸。

3. 水平扩大模数数列的幅度：3M 为（3～75）M，6M 为（6～96）M，12M 为（12～120）M，15M 为（15～120）M，30M 为（30～360）M，60M 为（60～360）M。必要时幅度不限，主要适用于建筑物的开间或柱距、进深或跨度、构配件尺寸和门窗洞口尺寸。

4. 竖向扩大模数数列的幅度不受限制，主要适用于建筑物的高度、层高、门窗洞口尺寸。

5. 分模数数列的幅度：M/10 为（1/10～2）M，M/5 为（1/5～4）M，M/2 为（1/2～10）M。主要适用于缝隙、构造节点、构配件断面尺寸。

（6）几种尺寸及其相互关系

为了保证建筑制品、构配件等有关尺寸间的统一协调，《建筑模数协调统一标准》GB/T 50002—2013 规定了标志尺寸、构造尺寸、实际尺寸及其相互关系，用以标注建筑物的定位轴面、定位面或定位轴线、定位线之间的垂直距离（如开间、柱距、进深、跨度、层高等），以及建筑构配件、建筑组合件、建筑制品有关设备界线之间的尺寸。

标志尺寸：符合模数数列的规定，用以标注建筑物定位轴线之间的距离（如开间、进深、柱距、跨度、层高等），以及建筑构配件、建筑组合件、建筑制品、有关设备位置界限之间的尺寸。

构造尺寸：建筑构配件、建筑组合件、建筑制品等的设计尺寸。一般情况下，标志尺寸减去缝隙或加上支承尺寸为构造尺寸。缝隙尺寸的大小宜符合模数数列的规定。

实际尺寸：建筑构配件、建筑组合件、建筑制品等生产制作后的实有尺寸，实际尺寸与构造尺寸之间的差数应符合建筑公差的规定。

2. 模块的概念

根据空间的功能不同，可以将建筑划分为不同的空间单元，再将相同属性的空间单元按照一定的逻辑组合在一起，形成建筑模块，单个模块或者多个模块经过再组合，这就构成了完整的建筑。

关于模块的定义有很多种说法，比较精简的定义是："模块是可组合成系统的、具有某种确定功能和接口结构的、典型的通用独立的单元。"通过这个定义可以看出模块主要具有以下几个特征：

（1）模块是系统的工程

模块是构成系统的单元，也是一种能够独立存在的由一些零件组装而成的部件级单元。它可以组合成一个系统，也可以作为一个单元从系统中拆卸、取出和更替。如果一个单元不能够从系统中分离出来，那么它就不能称之为模块。

（2）模块是具有明确功能的单元

虽然模块是系统的组成部分，但并不意味着模块是对系统任意分割的产物。模块应该具有某种独特的、明确的功能，同时这一功能能够不依附于其他功能而相对独立的存在，也不会受到其他功能的影响而改变自身的功能属性。

（3）模块是一种标准单元

模块与一般构件的区别在于模块的结构具有典型性、通用性和兼容性，并可以通过合理的组织构成系统。

（4）模块是具有能够构成系统的接口

模块应该是具有能够传递功能、组成系统的接口结构。设计和制造模块的目的就是要用它来组织成为系统。系统是模块经过有机结合组织而构成的一个有序的整体，其间的各个模块应该既有相对独立的功能，彼此之间又具有一定的联系。

2.3.3　建筑系统及系统集成设计的基本概念

建筑系统包括结构系统、外围护系统、内装系统、设备与管线系统等四大方面，装配式建筑就是将以上四大系统进行高度集成的新型建筑形式。系统集成应根据材料特点、制造工法、运输能力、吊装能力的要求等内容进行统筹考虑，提高集成度、施工精度及施工效率，降低现场吊装的难度。结构系统、外围护系统、内装系统、设备与管线系统等均应根据各专业的特点分别进行系统的集成设计，并通过对应接口部位进行构造设计，使各专业间能够完成对接。

（1）结构系统的集成设计应符合下列规定：

1）集成设计过程中，部件宜尽可能地对多种功能进行复合，尽量减少各种部件规格及数量。

2）应对构件生产、运输、存放、吊装规格及重量等过程中所提出的要求进行深入考虑。

（2）外围护系统的集成设计应符合下列规定：

1）屋面、女儿墙、外墙板、外门窗、幕墙、阳台板、空调板、遮阳等部件均需进行模块化设计。

2）构件之间应选用合理有效的构造措施进行连接，提高构件在使用周期内抗震、防火、防渗漏、保温及隔声耐久等各方面的性能要求。

3）应优先选择集成度高并且构件种类少的装配式外墙系统。

4）建筑外门窗的窗框或附框宜在墙板生产过程中一同安装，以提高框料和墙板之间的密实度，增强门窗的气密性，避免出现渗漏和冷热桥的情况，同时副框应选用与主体结构相同使用年限的产品。

（3）内装系统的集成设计应符合下列规定：

1）应与建筑及设备管线同步进行设计。

2）应采用管与线分离的安装方式。

3）应采用高度集成化的厨房、卫生间及收纳间等建筑部品。

（4）设备与管线系统的集成设计应符合下列规定：

1）给水排水、通风、空调、燃气、电气及智能化设备应进行统筹设计。

2）产品设计应模块化，接口设计应标准化，并应预留可扩展的条件。

3）设备与管线的终端接口设计应考虑设备安装的误差，应提供调整的可能性。

（5）接口及构造设计应符合下列规定：

1）结构构件、内装部品及设备管线相互之间应采用有效的连接方式，重点解决构造上的防排水设计，保证结构的耐久性和安全性。

2）各类部品的连接接口应确保其连接的安全可靠，并符合结构安全的要求。

3）当主体结构及围护结构之间采用干式连接时，宜预留缝宽的尺寸进行相关变形的校核计算，确保接缝宽度满足结构和温度变形的要求；当采用湿式连接时，应考虑接缝处的变形协调。

4）接口构造设计应便于施工安装及后期的运营维护，并应充分考虑生产和施工误差对安装产生的不利影响以确定合理的公差设计值，构造节点设计应考虑部件更换的便捷性。

5）设备管线及相关点位接口不应设置在构件边缘钢筋密集的范围，且不宜布置在预制墙板的门窗过梁处及构件与主体结构的锚固部位。

2.3.4 协同设计的基本概念

装配式建筑协同设计应从包括建筑设计、生产营造、运营维护等各个阶段的建筑全寿命期进行考虑。协同设计是指在项目的各个设计阶段，应充分考虑装配式建筑的设计流程特点及项目技术经济条件，对建筑、结构、机电设备及室内装修进行统一考虑，利用信息化技术手段实现各专业间的协同配合，保证室内装修设计、建筑结构、机电设备及管线、生产、施工形成有机结合的完整系统，实现装配式建筑的各项技术要求。协同设计主要包括建筑及内装修设计两部分。

1. 建筑协同设计

（1）方案设计阶段协同设计

建筑、结构、设备、装修等各专业在设计前期即应密切配合，对构配件制作的经济性、设计是否标准化以及吊装操作可实施性等做出相关的可行性研究。

根据技术策划要点做好平立剖面设计。平面设计在要求保证使用功能的前提下，通过模数协调，最大限度地调高模板的重复使用率和构件集成度进行设计。立面设计要利用预制墙板的排列组合，结合装配式建造的特点保证立面的独特性和多样性。在协同设计的过程中，通过各专业的配合，使建筑设计实现模数化、标准化、系列化，既满足功能使用的要求，又实现预制构件及部品的"少规格、多组合"的目标。

（2）初步设计阶段协同设计

初步设计阶段，对各专业的工作做进一步的优化和深化，确定建筑的外立面方案及预制墙板的设计方案，结合预制方案调整最终的立面效果，以及在预制墙板上考虑强弱电箱、预埋管线及开关点位的位置。装修设计需要提供详细的家具设施布置图，用于配合预制构件的深化。初步设计阶段要提供预制方案的"经济性评估"，分析方案的可实施性，并确定最终的技术路线。

初步设计阶段的设计协同工作，主要总结为下列几点：

1）根据前期方案阶段的技术策划，确定最终的装配率与预制率。

2）在总图设计中，充分考虑构件运输、存放、吊装等因素对场地设计的影响。

3）结合塔式起重机的实际吊装能力、运输能力的限制等多方面因素，对预制构件尺寸进行优化调整。

4）从生产可行性、生产效率、运输效率等多方面对预制构件进行优化调整。

5）从安装的安全性和施工的便捷性等多方面对预制构件进行优化调整。

6）从单元标准化、套型标准化、构件标准化等多方面对预制构件进行优化调整。

7）结合结构选型方案确定外墙选用的装配方案，从反打面砖、反打石材、预喷涂料等做法中确定预制外墙饰面的做法。

8）结合节能设计，确定外墙保温做法。

9）从建筑与结构两个专业的角度对连接节点的结构、防水、防火、隔声、节能等各方面的性能进行分析和研究。

10）通过优化和深化，实现预制构件和连接节点的标准化设计。

11）结合设备和内装设计，确定强弱电箱、预埋管线及开关点位的预留位置。

（3）施工图阶段协同设计

施工图阶段，按照初步设计确定的技术路线进行深化设计，各专业与构件的上下游厂商加强配合，做好深化设计，完成最终的预制构件设计图，做好构件上的预留预埋和连接节点设计，同时增加构件尺寸控制图、墙板编号索引图和连接节点构造详图等与构件设计相关的图纸，并配合结构专业做好预制构件结构配筋设计，确保预制构件最终的图纸与建筑图纸保持一致。

施工图设计阶段的设计协同工作，主要总结为下列几点：

1）预制外墙板宜采用耐久、不易污染的装饰材料，且需考虑后期的维护。

2）预制外墙板选用的节能保温材料应便于就地取材。

3）与门窗厂家配合，对预制外墙板上门窗的安装方式和防水、防渗漏措施进行设计。

4）现浇段剪力墙长度除满足结构计算要求外，还应符合铝膜施工工艺和轻质隔墙板的模数要求。

5）根据内装和设备管线图，确定预制构件中预埋管线、预留洞等位置。

6）对管线较集中的部位进行管线综合设计，并在预制构件的设计中加以体现，同时根据内装施工图纸对整体机电设备管线进行预留预埋。

7）对预埋的设备及管道安装所需要的支吊架或预埋件进行定位，支吊架应耐久可靠；支架间距应符合设备及管道安装的要求。穿越预制墙体和梁的管道应预留套管，穿越预制楼板的管道应预留洞口。

2. 内装修协同设计

装配式建筑的装修设计应符合建筑、装修及部品一体化的设计要求。部品设计应能满足国家现行的安全、经济、节能、环保标准等方面的相关要求，应高度集成化，宜采用干法施工。装配式建筑内装修的主要构配件宜采用工厂化生产，非标准部分的构配件可在现场安装时统一处理。构配件须满足制造工厂化及安装装配化的要求，符合参数优化、公差配合和接口技术等相关技术要求，提高构件可替代性和通用性。

装修设计在建筑设计方案阶段开始，应强化与各专业（包括建筑、结构、设备、电气等专业）之间的衔接，对水、暖、电、气等设备设施进行定位，避免后期装修对结构的破坏和重复工作，提前确定所有点位的定位和规格，并在预制构件中进行预埋预留。内装修采用标准化设计，通过模数协调使各构件和部品与主体结构之间能够紧密结合，提前预留接口，便于装修安装。墙、地面所用块材提前进行加工，现场无需二次加工，直接安装。

装修设计应全局考虑材料、设备、设施的使用年限，便于统一更换。装修设计应同时具有可变性和适应性，以适应建筑全生命周期的使用需要。装修材料及设备需要与预制构件连接时，应优先选用预留预埋连接件的安装方式。当不得已需采用膨胀螺栓、自攻螺栓、粘接等后期安装方法时，不得对预制构件及其现浇节点进行剔凿，以免影响主体结构的安全性。

3 建筑系统划分及系统集成设计

3.1 建筑系统划分

装配式建筑，是指系统性地集成应用各类预制的建筑及结构构件、配件、部品等，通过标准化系统集成设计和精密的几何尺寸偏差控制、高效可靠的连接节点和施工方法，实现工厂精益加工，现场机械化装配并做到土建结构、机电安装和装修一体化的方式建设的建筑。

在进行装配式建筑设计过程中，建筑设计必须符合国家政策、法规的要求及相关地方标准的规定，应符合建筑的使用功能和性能要求，体现节能、节地、节材、节水、环境保护的指导思想；符合城市规划的要求，并与当地产业资源和周围环境相协调；应遵循"少规格、多组合"的原则，在标准化设计的基础上实现系列化和多样化，并要保证装配式建筑的技术可行性和经济合理性，采用标准化的设计方法，减少构件规格和接口种类是关键点。

装配式建筑设计系统可以划分为主体结构系统、机电系统、内装系统、建筑围护系统等。其中主体结构系统划分为混凝土结构、钢结构、钢-混凝土混合结构、木结构、竹结构等，机电系统划分为水、暖、电等，建筑围护系统分为轻型外挂式围护系统、轻型内嵌式围护系统、幕墙系统、屋面系统、其他围护系统等，内装系统包括内墙地面吊顶系统、管线集成、整体部品等。

装配式混凝土建筑的关键在于集成，装配式建筑不等于传统生产方式和装配化的简单相加，用传统的设计、施工和管理模式进行装配化施工不是真正的装配式建筑建造，只有将主体集成为完整的体系才能体现装配式建造的优势，实现提高质量、提升效率、减少人工、减少浪费的目的。目前我国通常采用的装配式混凝土建筑系统主要有建筑系统、结构系统、围护系统、内装系统、机电系统。装配式混凝土建筑设计框架图如图 3.1-1 所示。

3.2 建筑系统集成设计

3.2.1 建筑系统集成设计概述

建筑是一个复杂的系统，它的每一个组成部分对总的系统优化都有影响，因此它们应被当作一个整体加以考虑。建筑、结构、机电、内装的集成设计，它们各自既是一个完整独立的系统，又共同构成一个更大的系统——建筑工程项目，四个系统独立存在，又从属于大的建筑系统，它们相互依存，又相互影响。

一个集成系统也是由若干模块组成，模块化的过程是一个解构及重构的过程。简言

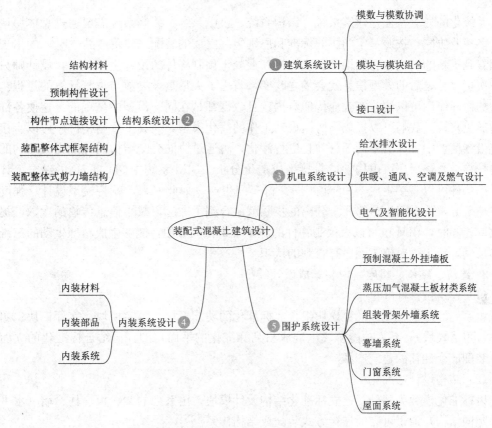

图 3.1-1　装配式混凝土建筑设计框架图

之，就是将复杂的问题自上而下地逐步分解成简单的模块解构，被分解的模块又可以通过标准化接口进行动态整合重构的过程。被分解的模块具备以下的特征：

(1) 独立性：模块可以单独进行设计、分析、优化等。

(2) 可连接性：模块可以通过标准化接口进行相互联系，通过组织骨架的联系界面重新构建一个新的系统。接口的可连接性往往是通过逻辑定位来实现的，逻辑定位可以理解为模块的内部特征属性。

(3) 系统性：模块是系统的一个组成部分，在系统中模块可以被替代、被剥离、被更新、被添加等操作，但是无论在什么情形下，模块与系统间仍然存在内在的逻辑联系。

(4) 可延展性：模块可以根据需要不断扩充子模块的数量及功能，可以形成一个模块的数据库并不断进行更新和管理。通用的模块不断被延展扩充，是解决工业化定制生产的重要前提。

3.2.2　建筑、结构、机电、内装集成设计

1. 建筑、结构、机电、内装集成设计方法

按照建筑集成、结构支撑、机电配套、装修一体的协同思路，统一空间基准规划、标准化模数协调规则、标准化接口规则，实现以建筑系统为基础，与结构系统、机电系统和装修系统的一体化装配，每个系统各自集成、系统之间协同集成，最终形成完整的装配

建筑。

系统化的显著特征是建筑系统、结构系统、机电系统、装修系统需要通过总体协调优化、多专业协同，按照一定的协同标准和原则组装完成的装配式建筑产品。BIM的出现让我们看到了新的转机，它能很大程度地提高混凝土预制构件的设计生产效率，设计师只需做一次更改，之后的模型信息就会随之改变，省去了大量重设参数与重复计算的过程。同时它的协同作用可以快速有效地传递数据，且数据都是在同一模型中呈现的，这使各部门的沟通更直接。我们可以提取出协同设计工作的简化模型，混凝土预制构件厂可以直接从建筑设计模型中提取需要的部分并且进行深化，再通过协同交给结构设计师完成结构的设计与校核，合格后还可由构件厂直接生成造价分析。BIM系统中3D与2D的结合，计算完后的构件可以直接生成2D的施工图交付车间生产。如此一来，就将模型设计、强度计算、造价分析、车间生产等几个分离的步骤就结合到了一起，减小信息传输的次数，提高了效率。同时，BIM也可以为预制构件的施工带来很大方便，能够生成精准生动的三维图形和动画，让工人对施工顺序有直观的认识。

2. 建筑、结构、机电、内装集成设计特征

（1）建筑设计标准化

由系列的标准化设计模数模块组合成标准化的功能模块（卧室模块、客厅模块、厨房模块、卫浴模块），系列功能模块组装成系列标准化的平面户型，再结合标准化的立面模块，装配成个性化的建筑产品。

（2）结构设计标准化

以标准化模数为基础，建立标准化结构设计模块，由系列的梁、板、柱、墙（水平结构、竖向结构）通过可靠的连接方式装配成结构体系。

（3）机电设计标准化

由系列的设备、管道单元组合成标准化的机电模块（强弱电、给水排水、供暖、设备、管道），系列功能的机电模块集成化、模块化，装配成有机的机电系统。

（4）装修设计标准化

由系列零配件、部品件装配成标准化的装饰模块（外立面、内隔墙、吊顶、地面、厨卫），系列装饰模块装配成有机的装饰系统。

（5）一体化系统性装配平台

建筑、结构、机电、装修设计互为约束、互为条件，通过模数协调研究功能、空间和接口等协同技术，有效打造一体化系统性的装配平台。

（6）一体化系统性生产加工

采用工厂规模化生产，精准化预留预埋，加工形成标准化、通用化、集成化、接口统一的构配件、部品件及制品，便于系统性装配。

（7）基于BIM技术的专业协同设计

利用BIM的三维可视化、专业协同平台，基于多专业信息共享，实现建筑、结构、机电、装修的一体化设计。

3. 建筑、结构、机电、内装集成设计要求

建筑、结构、机电、内装集成设计是工厂化生产和装配化施工的前提。装配式建筑应利用包括信息化技术手段在内的各种手段进行建筑、结构、机电设备、室内装修集成设计，实现各专业、各工种间的协同配合。在装配式建筑设计中，参与方要有"协同"意识，在各个阶段都要重视信息互联互通，确保落实到工程上的所有信息的正确性和唯一性。技术研发需要做到以下几点：

1）研发优化标准化设计，利用工厂自动化、规模化加工。

2）研发优化连接节点设计，利于现场简易化、高效化装配。

3）研发优化与构件设计相匹配的自动化加工关键技术。

4）研发优化与构件设计、加工相匹配的现场装配关键技术。

5）研发优化设计-加工-装配一体化集成技术。

6）加快建筑工业化的 BIM 信息技术研发。

4. 基于 BIM 的集成设计应用

在以往设计时，往往由于各专业设计师之间的沟通不到位，导致出现各种专业之间的碰撞问题。BIM 最直观的特点在于三维可视化，在 BIM 建模过程中，结合规范和施工经验，随工程进展绘制建筑、结构、机电、内装综合模型，通过将各专业模型叠加、综合，及时发现模型中各专业之间的错、漏、碰、缺等问题。同时，为建筑、结构、机电、内装等专业的深化设计提供正确的模型，并根据 BIM 模型提供碰撞检测报告，及时进行解决，而且可以优化诸如机电管线排布方案、开关插座点位等，减少施工过程中的返工、停工等现象发生，大大减少设计变更，确保施工进度，为业主节约投资。

由于混凝土装配式建筑设计要求的正确性、唯一性、集成设计，选用最直观的 BIM 三维可视化协同平台非常必要。在工程进展的不同阶段，按照 BIM 工作计划，完成 BIM 模型的创建，并将相关参数录入 BIM 模型中，实现参数查询与统计，为后续的 BIM 应用奠定基础。

（1）项目策划阶段

在前期技术策划阶段，应以构件组合设计理念指导项目定位，综合考虑使用功能、工厂生产和施工安装条件等因素，明确结构形式、预制部位、预制种类及材料选择。设计应与项目的开发主体协同，共同确定项目的装配式目标。

（2）方案设计阶段

在方案设计阶段，结合技术策划的要求做好平面组合和立面设计。方案设计在优化使用功能的基础上，通过模数协调，围绕提高模板使用效率和体系集成度的目标进行设计，并结合装配式建造方式，实现立面的个性化和多样化。方案设计时要对集成进度、成本、资源等信息进行计算，实现多维虚拟施工，实现先试后建与模拟优化，提升项目可行性计算。

（3）初步设计阶段

在初步设计阶段，各专业的协同非常重要。在混凝土装配式建筑的预制墙板上要考虑强电箱、弱电箱、预留预埋管线和开关点位的设计，装修设计提供详细的"点位布置图"并于建筑、结构、机电和工厂进行协同，商务专业协同进行"经济性评估"，分析成本因素对技术方案的影响，确定最终的技术路线等。在混凝土装配式设计中，需要协同确定各类管线的排布位置及敷设方式，便于选择的墙体形式、地面及吊顶形式等进行协同。

（4）深化设计阶段

深化设计阶段按照初设确定的技术路线深化和优化设计，各专业与建筑部品、装饰装修、构件厂等上下游厂商加强配合，做好 BIM 图纸上的预留预埋和连接节点设计，做好防水、防火、隔声和集成设计，解决连接节点间和部品间的"错漏碰缺"。

装修设计协同遵循建筑、结构、机电、装修一体化协同原则，部品实现以集成化为特征的成套供应。装修设计要采用标准化、模数化设计，各构件、部品与主体结构之间的尺寸要能匹配、协调，提前预留、预埋接口，易于装修工程的装配化施工。集成单专业深化设计与多专业设计协调，有效减少设计变更与返工，实现资源与成本的节约。

5. 基于 BIM 的集成设计需要注意的问题

（1）确定管线布置优化原则

在创建模型之前，根据各专业管道特点与安装便捷性，制定对管线布置进行协调优化的原则，使设备管线的布置位置、标高正确，布局合理、整齐、美观、经济。基本原则如下：

垂直立面的排列原则：保温管道在上，不保温管道在下；小口径管路应尽量支承在大口径管路上方或吊挂在大管路下面；不经常检修的管路排列在上，检修频繁的管路排列在下。

水平横管的排列原则：大口径管路靠墙安装，小口径管路排列在下面；管道少的管路靠墙壁安装，支管多的管路排列在外面；不经常检修的管路靠墙壁安装，经常检修的管路排列在外面。

管路间距的确定原则：管路间距以便于对管子、阀门及保温层进行安装及检修为原则；对于管子的外壁、法兰边缘及保温层外壁等管路嘴突出的部分距离墙壁或柱边的净开档不应小于 100mm，距离架横梁保温端部不小于 100mm，对于并排管路上并列阀门手柄，其净开档约 100mm。

管路相遇的避让原则：分支管路让主干管路；小口径管路让大口径管路；有压力管路让无压力管路；各专业进行沟通协调，确保本专业模型的正确合理性的同时，兼顾其他机电专业模型的合理位置与空间。

（2）单专业模型创建

在遵循管线布置优化原则的基础上，针对项目制订项目深化设计指南，编制各专业建模时构件的精细程度要求，以便具体的深化设计应用，指导各专业完成深化设计工作。单专业建模流程如图 3.2-1 所示。

（3）建筑、结构、机电、内装多专业管线碰撞检查与优化

多专业综合碰撞包括暖通、给水排水、电气设备管道之间以及与结构、建筑之间的碰撞。为实现准确快速的分析应注意以下两点：第一，如果建筑物内部的管道实体数量庞大，排布错综复杂，一次全部进行碰撞检测，计算机运行速度和显示都非常慢，为达到较高的显示速度和清晰度的目的，在完成功能的前提下，应尽量减少显示实体的数量，一般以楼层为单位；第二，考虑到专业画图习惯，还要能同时检查相邻楼层之间的管道设备，例如空调设备管道通常在本层表示，而给水排水专业在本层表示的许多排水管道其物理位置在下一层。多专业模型碰撞检查与优化流程图如图 3.2-2 所示。

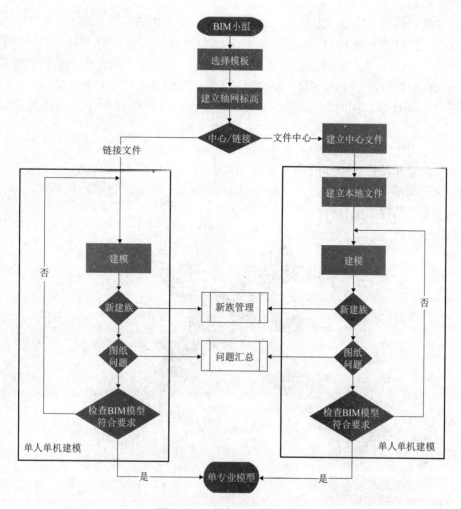

图 3.2-1 单专业建模流程图

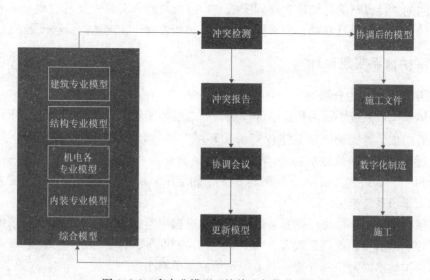

图 3.2-2 多专业模型碰撞检查与优化流程图

（4）建筑、结构、机电、内装与其他专业的交叉配合协调

与结构、建筑等专业 BIM 团队协同工作，将创建好的结构 BIM 模型与建筑、机电等专业 BIM 模型整合，进行碰撞检查，提前发现并解决各专业之间存在的构件碰撞、工序交叉、衔接配合等方面存在的问题，减少由以上原因引起的设计变更及工程返工，为工程节约资源与工期成本，同时为工程总体施工进度计划及钢结构专业施工进度计划提供依据。

（5）基于 BIM 的工况验算

将已经创建和设计好的 BIM 模型导入 MIDAS Gen 结构设计软件进行工况验算，对构件的构造设计与单元切分进行验证，同时对结构的吊装安装方案进行模拟验算，以保证结构施工的安全。构件工况分析如图 3.2-3 所示。

图 3.2-3　构件工况分析

（6）输出制作加工图与施工图

运用专业的结构深化设计制图软件，将构件的整体形式、构件中各零件的尺寸和要求以及零件间的连接方法等详细地表现到图纸上，以便制造和安装人员通过查看图纸能够清楚地了解构造要求和设计意图，完成构件在工厂的加工制作和现场的组拼安装。

3.2.3　围护体系集成设计

1. 围护体系集成设计概述

围护体系集成系统主要由屋面组件模块、外墙组件模块、外窗组件模块、阳台等悬挑组件模块等组成。外围护结构是室内热舒适环境与室外环境之间的物理隔断，其保温隔热、气密性等热工性能是建筑物全年能耗的重要影响因素。在外围护结构的热损失组成中，外墙约 25%、外窗约 24%、屋面约 9%、外门约 6%、地面约 2%。以节能为指向性的围护体系集成系统包括：

（1）屋面节能组件模块：屋面节能组件是通过选用不同的具体屋面做法组成的，选用原则为"导热系数小、蓄热系数大、热工性能好；密度小、自重轻、屋顶结构荷载小；保温层可以保护防水层避免其开裂；对节能增量成本影响小等"。

（2）外墙节能组件模块：外墙节能组件是由选用不同的具体外墙做法组成的，选用原

则为"导热系数小、蓄热系数大、热桥少、热工性能好；构造做法简单、易于施工；保温做法成熟、避免外墙开裂；对节能增量成本影响小等"。

（3）外窗节能组件模块：外窗节能组件是由选用不同的具体外窗做法组成的，选用原则为"导热系数小、热桥少、热工性能好的外窗窗框；防止太阳辐射能力强的节能玻璃；外窗遮阳能力高的自遮阳或构件措施等"。

（4）地下室顶板、外墙节能组件模块：地下室顶板、外墙节能组件分为采暖地下室及不采暖地下室两种情况。对于采暖地下室，地下室顶部及外墙都需要做保温层；对于不采暖地下室，主要是防止热桥的形成，仅在转折处做保温加强处理。

（5）阳台等悬挑构件节能组件模块：阳台等悬挑构件通常是钢筋混凝土结构，容易产生热桥等薄弱环节，应在保证结构安全的前提下合理选用断热桥的节点做法。

2. 被动房围护体系集成

2013年建成的秦皇岛"在水一方"被动房，是国内首个中德科技合作示范项目。在该项目的建设中，相关人士总结出了被动房建造过程中需要注意的几大要素：围护结构的高保温性、高气密性、无热桥结构、配置高效带热回收的通风换气系统满足室内空气清新度。这些关键因素大都和围护系统有关，所以将被动房围护体系集成设计，能够将系统组件的选择和施工及质量控制方法、成本控制结合起来，达到最优化的组合。系统组件包括保温材料与保温、高性能的外窗、密封材料、窗台护板和女儿墙扣板、防水隔汽膜等。以下介绍被动房围护结构设计。

（1）外墙

被动房由于构造复杂、保湿隔热性能要求高，施工周期相对较长，为了充分发挥装配式体系工期短的化势，外围护结构墙板选用预制夹心板（图3.2-4）。"三明治"预制夹心板由三层构成，最内侧为内叶板起结构支撑作用，中间层为保温材料作为墙体的主要保温手段，最外侧为外叶板起保护保温材料兼顾结构支撑作用，三者在工厂预制完成，以固件连接。从结构上来讲，由于保温层厚度很大，所以材料均为轻质材料，增加了墙体厚度的同时，也增加了其截面惯性矩。从材料使用上来讲，由于内叶板和外叶板均采用混凝土材料构成，且混凝土具有材料来源广泛、生产方式成熟、承载能力强、耐火性强等优点。高密度聚氨酯作为轻质保湿层，非常容易被破坏，但在三明治预制夹心板体系中，内叶板和外叶板将保温层夹在中间，起到了很好地保护作用。与传统砌筑方式相比，预制装配式夹心保温墙体具有以下优势：

1）实现工厂预制生产和施工现场装配，缩短了施工周期，提高了建筑的安全系数。随着现场装配技术的不断发展与成熟，传统的施工手段势必被替代，部品的精细化要求越来越严格，缩短建筑周期，降低建造成本。

2）应用"三明治"预制夹心板，墙板和保温层均在工厂预制完成，无需在施工现场进行现浇和保温处理，大大缩短工期，降低工程成本。

3）使一些价廉物美的保温材料在高层建筑中的应用成为可能，由于装配式建筑良好的抗侧刚度，EPS板等高效保温材料可作为外保温敷设在高层建筑外墙上，降低了工程造价的同时也保证了建筑的保温隔热效果。

图 3.2-4　预制夹心板

板缝部位作为外围护结构的保温薄弱环节，保温材料的选取以及保温做法是至关重要的。建筑业用聚氨酯硬泡体保温材料的导热系数一般都小于等于 $0.025W/(m \cdot K)$，根据传热学基本公式算出聚氨酯硬泡体保温材料的厚度应为 75mm。靠近外叶板位置的填缝保温材料厚度与预制墙板内的保温材料厚度相同，填缝保温材料外部选用两道宽度为 50mm，膨胀系数为 8～13mm 的预压自膨胀密封胶带密封。内叶板由于结构层厚度比外叶板大 50mm，所以填缝保温材料厚度比外叶板处的填缝保温材料厚度要大 50mm。由于墙板企口接缝的横向缝为两块预制的保温层拼接，为了防止拼接过程中可能出现的接缝不严密情况，在墙板企口接缝的横向缝中间设置了 4 道 6～10mm 的预压自膨胀密封胶带做填充。

（2）屋面

屋面的构造主要有平屋顶、坡屋顶、女儿墙等部分的区分。平屋顶的坡度较缓，一般是在结构层的上面设置保温层，工程中常用的水泥膨胀珍珠岩、矿棉、岩棉等材料都是非憎水性的，这类材料遇到水以后导热系数会增大，所以应该放在结构层之上、防水层之下进行密封处理，防水层之上要设置保护层，防止防水层因暴露而老化，这种被称为内置式保温。内置式保温结构较为复杂，因此造价较贵，工程中又很难将保温完全封闭，会出现起泡的现象。另一种保温形式是倒置式保温，更加适应复杂环境，其保温层做在防水层的上部，对防水层进行遮挡，对防水层的机械损伤较少，材料选用的是吸湿性小的憎水材料聚苯乙烯泡沫塑料板和聚氨酯泡沫塑料板。

由于女儿墙相对于楼板属于结构出挑部位，因此女儿墙的保温也是非常重要的。如果在女儿墙部位不进行特殊的保温处理，那么热量会沿着内叶板向外渗透，对建筑整体的保温效果造成破坏；所以需要在女儿墙的内侧再做一层保温层，保温层厚度应与女儿墙的保温层厚度相同。女儿墙保温构造图如图 3.2-5 所示。

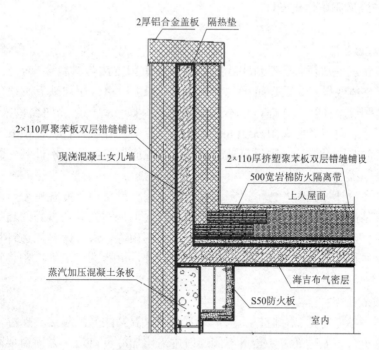

2厚铝合金盖板　隔热垫

2×110厚聚苯板双层错缝铺设

现浇混凝土女儿墙

2×110厚挤塑聚苯板双层错缝铺设

500宽岩棉防火隔离带

上人屋面

蒸汽加压混凝土条板

海吉布气密层

S50防火板

室内

图 3.2-5　女儿墙保温构造图

（3）门窗

在建筑围护系统中，门窗部分由于需要承担观景、采光、出入等功能需求，所以属于保温隔热的薄弱环节。门窗一般是由玻璃和门窗框体组成，两者结合部位采用焊接或密封材料连接。虽然框体占的比例较小，但是由于目前市场上常见的门窗框体型材的保温系数差异很大，不同的框体材料对于门窗整体的传热系数影响还是很大的。木质窗框与复合材料窗框相比于普通铝合金窗框，具有更好的保温效果。在门窗的安装方面，为了避免门窗与墙体连接处产生热桥，确保窗户嵌入保温层，门框及窗框大部分用保温材料覆盖，仅保留 10～15mm 可见宽度。除了节能窗的选择之外，建筑选择的保温形式以及窗户的安放位置也是非常关键的，正确的安装位置可以大幅度提高窗户的保温效果。在门窗的安装方面，为了避免门窗与墙体连接处产生热桥，确保窗户嵌入保温层，门框及窗框大部分用保温材料覆盖，仅保留 10～15mm 可见宽度。

除了节能窗的选择之外，建筑选择的保温形式以及窗户的安放位置也是非常关键的，正确的安装位置可以大幅度提高窗户的保温效果。建筑的整体保温形式为外保温时，被动房节能窗的窗框应在结构层外侧悬空，窗框下部设置木制砌块，通过螺栓与结构层连接，在结构层外侧敷设 150mm 保温层，保温层包裹窗框下部，保证冷量不会从窗框下部进入结构层。节能窗安装时，切忌将窗户安装在结构层上方，此时热量会通过结构层和窗框下部流失，冷量会通过窗框下部进入结构层，形成结构层结露，造成墙面开鼓，破坏建筑保温效果和气密性。窗洞口四周 300mm 位置仅设置内叶板，在内叶板靠近窗洞口方向每侧以角钢固定共 8 块防腐木作为固定搭接件，节能窗直接搭接在防腐木固定件上。为了在安装时保证气密性，门窗安装完成后，需要在窗沿外侧敷设防水透气膜。

3. 外窗与外遮阳一体化设计

（1）外窗遮阳存在的问题

1）设计的匮乏性

当今很多建筑特别是居住建筑中，各家各户的遮阳方法与材料多样，立面极不协调，严重影响建筑整体效果，缺乏建筑艺术美。遮阳效果上，由于用户缺乏相应的建筑物理知识，安装的遮阳设施往往不合理，达不到预期效果，如一些住宅北向窗口采用水平遮阳，实际上夏季到达北向窗口的太阳高度角很低，水平遮阳效果不理想。遮阳安全上，由于用户多采用简易的遮阳设施，遮阳材料易老化，抗腐蚀能力差，遮阳构件与建筑连接也可能不稳，有安全隐患。

一些建筑在设计过程中考虑了遮阳设计，但遮阳材料与构造方式单一，缺乏多样化和创新性，仅仅是停留在最基本的遮阳形式和遮阳材料上，不能达到很好的建筑节能效果与立面艺术效果。还有一些建筑遮阳形式与建筑风格不相符，未考虑与周边环境协调、技术等的适宜性，忽视了遮阳的建筑日照设计与节能设计，虽然进行了外遮阳设计，但其遮阳效果并不好。

2）气候的矛盾性

在我国夏热冬冷地区，对窗户要求是既要冬季保温又能夏天隔热。保温需要热量不能流失以减少热负荷，隔热又需要热量不能照射进来增加冷负荷，一方面窗要阻挡室内的热量向室外散失，冬季又想让太阳辐射更多的透过窗户玻璃进入室内，减少采暖系统向室内补充的热量。保温和隔热看似有些矛盾，根据这个矛盾性，希望能从结构上和材料上着手设计出一种适合夏热冬冷区域的透光外围护结构系统。

（2）外窗与外遮阳适应性设计

为了解决上述的问题，外窗与外遮阳应该集成考虑，使之达到适应当地气候的最优化组合。以夏热冬冷地区为例，外窗可调节外遮阳一体化透光外围护结构系统由遮阳装置和边框两大部分组成，安装在窗户外，也可作为外窗组件和外窗制作成一体进行安装。遮阳装置包括上端固定装置、升降装置、遮阳主体、下端自重杆边框包括上端边框、两侧边框和下端边框。遮阳主体以卷、层叠方式通过升降装置升到窗洞顶部或者下落到窗洞底部。两侧边框、下端边框与窗框形成的槽宽 $10\sim60\mathrm{mm}$、深 $10\sim100\mathrm{mm}$，上端边框与窗框形成的槽宽通常在 $30\sim100\mathrm{mm}$，大于遮阳主体全部升到窗洞顶部后的厚度、上端固定装置的宽度、升降装置的宽度。

在室外阳光强烈的时候，放下遮阳主体，其四周完全落在边框中，密闭的窗扇、遮阳主体和边框之间形成相对静态空气层。该层的形成不仅能有效阻隔外界的热量，还能有效降低室外噪声，同时能有效提高窗户的气密性，降低外窗热损失，提高外窗整体的隔热降噪功能。当遮阳主体放下时候，与外窗就形成了一道相对静态空气层，封闭状态下空气的导热系数为 $0.023\mathrm{W}/(\mathrm{m\cdot K})$，是一种非常好的隔热气体，当静态空气层控制在一定厚度时，可以认为遮阳卷帘与外窗之间的空气相对静止，达到相对静态空气层。

在冬天的时候或者天冷的时候，遮阳卷帘密闭，相对静态空气层与室内中空玻璃形成三层表皮、二层静态空气的保温体系，防止屋内的热量流向室外，减少屋内的热负荷流失。在夏天的时候，遮阳卷帘的合起与中空玻璃形成的空气层也会一定程度上阻止热量的进一步进入。图 3.2-6 是外窗与外遮阳一体化示意图。

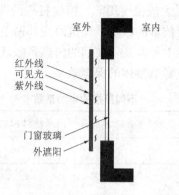

图 3.2-6　外窗与外遮阳一体化示意图

（3）外窗与外遮阳一体化组件的选择

1）玻璃

①热反射玻璃

这是一种通过化学热分解、真空镀膜等技术，在玻璃表面形成一层热反射镀层玻璃。对来自太阳的红外线，其反射率可达 30%～40%，甚至可高达 50%～60%。这种玻璃具有良好的节能和装饰效果。热反射玻璃又名镀膜玻璃，是用物理或者化学的方法在玻璃表面镀一层金属或者金属氧化物薄膜，对太阳光有较高的反射能力，可有效地反射太阳光线，包括大量红外线，因此在日照时，使室内的人感到清凉舒适。另外，热反射玻璃会产生眩光效应，在冬天不利于太阳光进入的室内，会造成室内采暖负荷增加，全年能耗降低并不明显。

②低辐射 Low-E 玻璃

低辐射玻璃又称 Low-E 玻璃，是镀膜玻璃家庭中的一员，它的广泛应用是从 20 世纪 90 年代欧美发达国家开始的。这种玻璃拥有良好的可见光透过率和良好的热阻隔效果，是高档公共建筑、大型幕墙工程中主要采用的节能玻璃材料之一，能让 80% 以上的可见光进入室内，对太阳光中的长波部分起到很好的反射作用，在室内侧可以将室内物件的红外辐射热保留在室内。但是在幕墙大面积使用 Low-E 玻璃的高层建筑中会产生眩光，在冬天会影响室内的采光和阻止外部太阳光携带高能波进入室内，使冬天室内的采暖能耗增加，导致全年的能耗并没有因为使用低辐射玻璃而改善太多。

③中空玻璃

中空玻璃是由两层或多层平板玻璃构成，由美国人于 1865 年发明，是目前夏热冬冷地区中较常见的一种节能外窗主要材料，其主要构造是玻璃、铝间隔条、弯角栓。中空玻璃可采用不同厚度的原片玻璃，空气层厚度可采用 6mm、9mm、12mm 间隔。高性能中空玻璃，由于有一层特殊的金属膜，遮蔽系数 SC 可达到 0.22～0.49，传热系数可到达 1.4～$2.8W/（m^2 \cdot K）$，比普通中空玻璃好，对减少室内采暖负荷发挥很大效率。高性能中空玻璃可以拦截由太阳射到室内的相当一部分能量，因而可以防止因辐射热引起的不舒适感和减轻夕照阳光引起的目眩。

2）窗框

窗框材料在透光外围护结构的节能方面也很重要，因此在中空玻璃、Low-E 玻璃等

K 值低的玻璃在夏热冬冷地区大规模使用前，窗框材料的选择对外窗系统的整体保温性能的改变并不突出。随着节能窗技术的改变，建筑改变外窗节能性能，首先会运用到各种节能的玻璃，从玻璃的保温性能着手改变，玻璃的传热系数逐渐降低，不好的窗框材料就成了整个保温材料的短板，严重影响整体的保温效果。

不同窗框的导热系数   表 3.2-1

窗框材料	杉木	钢	铝合金	塑料 PVC	塑料 PA	玻璃钢
导热系数 W/（m·K）	0.29	58.2	203	0.16	0.23	0.52

3) 外遮阳材料

基于整体可调节外遮阳的构造模式以及性价比的考虑，基材表面处理材料仅是使用高分子基材作为遮阳组件，在满足采光功能、抗风压性能的前提下，隔热性能大幅度损失，节能效果降低。因此，需要对高分子基材进行表面处理，来提高其隔热性能。高分子基材的选择需具备可卷曲性、透光率、耐候性、隔热性能，满足这四种性能的材料主要有聚酯、PVC、玻纤材料等。针对不同热工分区的遮阳特点，对高分子基材的可卷曲性、透光率、抗风压、隔热性能进行研究，调节孔隙率，确定不同热工分区使用的高分子基材。

3.3 模数与模数协调

模数和模数协调标准是实现建筑工业化的重要基础，涉及工业化建造的各个环节，在装配式建筑中非常重要。建筑设计缺失了系统的模数化和尺寸协调，就不可能实现标准化。通过建筑模数不仅能协调预制构件与构件之间、建筑部品与部品之间以及预制构件与部品之间的尺寸关系，减少、优化部件或组合件的尺寸，使设计、制造、安装等环节的配合简单、精确，基本实现土建、机电设备和装修的"集成"和大部分装修部品部件的"工厂化制造"，还能在预制构件的构成要素（如钢筋网、预埋管线、点位等）之间形成合理的空间关系，避免交叉和碰撞。

关于模块化与模数协调，模块化是复杂产品标准化的高级形式，无论是组合式的单元模块还是结构模块都贯穿一个基本原则，就是用型式和型式尺寸数目很少且又经济合理的统一化单元模块，组合成大量具有各种不同性能的、复杂的非标准综合体，这一原则称为模块化原则。为了实现模块化原则，保证模块组成的产品在尺寸上的协调，必须建立一套模数系统对产品的主尺度、性能参数以及模块化的外形尺寸进行约束，这就是建筑中的模数协调。模数协调工作是各行各业生产活动中最基本的技术工作，遵循模数协调原则，全面实现尺寸配合，可保证在住宅建设过程中，在功能、质量和经济效益方面获得优化，促使住宅建设从粗放型生产转化为集约型的社会化协作生产。

模数协调还有利于实现建筑部件的通用性及互换性，使通用化的部件适用于多个个体建筑，满足各种要求。同时，大批量的规格化、定型化部件的生产可稳定质量，降低成本，适合工业化批量生产。

3.3.1 模数数列协调

模块化数理方面的支撑就是模数协调技术，模数协调技术首先利用基本模数网格控制建筑物的平立剖面，以利于拆分成单元模块或构件，并利用构件定位技术、公差与配合等技术实现部件安装接口的模数协调。

按照《建筑模数协调标准》GB/T 50002，模数协调是指应用模数及模数数列，达到生产活动各环节之间的尺寸协调。狭义讲"协调"是一个动作过程，但是实际意义上的模数协调还要有一个建设、管理、设计、施工等各方能够通俗易懂的尺寸定位表达结果。模数是住宅工业化的基础，模数协调的进步可以推动住宅工业化的发展，住宅工业化的每一次创新、每一次前进、每一个新类型的出现，都离不开模数协调体系的支撑。住宅工业化发展的过程中主要有以下几种主要的模数协调技术：

（1）单线网格体系的板柱构造系统。1935 年美国建筑大师 R. M. 辛德勒在处理墙体中心定位后如何保证空间净空尺寸符合模数的问题上，曾尝试创建建立在单线网格体系上的板柱构造系统（Panel Post Construction），采用交叉节点另立框架柱的办法，以保证空间净空尺寸符合模数和墙体构造板材符合模数。赖特和勒·柯布西耶等建筑大师都曾以单线模数空间网格为基础进行了若干设计实践。

（2）SAR 体系的双轴线模数。20 世纪 60 年代荷兰建筑师提出了 SAR 体系的住宅工业化设计理论，该理论采用了双轴线模数网格和界面定位法：在垂直方向采用 20cm 扩大模数，在水平方向采用国际通用的 30cm 扩大模数，分别由 1M＋2M 构成，可以协调 10cm、20cm 相间的网格，并规定所有的隔墙连接处必须在 10cm 的窄条里以减少规格。为此 SAR 研究制定了一整套模数制度，规定了各节点和构建的位置和尺寸。

（3）积木式体系的单网格模数。1977 年，法国构件建筑协会（ACC）制订出尺寸协调规则，并于 1978 年推广"构造体系"（Systeme Constructif）。该构造体系列出了一系列构件目录，构件间能互相装配成定型构件，建筑师可采用其中构件，像搭积木一样组成多样化的建筑，被称为积木式体系（Meccano）。它同样采用的是单线模数网格，但允许在同一平面内出现不同网格，且允许相互间错位排布，解决了单一单线网格在采用墙体构配件中心定位后，剩余净空无法与模数网格很好契合的问题。

（4）SI 体系的模数协调。SI 体系住宅是由建筑支撑体（Support or Skeleton）和建筑填充体（Infill）共同组成的。SI 体系的工业化住宅通过模数化和标准化手段来协调支撑体和填充体，以获得建筑主体结构的长久性和建筑装饰、装修的可再生性。支撑体模数空间网格是三维的，每个网格面所采用的模数参数可以不同。通过支撑体部件的模数化，实现支撑体部件中心线定位和界面定位叠加。填充体内外空间的装修面依附于支撑体部件存在，支撑体部件以大标准化为主，而填充体部件则属于小标准化的范畴。在模数选择上，填充体部件适宜选择扩大模数 3M、基本模数 1M、分模数 1/2M 为主，其他分模数为辅的模数体系。模数和模数协调标准是实现建筑工业化的重要基础，涉及工业化建造的各个环节，在装配式建筑中非常重要。通过建筑模数不仅能协调预制构件与构件之间、建筑部品与部品之间以及预制构件与部品之间的尺寸关系，减少、优化部件或组合件的尺寸，使设计、制造、安装等环节的配合简单、精确，基本实现土建、机电设备和装修的"集成"和大部分装修部品部件的"工厂化制造"，还能在预制构件的构成要素（如钢筋网、预埋管线、点位等）之间形成合理的空间关系，避免交叉和碰撞。

3.3.2 平面设计的模数协调

通过模数协调可实现建筑主体结构和建筑内装修之间的整体协调，建筑的平面设计应采用基本模数或扩大模数，做到构件部品设计、生产和安装等相互尺寸协调。为降低构件和部品种类，便于设计、加工、装配的互相协调，装配式建筑各部位模数选用应按表 3.3-1 确定，其中楼板厚度的优先尺寸为 130mm、140mm、150mm、160mm、170mm、180mm，长度和宽度模数与开间、进深模数相关；内隔墙厚度优先为 100mm、150mm、200mm，高度与楼板的模数数列相关。

平面设计模数　　　　　　　　　　　　表 3.3-1

部位	开间	进深	层高	剪力墙厚度	楼板厚度
推荐模数	2M	2M	1M	0.5M	0.1M
可选模数	3M	2M	—	—	—

过去，我国在平面设计上多采用 3M（300mm），设计的灵活性和建筑的多样化受到了较大的限制。目前为了适应建筑多样化的需求，增加设计的灵活性，多选择 2M（200mm）、3M（300mm）。但是在住宅的设计中，根据国内墙体的实际厚度，结合装配整体式住宅的特点，建议采用 2M＋3M（或 1M、2M、3M）灵活组合的模数网格，以满足住宅建筑平面功能布局的灵活性及模数网格的协调。

3.3.3 立面设计的模数协调

建筑的高度及沿高度方向的部件应进行模数协调，采用适宜的模数及优先尺寸。建筑物的高度、层高和门窗洞口的高度宜采用竖向模数或竖向模数扩大模数数列，且竖向扩大模数数列应选用 nM。部件优先尺寸的确定应符合层高和室内净高的优先尺寸系列宜为 nM 的规定，见表 3.3-2。建筑沿高度方向的部件或分部件定位应根据不同条件确定基准面，同时建筑层高和室内净高宜满足模数层高和模数室内净高的要求。

装配剪力墙住宅适用的优先尺寸系列　　　　　表 3.3-2

类 型	建筑尺寸			预制楼板尺寸	
部 位	开间	进深	层高	宽度	厚度
基本模数	3M	3M	1M	1M	0.2M
扩大模数	2M	2M/1M	0.5M	0.1M	0.1M

立面高度的确定涉及预制构件及部品的规格尺寸，应在立面设计中认真贯彻建筑模数协调的原则，定出合理的设计参数，以保证建设过程中在功能、质量和经济效益方面获得优化。室内净高应以地面装修完成面与吊顶完成面为基准面来计算模数高度。为实现垂直方向的模数协调，达到可变、可改、可更新的目标，需要设计成符合模数要求的层高。

3.3.4 构造节点的模数协调

构造节点和分部件的接口尺寸等宜采用分模数数列，且分模数数列宜采用 M/10、M/

5、M/2。构造节点的模数协调也非常重要，装配式建筑的关键在节点，所有的构件和部品要集成为一个系统，必须通过节点的连接和相互作用。要实现连接节点的标准化，实现构件的通用化和互换性，离不开节点的模数和模数协调。

建筑一般使用轴线的标注方法，这种尺寸标注方式与空间内填充物的产品制图标准不一致。另外，中心轴线并不能有效控制净空间尺寸，也不能对空间内填充物进行有效定位。在规范中所提供的双轴线标注方法，在实际中没有得到广泛的运用。一般确定部件的尺寸和边界条件如下：

（1）对于装配式框架结构体系，宜采用中心线定位法。框架结构杆子间设置的分户墙和分室隔墙一般宜采用中心线定位法，当隔墙的一侧或两侧要求模数空间时宜采用界面定位法。

（2）主体结构部件的水平定位宜采用中心定位方式，竖向定位方式宜采用界面定位法。

（3）住宅厨房和卫生间的内装部品（厨具橱柜、洁具、固定家具）、公共建筑的家具式隔断空间、模块化吊顶空间等，宜采用界面定位方式，以净尺寸控制模数化空间，其他空间的部品可采用中心定位来控制。

（4）门窗、栏杆、空调百叶等外围护部品，应采用模数化的工业产品，并与门窗洞口、预埋节点等的模数规则相协调，宜采用界面定位方式。

3.3.5　模数应用

模数应用过程中应注意以下几点：

（1）应在装配式建筑的整体设计和各部分设计中全面、系统地执行模数和模数协调的基本要求。

（2）工厂生产的预制构件应为满足生产和装配需求的模数部件，其设计尺寸应符合模数协调的要求。

（3）结构构件采用扩大模数，可优化和减少预制构件种类，形成通用性强、具有系列化尺寸的住宅功能空间开间、进深和层高等主体构件或建筑结构体尺寸。建筑内装体中的装配式隔墙、储藏收纳空间和管道井等单元模块化部品或集成化部品宜采用基本模数，也可插入模数 M/2 或 M/5 进行调整。

（4）宜对标准化预制构件进行"模数化配筋"。预制构件的结构配筋设计应便于 BIM 条件下的构件标准化和系列化，确保配筋规则能适应构件尺寸按一定的数列关系逐级变化，并应与构件内的机电设备管线、点位及内装预埋等实现协调。

（5）预制构件内设备管线、预埋件等预留预埋设计宜依照模数网格进行设计，并与模数化的钢筋网片相协调。

（6）住宅厨房、卫生间；公共建筑的家具式隔断空间、模块化的顶棚空间等，宜设计成净尺寸控制的模数化空间。

1）厨房：应根据内装材料的产品规格为基本模数来控制厨房的装修完成面。厨房的地面、墙面和顶棚应相互协调，处理好不同部位和材料间的接口，实现其有序组合和过渡。

2）卫生间：应根据内装材料的产品规格为基本模数来控制卫生间的装修完成面。卫生间的地面、墙面和吊顶应相互协调，处理好不同部位和材料间的接口，实现其有序组合和过渡。

3）办公室：应根据办公家具、家具式隔断和模块化顶棚的模数规则为基本模数来控制办公室的装修完成面。办公室的地面、墙面和吊顶应相互协调，处理好不同部位的材料间的接口，实现其有序结合和过渡。

（7）住宅的起居室、卧室、书房、阳台等，通常采用模数化的轴网来控制，可以不受装修完成面的控制。

（8）门窗、防护栏杆、空调百叶等外围护墙上的建筑部品，应采用模数化的工业产品，应符合相关国家标准的要求，并与门窗洞口、预埋节点等的模数规则相协调；厨房和卫生间内的厨具橱柜、洁具、固定家具等，应选用符合模数的工业产品，并与"装修完成面控制的模数空间"协调。

3.4　模块与模块组合

3.4.1　模块组合

（1）每一个模块既要满足建筑的功能、建筑的表现形式、空间特点等，又要考虑工厂加工和现场装配的要求，所以需要合理划分基本模块单元。模块单元应满足"少规格、多组合"的要求，做到精细化和系列化。不同模块之间的协调应具备一定的逻辑及衍生关系，并预留统一的接口利于不同模块的多样化组合。

（2）基本模块单元可以组合成更大的模块，如套型模块组合成楼栋模块；也可以划分成更小的模块，如套型模块可以划分成外墙、内墙、厨房、卫生间模块等。通过模块的不同组合方式可以实现装配式建筑多样化和个性化的需求。

3.4.2　模块化影响要素

（1）功能影响

功能是空间的决定者，也是装配式建筑模块化设计过程中首要考虑的。因为模块化设计原理的基础就是建筑的功能分区，在功能分区的基础上进行模块设计。如果建筑的功能属性不同，势必会产生不同形式的功能分区，进而产生不同的模块形态和整体建筑形态。

（2）结构影响

装配式建筑的结构选用也是影响模块化设计的因素之一。建筑结构类型主要从空间体量上对建筑的功能进行约束，在很多情况下特定的功能对应着特定的建筑结构形式。在模块化设计过程中，结构对于整体建筑的影响是巨大的，不仅仅表现在对于结构形式的选取上，还表现在模块之间的连接结构的处理上。所以在模块化设计的过程中，结构设计是很关键的一环。

（3）环境影响

在建筑的周边，存在着道路、景观、既有建筑、市政设施、城市管网等，建筑总是存在于一个具体的环境空间中。在进行模块化设计的过程中，需要考虑这些具体的环境因素，使得设计出来的建筑与周围环境能够相互协调。

3.4.3 模块化设计原则

坚固、实用、美观是建筑设计的首要原则，在模块化设计时应遵循以下几点原则：组合多样化原则、空间集约原则、功能灵活原则、结构合理原则、经济适用原则、环境适应原则。

（1）组合多样化原则

模块的组合要能够实现功能多样化和造型多样化。功能多样化指的是在减少构件类型和规格的同时最大限度地满足使用上的要求。造型多样化指的是如何使装配式建筑形象生动、美观、多姿多彩，以丰富城市面貌，满足总体规划的要求。

模块化设计较易实现功能的多样化，因为其本身就是通过模块来进行组织设计的，模块自身具备灵活性，模块的组合也能够创造出丰富的空间效果来达到这一目的。相同功能属性的空间经过整合，势必形成可以变化的大空间范围，这样空间的使用性就比较多变。在设计时，我们需要体现出建筑师的"超越性"，考虑到空间在未来发展的可变性，在有限的空间中尽量能够有效率地容纳未来可变的使用用途。

关于造型的多样化，可以有以下途径来实现：采用不同层数的建筑体部，形成高低错落、起伏多变的外轮廓；采用不同长度的模块构件，形成凹凸进退的建筑立面；采用错动组合的建筑平面，可以使模块构件纵向或横向移动，以至旋转 90°或 45°；设计不同形式的屋顶、平顶、坡顶，或用不同形式的屋顶相组合；采用不同的阳台、雨棚等构件，并进行重点装修，充分利用色彩、质地、材料变化的可能性。

（2）空间集约原则

空间集约原则主要适用于模块单体的设计及模块体系的组合中，在单体设计时确定单体空间尺寸时要照顾到具体功能要求的尺寸，合理选择空间结构大小及组织空间，将模块更有效地组合起来，而不是不加选择地堆砌。

在模块化设计中，将相同的功能组合在一起，并用必要的联系将不同的功能模块组织起来，减少不必要的交通浪费，相较于分散式布置的平面本身就是集约的体现。在具体设计中，我们需要对功能分块进行分析，哪些功能模块组团或单元需要就近摆放，哪些需要共用一套交通体系，这些都是需要考虑的问题。

（3）结构合理原则

模块化设计是把一定功能的单元空间进行分组，自身功能和结构相对独立，这样可以很好地解决建筑功能和结构的问题，使得建筑的结构更加清晰。以往的建筑结构往往是哪里需要什么空间就做成什么空间，这样建筑往往容易出现很多不同的结构交接，使得建筑整体性降低了，而且这样建造的建筑往往因为整体性较差容易出现安全隐患，若要进行建筑的改造和更新，一个梁柱的改变都会引起其他结构的受力改变，非常不符合现代人们对于建筑的需求。

这里所说的结构合理，不只是建筑本身选取的结构是框架结构或是钢结构，混合结构的选择要合理，模块单元之间的组合方式，构架起来的结构体系要合理。在相邻的模块间很容易产生结构的交接问题，在这里我们要选择合理的构造方式进行设计。

（4）经济适用原则

模块化设计应用的出发点便是为了节约资源，它在技术和经济上都有明显的优点。在模块化设计中，我们依据功能进行分区设计，并针对不同的模块设计不同的柱距和层高，这样能够避免了空间和材料的浪费。

采用模块化设计能够规范和简化设计、缩短设计周期，提高设计质量。因为模块化建筑是由模块空间组成的，设计师的任务是根据需求直接选择和组合模块单元或组团，很大程度上减少了设计师的非创造性的重复工作，规范和简化了设计师的工作，有利于明确职责，提高设计质量。

对大规模的复杂建筑空间设计，可以在总体设计的指导下，把复杂的建筑系统划分成为几个模块组团，再将这些模块组团划分为若干相对小而清晰模块单元，甚至可以由设计师们分别设计不同的模块，最终将这些部分组装在一起，这样便可以实现多人平行地展开工作，于是设计周期大大缩短了。

（5）环境适应原则

模块化设计作为可持续发展的一个部分，应该贯彻可持续发展的思想，既要与周边自然环境相适应，又要适应地域文化环境。在进行设计时应尽可能减少对自然环境的破坏，注重与周围环境的融合，做到因地制宜，与周边气候、地形、水体、绿化等自然要素相结合，在利用自然达到节能和环境舒适的同时，也实现了对自然环境的保护，达到与自然的和谐共生。

3.4.4 模块化设计

相对于传统设计而言，装配式建筑设计需要建立一套相对完整的标准化设计体系，大多数标准化设计体系由以下两个模块共同构成：

标准化户型模块：通过模块整理可以规整剪力墙，实现模块内部隔墙灵活分隔；并可以对有些户型的客厅和居室等空间的开间和进深进行调整，使得功能尺寸更合理，更符合内装设计、家具布置及人体工程学的原理；同时也遵循模数原则，为内装的标准化预留接口。

标准化交通核模块：可以将非标准交通核按产业化要求调整成为若干标准化交通核，包括楼梯的标准化、电梯井的标准化、机电管井的标准化、走道的标准化，同时也为模块的灵活多样组合创造了条件，为后续创造多样的标准化组合平面提供了可能性。

1. 模块化设计方法

模块化设计是以不同层级的标准模块，通过模块的接口选择性组合成完整的套型系统。住宅标准层平面由套型模块和核心筒模块组成；套型模块由起居室、卧室、厨房、卫生间等功能模块组成（图 3.4-1）；每个模块根据人体尺度、家具尺寸、日常生活行为等因素确定。

模块的组合是根据具体的功能要求，通过模块接口进行组合。模块组合的关键是模块和接口的标准化、通用化。模块化设计中，应关注模块本身和模块组合的可变性。为了确保不同功能模块的组合或相同功能模块的互换，模块应具有可组合性和互换性两个特征，为此，要在模块接口上提高其标准化、通用化的程度。例如，具有相同功能，不同性质的套型模块应具有相同的对接的基面和可拼接的安装尺寸。应在模块设计过程中确定模块的设计规则，建立住宅的模块化系统。

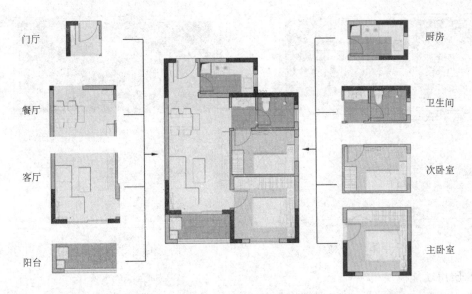

图 3.4-1 套型模块组合示意

2. 功能模块设计

(1) 居住功能模块

居住功能模块包含起居室模块、卧室模块、餐厅模块等。开间尺寸的标准化控制易于进深尺寸的标准化控制,开间尺寸宜采用 2nM、3nM 的优先尺寸数列。应尽量实现起居室、卧室、餐厅模块空间功能的复合利用,避免用途的专一属性及交通空间,还应避免将套内空间划分得过于零碎。应考虑内部空间的灵活性和可变性,满足不同时段住户空间的多样化需求。如图 3.4-2~图 3.4-5 所示,居住功能模块通过内部空间变化满足住户不同生活状态的需求。

图 3.4-2 青年夫妇家庭

图 3.4-3 育儿期家庭

图 3.4-4　中年核心家庭

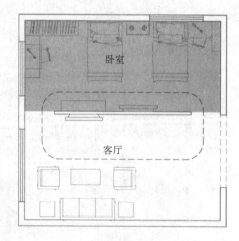

图 3.4-5　老年夫妇家庭

（2）厨房功能模块

在既定的厨房空间中，在规定的材料种类、生产工艺及结构的标准单元柜的基础上，通过每个可以独立设计的、并且能够发挥整体作用的、更小的子系统来构筑复杂的产品，模块就是经标准化设计的单元柜。

操作模块是形成厨房功能的基本单元，由烹饪、清洗、准备三大功能做成，如图 3.4-6 所示。

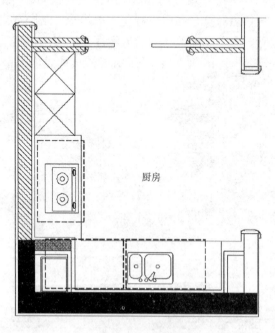

图 3.4-6　厨房操作模块

除了满足三大基本功能外，还需要充分考虑冰箱、洗碗机、烘干机、消毒柜等厨房设备的摆放组合模块。因操作流程、人体动作等行为存在着一定的制约关系，设置不当会使操作流线中断造成使用不便，甚至存在安全隐患。在建筑尺寸不能满足柜体模数时，可采用调节面板进行调节和收口处理。

厨房功能模块宜靠近入口、餐厅和卫生间等布置。整体厨房空间尺寸应符合现行国家标准《住宅厨房及相关设备基本参数》GB/T 11228、《住宅厨房模数协调标准》JGJ/T 262 的要求。厨房功能模块净尺寸宜为 3M，并结合内装部品进行协调。

（3）卫生间功能模块

整体卫浴是以工业化生产的具有淋浴、盆浴、洗漱、便溺四大功能或这些功能之间任意组合的部品。遵循人们对卫生间的使用习惯按功能划分为干区和湿区，湿区着重考虑防水和排水，干区着重考虑盥洗、排便、家务等功能，配上各种功能洁具形成的独立卫生单元。干区模块见表 3.4-1，湿区模块见表 3.4-2。

卫生间干区模块　　　　　　　　　　　　　　　　表 3.4-1

坐便器模块		洗脸区模块

智能马桶	洗手池马桶	洗脸化妆组合

卫生间湿区模块　　　　　　　　　　　　　　　　表 3.4-2

桑拿模块	淋浴模块	组合模块
桑拿浴盒子间	淋浴盒子间	桑拿淋浴组合

当采用整体卫浴时应选用标准部品，并根据产品标准要求进行土建尺寸与设备管线设计。整体卫浴土建安装的最小长度、宽度安装尺寸，一般是在整体卫浴内部净长度和净宽度的基础上分别增加 100～150mm。采用整体卫浴时，应事先确定结构梁的位置及降板高度对梁的影响。

（4）阳台功能模块

阳台的反坎应在预制时一并完成，其宽度为 150～200mm；反坎上应预留栏杆安装杯洞，洞口间距尺寸应与栏杆竖梃保持一致，间距不应大于 1.2m。开敞式阳台应采用适宜的防水与排水做法，并在与室内开口部位形成可靠的构造连接，避免雨水渗漏。阳台功能模块如图 3.4-7 所示。

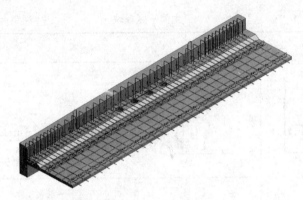

图 3.4-7　阳台功能模块

（5）核心筒模块

核心筒模块设计主要包括走廊、楼梯、电梯井及机电管井。预制楼梯梯段上下梯段应完全相同，踏步高度一致。应确保楼梯梯段和休息平台处的最小净宽度满足疏散宽度要求，预制楼梯梯段应预留栏杆安装杯洞和防滑条。预制楼梯应确保休息平台上部及下部过道处的净高不小于 2.00m，梯段净高不应小于 2.20m，且包括每个梯段下行最后一级踏步的前边缘线 0.30m 的前方范围，如图 3.4-8 所示。

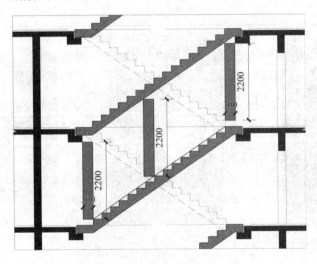

图 3.4-8　预制楼梯剖面净高示意

3.5　接口设计

装配式混凝土建筑的部品接口设计是建筑部品化的重要环节，接口的合理设计才能最大限度地发挥部品的功能，部品的寿命也与接口密切相关。从系统的角度看，接口是指其各组成部分之间可传递功能的共享接口，可以通过接口结构实现静态或动态的结合，其构造方式是决定部品性能的重要因素之一。

建筑部品的种类繁多，接口有多层含义，从广义上可分为硬接口和软接口：

（1）硬接口

硬接口指的是部品的结构接口与水暖电及采暖通风等接口，包括接口形式、接口尺寸、精度，并且接口之间具有互换性和兼容性，同时给水排水系统、空调系统、电气系统中各物理参数协调配合。以装配式混凝土建筑中接口最复杂的厨房和卫生间为例：部品接口涉及多种专业和多个工种，包括设备与建筑之间、设备与管道之间、管道与管道之间的连接接口，如果接口不正确，就会使部品的功能降低，还有可能形成事故的隐患。

（2）软接口

软接口指的是部品中各种软件的约束条件，部品程序设计语言、格式和标准化等，是建筑部品组合过程中信息平稳传递、变换、调整的接口。

在装配式混凝土建筑中，部品间、部品与半部品间的接口根据界面主要有以下三种类型：

（1）固定装配式

建筑的维护部分、有特定技术要求的部位，如保温墙、隔音墙等，采用专用胶粘剂安装固定连接的方式。

（2）可拆装式

划分室内空间的隔墙，可采用搭挂式金属连接，接缝用密封胶密封连接，表面不留痕迹，方便以后变更或更换表面装修材质。

（3）活动装配式

内部装修部品与结构部品之间可以采用活动式装配。在室内的特定区域内采用滑动式金属组件装配方式，形成可以随时变化的室内空间，并设置暗装式隔墙与家具插口，使内墙体与家具装配成为灵活的整体。如整体橱柜，整个柜体可由不同功能的柜体单元拼接而成，方便功能升级时更换。

根据部品接口形式，接口又可分为直接接口和间接接口（图3.5-1）。轻钢轻板结构部品与围护部品之间的连接接口就属于典型的间接接口，这种接口多采用各种角钢、专用压板焊接或栓接（图3.5-2）。

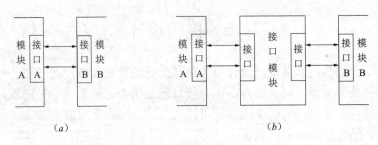

图 3.5-1　部品接口方式
（a）直接式接口；（b）间接式接口

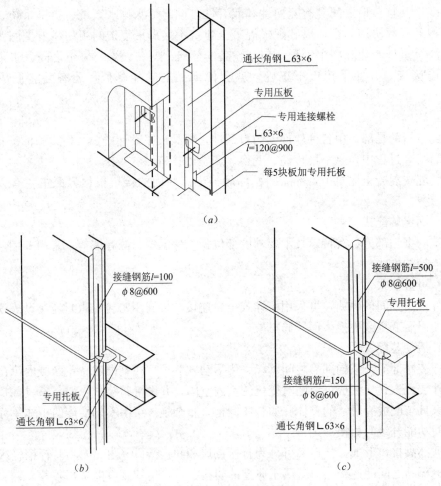

图 3.5-2　外墙板与梁的界面
（a）角钢接口；（b）专用托板焊接接口；（c）专用托板栓接接口

4 结构系统设计

结构系统设计是装配式建筑设计的重要组成部分，本章将从结构系统设计概述、结构材料、整体计算分析、预制构件设计、构件节点连接设计、装配整体式框架结构、装配整体式剪力墙结构这七个方面对结构系统设计进行阐述。本章节主要以结构设计理论为立足点，遵循"等同现浇"的原则，同时结合现有国家相关规范对装配式结构设计原理、设计过程、设计内容、设计深度等进行阐述。在本章学习前，对现浇混凝土结构设计相关知识进行学习，可以帮助理解本章的相关内容。

4.1 结构系统设计概述

目前装配式结构设计一般遵循着"等同现浇"的设计理念，以湿式连接为结构连接的主要技术基础，采用预制构件、部分现浇混凝土以及节点区的后浇混凝土相结合的方式，竖向承重预制构件受力钢筋的连接应采用钢筋套筒灌浆连接技术，实现节点设计强接缝、弱构件的原则，使装配整体式混凝土结构具有与现浇混凝土结构完全等同的整体性、稳定性和延性。

装配式结构的抗震等级应符合现行行业标准《装配式混凝土结构技术规程》JGJ 1 的相关规定，同时抗震设计时尚应符合下列要求：

（1）装配式结构及其预制结构构件的连接可按现行行业标准《高层建筑混凝土结构技术规程》JGJ 3 和《全国民用建筑工程设计技术措施：结构（混凝土结构）》的有关规定进行结构抗震设计。

（2）当同一层内既有预制又有现浇抗侧力构件时，地震设计状况下宜对现浇抗侧力构件在地震作用下的弯矩和剪力进行适当放大。

（3）在结构内力与位移计算时，对现浇楼盖和叠合楼盖均可假定楼盖在其自身平面内为无限刚性，楼面梁的刚度可计入翼缘作用予以增大。

（4）高层建筑底部对结构整体的抗震性能很重要，尤其在高烈度区。结构底部或首层往往由于建筑功能的需要不太规则，不适合采用预制构件，且底部构件配筋较多，也不利于预制构件的连接。

（5）高层装配整体式框架结构宜设置地下室，地下室宜采用现浇混凝土。首层柱宜采用现浇混凝土，顶层宜采用现浇楼盖结构以保证结构的整体性。

（6）低、多层框架结构根据地质情况、地震烈度和结构布置的规则性可不设置地下室，首层柱可以预制。

装配式结构的房屋最大适用高度、最大高宽比应符合现行行业标准《装配式混凝土结构技术规程》JGJ 1 的相关规定。装配式结构的平面及竖向布置要求严于现浇结构，特别不规则的建筑会出现各种非标准的构件，其在地震作用下内力分布较复杂，不适宜采用装配式结构。装配式结构的平面布置和竖向布置宜符合下列要求：

(1) 结构在平面和竖向不应具有明显的薄弱部位，且宜避免结构和构件出现较大的扭转效应。

(2) 高层装配式混凝土结构不宜采用整层转换的设计方案，当采用部分结构转换时，应符合下列规定：

1) 部分框支结构底部框支层不宜超过 2 层，框支层以下及相邻上一层应采用现浇结构，且现浇结构高度不应小于房屋高度的 1/10。

2) 转换柱、转换梁及周边楼盖结构宜采用现浇。

(3) 装配式结构中的预制抗侧力构件（框架柱、剪力墙、框支柱）的水平接缝处不宜出现全截面受拉应力。

(4) 装配式结构的平面布置宜符合下列规定：

1) 平面形状宜简单、规则、对称，质量、刚度分布宜均匀；不应采用严重不规则的平面布置。

2) 平面长度不宜过长（图 4.1-1），长宽比（L/B）宜按表 4.1-1 采用。

3) 平面突出部分的长度 l 不宜过大、宽度 b 不宜过小（图 4.1-1），B_{max}、b 宜按表 4.1-1 采用。

4) 平面不宜采用角部重叠或细腰形平面布置。

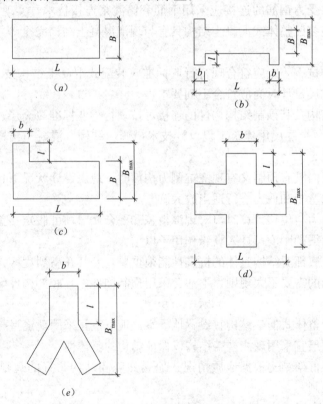

图 4.1-1　建筑平面示例

平面尺寸及突出部位尺寸的比值限值 表 4.1-1

抗震设防烈度	L/B	$l/B_{\max}$	l/b
6、7 度	$\leqslant 6.0$	$\leqslant 0.35$	$\leqslant 2.0$
8 度	$\leqslant 5.0$	$\leqslant 0.30$	$\leqslant 1.5$

装配式结构竖向布置应连续、均匀，应避免抗侧力结构的侧向刚度和承载力沿竖向突变，并应符合现行国家标准《建筑抗震设计规范》GB 50011 的有关规定。装配式结构宜采用简支连接的预制楼梯，预制楼梯可采用板式和梁式楼梯。抗震设计的高层装配整体式结构，当其房屋高度、规则性、结构类型等超过《装配式混凝土结构技术规程》JGJ 1 的规定或者抗震设防标准有特殊要求时，可按现行行业标准《高层建筑混凝土结构技术规程》JGJ 3 的有关规定进行结构抗震性能设计。

4.2 结构材料

装配式混凝土结构中使用的主要材料包括钢筋（焊网）、混凝土、钢材、钢筋连接锚固材料、生产和施工中使用的配件等。

4.2.1 混凝土、钢筋和钢材

混凝土、钢筋和钢材的力学性能指标和耐久性要求等应符合现行国家标准《混凝土结构设计规范》GB 50010 和《钢结构设计规范》GB 50017 的规定。预制构件的混凝土强度等级不宜低于 C30，预应力混凝土预制构件的混凝土强度等级不宜低于 C40 且不应低于C30，现浇混凝土的强度等级不应低于 C25。钢筋的选用应符合现行国家标准《混凝土结构设计规范》GB 50010 的规定。

普通钢筋采用套筒灌浆连接和浆锚搭接连接时，钢筋应采用热轧带肋钢筋。钢筋焊接网应符合现行行业标准《钢筋焊接网混凝土结构技术规程》JGJ 114 的规定。预制构件的吊环应采用未经冷加工的 HPB300 级钢筋制作，吊装用内埋式螺母或吊杆的材料应符合国家现行相关标准及产品应用技术手册的规定。

4.2.2 连接材料

钢筋套筒灌浆连接时，其接头采用的套筒应符合现行行业标准《钢筋连接用灌浆套筒》JG/T 398 的规定，灌浆料应符合现行行业标准《钢筋连接用套筒灌浆料》JG/T 408 的规定。

钢筋浆锚搭接连接时，其接头应采用水泥基灌浆料，灌浆料的物理、力学性能应满足表 4.2-1 的要求，氯离子含量应符合现行国家标准《混凝土结构设计规范》GB 50010 的有关规定。

钢筋浆锚搭接连接接头用灌浆料性能要求 表 4.2-1

项　目	性能指标	试验方法标准
泌水率（%）	0	《普通混凝土拌合物性能试验方法标准》GB/T 50080

续表

项 目		性能指标	试验方法标准
流动度（mm）	初始值	≥200	《水泥基灌浆材料应用技术规范》GB/T 50448
	30min 保留值	≥150	
竖向膨胀率（%）	3h	≥0.02	《水泥基灌浆材料应用技术规范》GB/T 50448
	24h 与 3h 的膨胀率之差	0.02～0.5	
抗压强度（MPa）	1d	≥35	《水泥基灌浆材料应用技术规范》GB/T 50448
	3d	≥55	
	28d	≥80	
最大氯离子含量（%）		0.06	《混凝土外加剂匀质性试验方法》GB/T 8077

钢筋锚固板的材料应符合现行行业标准《钢筋锚固板应用技术规程》JGJ 256 的规定，受力预埋件的锚板及锚筋材料应符合现行国家标准《混凝土结构设计规范》GB 50010 的有关规定，专用预埋件及连接件材料应符合国家现行有关标准的规定，连接用焊接材料、螺栓、锚栓和铆钉等紧固件的材料应符合国家现行标准《钢结构设计规范》GB 50017、《钢结构焊接规范》GB 50661 和《钢筋焊接及验收规程》JGJ 18 等的规定。

夹心外墙板中内外叶墙板采用拉结件连接，保证拉结件的性能十分重要。目前，内外叶墙板的拉结件多采用高强玻璃纤维制作，也可采用不锈钢等金属制作。夹心外墙板中内外叶墙板的拉结件应符合下列规定：

（1）金属及非金属材料拉结件均应具有规定的承载力、变形和耐久性能，并应经过试验验证。

（2）拉结件应满足夹心外墙板的节能设计要求。

4.3 整体计算分析

4.3.1 作用与作用组合

（1）装配式结构的作用与作用组合应根据国家现行标准《建筑结构荷载规范》GB 50009、《建筑抗震设计规范》GB 50011、《高层建筑混凝土结构技术规程》JGJ 3 和《混凝土结构工程施工规范》GB 50666 等确定。

（2）抗震设计时，构件及节点的承载力抗震调整系数 γ_{RE} 应按照行业标准《装配式混凝土结构技术规程》JGJ 1—2014 中表 6.1.11 中所列数据选用，当仅考虑竖向地震作用组合时，承载力抗震调整系数 γ_{RE} 应取 1.0，预埋件锚筋截面计算的承载力抗震调整系数 γ_{RE} 应取为 1.0。

（3）预制构件进行脱模验算时，等效静力荷载标准值应取构件自重标准值乘以动力系数与脱模吸附力之和，且不宜小于构件自重标准值的 1.5 倍，动力系数不宜小于 1.2，脱模吸附力应根据构件和模具的实际状况取用，且不宜小于 $1.5kN/m^2$。

（4）预制构件在翻转、运输、吊运、安装等短暂设计状况下的施工验算，应将构件自重标准值乘以动力系数后作为等效静力荷载标准值。构件运输、吊运时，动力系数宜取1.5。构件翻转及安装过程中就位、临时固定时，动力系数可取1.2。

（5）装配整体式结构中，预制构件在脱模、翻转、运输、吊运、安装等短暂设计状况下的施工验算详见后续章节的具体介绍。

4.3.2 结构整体分析

（1）装配式结构承载力极限状态及正常使用极限状态的作用效应分析可采用弹性方法。抗震设计的高层装配式结构，当其房屋高度、规则性、结构类型等超过规程规定或者抗震设防标准有特殊要求时，可按行业标准《高层建筑混凝土结构技术规程》JGJ 3有关规定进行抗震性能设计。

（2）在各种设计状况下，装配式结构可采用与现浇结构相同的方法进行结构分析。当同一层内既有预制又有现浇抗侧力构件时，地震设计状况下宜对现浇抗侧力构件在地震作用下的弯矩和剪力进行适当放大，现浇墙肢水平地震作用弯矩、剪力宜乘以不小于1.1的增大系数。

（3）在结构内力与位移计算时，对现浇楼盖和叠合楼盖均可假定楼盖在其自身平面内为无限刚性，楼面梁的刚度可计入翼缘作用予以增大，梁刚度增大系数可根据翼缘情况近似取为1.3～2.0。

（4）装配式结构按弹性方法计算的风荷载或多遇地震标准值作用下的楼层层间最大位移 Δu 与层高 h 之比的限值按行业标准《装配式混凝土结构技术规程》JGJ1—2014中表6.3.3中所列数据选用采用。对多层装配式剪力墙结构（6层及6层以下），当按现浇结构计算而未考虑墙板间接缝的影响时，计算得到的层间位移会偏小，因此加严了其层间位移角限值为1/1200。

4.4　预制构件设计

预制构件是组成装配式建筑系统的基本单元，按照设计规格在工厂或现场预先生产制作完成的组成建筑系统的结构构件、维护构件及其他构件统称为预制构件。用混凝土与钢筋为建材制作生产的预制构件称为混凝土预制构件。预制构件设计是装配式建筑设计的关键环节，对装配式建筑设计的成功起着不可替代的作用。目前我国新型装配式建筑尚处在起步阶段，各个环节之间还在相互磨合协调，设计环节的设计思路大多还是"先按现浇结构设计，然后拆分预制构件"，没有考虑到建筑的整体协调性，标准化设计的思路欠缺，更少兼顾设计、生产与施工一体化的设计思路。本节结合技术标准与实践经验阐述预制构件一体化设计的知识，为预制构件设计提供技术支撑。

4.4.1 前期准备

预制构件的设计应自前期策划阶段就开始介入。在项目的前期策划阶段，应充分考虑运输、安装等条件对预制构件的限制，这些限制条件往往影响到预制构件的尺寸、重量及构造形式。具体表现如下：

（1）桥梁等级限制了通行车辆的满载吨位。自构件生产厂到项目施工现场的运输路线上存在桥梁时，必须了解该桥梁的设计等级，以便规划预制构件的最大设计重量。

（2）桥梁、隧道及其他道路上空的构筑物对通行高度的限制要求。自构件生产厂到项目施工现场的运输路线上存在桥梁、隧道及地下通道等有通行高度限制的地方，必须了解其最低净高限值，以便规划预制构件的最大设计高度。

（3）了解道路通行、河道通航对预制构件的宽度限制条件，以便规划单个预制构件的最大设计宽度。

（4）了解运输车辆的规格，机动性、路口拐弯半径及相关交通法规，以便规划单个预制构件的最大设计长度。

（5）预制构件需要临时堆放的，需要了解场地的存放条件。

4.4.2 预制构件设计的一般要求

（1）预制构件作为建筑的组成单元，必须具备与建筑相同的使用寿命，混凝土预制构件的耐久性设计应满足《混凝土结构设计规范》GB 50010 及相关规范的设计要求，其材料需满足耐久性的基本要求。

（2）预制构件的混凝土强度等级不宜低于 C30，预应力预制构件的混凝土强度等级不宜低于 C40 且不应低于 C30，采用灌浆套筒连接的构件混凝土强度等级不宜低于 C30。

（3）预制构件标准化是进行标准化配筋设计的基础，也是预制构件设计的重要设计理念。预制构件和建筑部品的重复使用率是项目标准化程度的重要指标，根据对工程项目初步调查，在同一项目中对相对复杂或规格较多的构件，同一类型的构件一般控制在三个规格左右并占总数量的较大比重，可控制并体现标准化程度，对于规格简单的构件用同一规格构件数量控制。预制构件的配筋设计应便于工厂化生产和现场连接，宜统一钢筋规格，采用直径和间距较大的钢筋。以户型设计的标准化、模块化为前提，PC 的标准化设计主要由以下三个方面组成：

1）减少构件种类

预制构件的种类应尽可能地少，既可以降低构件制造的难度，又易于实现大批量的生产及控制成本的目标。在标准层的户型中，基于系列化理念进行设计，减少同一种功能类型构件的种类数，提高预制构件的通用性，设计完成后，通过预制构件的组合与置换满足多种户型的需求。

2）优化模具数量

模具的数量应尽可能减少，提升使用周转率，确保预制构件生产过程中的高效性，降低模具成本。每增加一种类型的模具，将会增加模具的成本，还会增加构件生产所需的人工成本。同时模具类型增多会降低预制构件的生产效率。

3）标准结构单元及预制构件连接节点标准化设计

标准结构单元的设计包括组成 PC 剪力墙构件的承重及非承重部分。标准结构单元的设计是在进行构件拆分的过程中确保 PC 构件标准化的重要手段。通过标准节点与非标准部分的组合，来实现预制构件的通用性与多样性。

4.4.3 预制构件种类

预制构件是组成装配式建筑的基本单元，装配式建筑中所涉及的各类预制构件详见表

4.4-1 和图 4.4-1。

预制构件种类表

表 4.4-1

类别	构件类型	构件结构	构件用途
主体和围护结构预制混凝土构件	预制墙体	实心、空心、叠合（单面/双面）	预制剪力墙、预制外挂墙板、预制夹心保温外墙、预制内墙板
	预制柱	实心、空心、格构	预制柱
	预制梁	预制、叠合/实心、空心	预制主/次梁、叠合主/次梁
	预制板	预制、叠合/平板、带肋、双T、V形预应力板（空心、实心、带肋）	叠合楼面板、预制楼面板、预制阳台、预制走廊、预制空调板
	预制楼梯	板式、梁式/剪刀、双跑、多跑	预制楼梯段、预制休息平台
非承重内隔墙预制混凝土构件		预制内隔墙板、预制混凝土条板	
其他预制构件		预制整体厨房、预制整体卫生间、预制阳台栏板、预制走廊栏板、预制花槽	

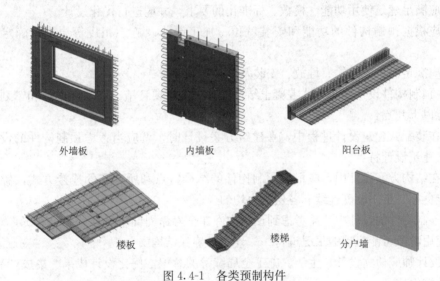

外墙板　　　　　　　内墙板　　　　　　　阳台板

楼板　　　　　　　楼梯　　　　　　　分户墙

图 4.4-1　各类预制构件

4.4.4　预制构件设计原则

预制构件的设计既要考虑结构整体性能的合理性，还要考虑构件结构性能的适宜性；既要满足结构性能的要求，还需满足试用功能的需求；既要符合设计规范的规定，还要符合生产、安装、施工的要求；既要受单一构件尺寸公差和质量缺陷的控制，还要与相邻构件进行协调。同时，构件设计时还需考虑材料、环境、部品集成、构件运输、构件堆放等多种因素。

预制构件的设计原则在《混凝土结构设计规范》GB 50010 和《装配式混凝土结构技术规程》JGJ 1 中有相关的规范条文，主要要点如下：

（1）装配式、装配整体式混凝土结构中各类预制构件及连接构造应按下列原则进行设计：

1）应在结构方案和传力途径中确定预制构件的布置及连接方式，并在此基础上进行整体结构分析和构件及连接设计。

2）预制构件的设计应满足建筑使用功能，并符合标准化设计的要求。

3）预制构件的连接宜设置在结构受力较小处，且宜便于施工，结构构件之间的连接构造应满足结构传递内力的要求。

4）各类预制构件及其连接构造应按从生产、施工到使用过程中可能产生的不利工况进行验算。

（2）非承重预制构件的设计应符合下列要求：

1）与支承结构之间宜采用柔性连接方式。

2）在框架内镶嵌或采用焊接连接时，应考虑其对框架抗侧移刚度的影响。

3）外挂板与主体结构的连接构造应具有一定的变形适应性。

（3）装配式建筑设计应遵循"少规格、多组合"的原则。

（4）装配式结构中，预制构件的连接部位宜设置在结构受力较小的部位，其尺寸和形状应符合下列规定：

1）应满足建筑使用功能、模数、标准化的要求，并应进行优化设计。

2）应根据预制构件的功能和安装就位、加工制作及施工精度等要求，确定合理的公差。

3）应满足制作、运输、堆放、安装及质量控制要求。

（5）预制构件设计是装配式混凝土结构设计中的重要环节，在实际设计和策划过程中还需注意以下几点：

1）在装配式建筑设计过程中，在建筑方案设计时，就应当考虑预制构件的设计，体现装配式建筑设计特点。

2）在结构方案设计中，应根据预制构件的结构特点和所选定的连接方式，做到结构受力性能良好、上下刚度连续、各层受力均匀。

3）预制构件的设计中，需考虑到预制构件在全寿命周期中所处的各个工况，对生产、安装、使用阶段可能出现的工况进行——计算，确保结构安全。

4）设计师应树立设计、生产、施工全局统筹的意识，优化设计成果、集成产品性能、提高构件性价比。

4.4.5 预制构件设计内容及设计深度

预制构件的设计内容根据不同的建筑结构体系略有区别，以下给出工程实践中预制构件设计内容：

（1）各种工况（预制构件制作阶段、预制构件吊运阶段、预制构件运输与堆放阶段、预制构件安装阶段、预计构件正常使用阶段）下预制构件以及节点连接的承载力、变形、裂缝控制计算。

（2）各种工况下预制构件的配筋计算。

（3）各种工况下预制构件中各类连接件、预留孔洞、预埋件的设计。

（4）根据所选用的连接形式，对连接节点、连接件、连接构造进行设计。

（5）根据机电专业的深化设计，对各类机电预留预埋、开槽管线进行设计。

（6）针对部分外形复杂、制作难度大的预制构件，还需对其安装工艺进行统筹设计。

（7）预制构件的加工大样详图设计。

（8）工程中所需设计的其他内容。

针对预制构件的设计深度要求，本节将分别从一般要求、图纸目录、设计说明、设计图纸、BIM 技术应用五个方面，进行介绍：

1. 一般要求

（1）预制构件加工图设计文件。

1）图纸目录及数量表、设计说明。

2）合同要求的全部设计图纸。

3）与预制构件相关的施工验算。计算书不属于必须交付的设计文件，但应归档保存。

4）预制构件加工图由施工图设计单位设计，也可由其他单位设计，经施工图设计单位审核通过后方可实施。设计文件按本规定相关条款的要求编制并归档保存。

（2）封面标识内容。

1）项目名称。

2）设计单位名称。

3）项目的设计编号。

4）设计阶段。

5）编制单位授权盖章。

6）设计日期（即设计文件交付日期）。

2. 图纸目录

（1）图纸目录应按图纸序号排列，先列通用图，后列构件加工详图。

（2）图纸目录中预制构件部分宜列出构件的所在楼栋、构件轮廓尺寸、构件数量、体积、重量、混凝土强度等级、构配件数量的相关参数。

3. 设计说明

（1）工程概况

1）工程地点、结构体系。

2）预制构件的使用范围及预制构件的使用位置。

3）单体建筑所包含的预制构件类型。

4）工程项目外架采用的形式。

5）工程项目选用的模板体系。

（2）设计依据

1）构件加工图设计依据的工程施工图设计全称。

2）建设单位提出的与预制构件加工图设计有关的符合有关标准、法规的书面要求。

3）设计所执行的主要法规和所采用的主要标准（包括标准的名称、编号、年号和版本号）；与装配式混凝土结构建筑设计有关的国家及地方规范、标准和图集。

（3）图纸说明

1）图纸编号按照分类编制时，应有图纸编号说明。

2）预制构件的编号，应有构件编号及编号原则说明。

（4）预制构件设计构造

1）预制构件的基本构造、材料基本组成。

2）标明各类构件的混凝土强度等级、钢筋级别及种类、钢材级别、连接的方式。

3）各类型构件表面成型处理的基本要求。

4）防雷接地引下线的做法。

（5）预制构件主材要求

1）混凝土

①各类构件混凝土的强度等级，且应注明各类构件对应楼层的强度等级。

②预制构件混凝土的技术要求。

③预制构件采用特种混凝土的技术要求及控制指标。

2）钢筋

①钢筋种类、钢绞线或高强钢丝种类及对应的产品标准，有特殊要求单独注明。

②各类构件受力钢筋的最小保护层厚度。

③预应力预制构件的张拉控制应力、张拉顺序、张拉条件、对于张拉的测试要求等。

3）预埋件

①钢材的牌号和质量等级，以及所对应的产品标准；有特殊要求应注明对应的控制指标及执行标准。

②预埋铁件的除锈方法及除锈等级以及对应的标准，有特殊用途埋件的处理要求（如注明螺栓的种类、性能等级），以及所对应的产品标准。

③其他埋件应注明材料的种类、类别、性能、有耐久性要求的应标明使用年限，以及执行的对应标准。

④应注明埋件的尺寸控制偏差或执行的相关标准。

4）其他

①保温材料的规格、材料导热系数、燃烧性能等要求。

②夹心保温构件、表面附着材料的构件，应明确拉接件的材料性能、布置原则、锚固深度以及产品的操作要求；需要拉接件生产厂家补充的内容应明确技术要求，确定技术接口的深度。

（6）预制构件生产技术要求

1）应要求构件加工单位根据设计规定及施工要求编制生产加工方案，内容包括生产计划、生产工艺、模板方案、模板计划等。

2）模具的材料、质量要求、执行标准，对成型有特殊要求的构件宜有相应的要求或标准。

3）构件加工隐蔽工程检查的内容或执行的相关标准。

4）生产中需要重点注意的内容，预制构件养护的要求或执行标准，构件脱模起吊的要求。

5）预制构件质量检验执行的标准，对有特殊要求的应单独说明。

6）预制构件成品保护的要求。

（7）预制构件的堆放与运输

1）预制构件堆放的场地及堆放方式的要求。

2）构件堆放的技术要求与措施。

3）构件运输的要求与措施。

4）异形构件的堆放与运输应提出明确要求及注意事项。

（8）预制构件现场安装要求

1）现浇部位预留埋件的埋设要求。

2）构件吊具、吊装螺栓、吊装角度的基本要求。

3）安装人员进行岗前培训的基本要求。

4）构件吊装顺序的基本要求（如先吊装竖向构件再吊装水平构件，外挂板宜从低层向高层安装等）。

（9）预制构件连接

1）主体装配的建筑中，钢筋连接用灌浆套筒、约束浆锚连接，其他涉及结构钢筋连接方式的操作要求，以及执行的相应标准。

2）装饰性挂板，以及其他构件连接的操作要求或执行的标准。

3）预制构件防水做法的要求。

①构件板缝防水施工的基本要求。

②板缝防水的注意要点（如密封胶的最小厚度，密封胶对接处的处理等）。

4. 设计图纸

（1）预制构件平面布置图

1）绘制轴线，轴线总尺寸（或外包总尺寸），轴线间尺寸（柱距、跨距）、预制构件与轴线的尺寸、现浇带与轴线的尺寸、门窗洞口的尺寸；当预制构件种类较多时，宜分别绘制竖向承重构件平面图、水平承重构件平面图、非承重装饰构件平面图、屋面层平面图、预埋件平面布置图。

2）竖向承重构件平面图应标明预制构件（剪力墙内外墙板、柱、PCF 板）的编号、数量、安装方向、预留洞口位置及尺寸、转换层插筋定位、楼层的层高及标高、详图索引。

3）水平承重构件平面图应标明预制构件（叠合板、楼梯、阳台、空调板、梁）的编号、数量、安装方向、楼板板顶标高、叠合板与现浇层的高度、预留洞口定位及尺寸、机电预留定位、详图索引。

4）非承重装饰构件平面图应标明预制构件（混凝土外挂板、空心条板、装饰板等）的编号、数量、安装方向、详图索引。

5）屋面层平面与楼层平面图。

6）埋件平面布置图应标明埋件编号、数量、埋件定位、详图索引。

7）复杂的工程项目，必要时增加局部平面详图。

8）选用图集节点时，应注明索引图号。

9）图纸名称、比例。

（2）预制构件装配立面图

1）建筑两端轴线编号。

2）各立面预制构件的布置位置、编号、层高线。复杂的框架或框剪结构应分别绘制主体结构立面及外装饰板立面图。

3）埋件布置在平面中表达不清的，可增加埋件立面布置图。

4）图纸名称、比例。

（3）模板图

1）绘制预制构件主视图、俯视图、仰视图、侧视图、门窗洞口剖面图，主视图依据生产工艺的不同可绘制构件正面图，也可绘制背面图。

2）标明预制构件与结构层高线或轴线间的距离，当主要视图中不便于表达时，可通过缩略示意图的方式表达。

3）标注预制构件的外轮廓尺寸、缺口尺寸、看线的分布尺寸、预埋件的定位尺寸。

4）各视图中应标注预制构件表面的工艺要求（如模板面、人工压光面、粗糙面），表面有特殊要求应标明饰面做法（如清水混凝土、彩色混凝土、喷砂、瓷砖、石材等）有瓷砖或石材饰面的构件应绘制排版图。

5）预留埋件及预留孔应分别用不同的图例表达，并在构件视图中标明埋件编号。

6）构件信息表应包括构件编号、数量、混凝土体积、构件重量、钢筋保护层、混凝土强度。

7）埋件信息表应包括埋件编号、名称、规格、单块板数量。

8）说明中应包括符号说明及注释。

9）注明索引图号。

10）图纸名称、比例。

（4）配筋图

1）绘制预制构件配筋的主视图、剖面图，当采用夹心保温构件时，应分别绘制内叶板配筋图、外叶板配筋图。

2）标注钢筋与构件外边线的定位尺寸、钢筋间距、钢筋外露长度。钢筋连接用套灌浆套筒，及其他钢筋连接用预留必须明确标注尺寸及外露长度，叠合类构件应标明外露桁架钢筋的高度。

3）钢筋应按类别及尺寸不同分别编号，在视图中引出标注。

4）配筋表应标明编号、直径、级别、钢筋加工尺寸、单块板中钢筋重量、备注。需要直螺纹连接的钢筋应标明套丝长度及精度等级。

5）图纸名称、比例、说明。

（5）通用详图

1）预埋件图

①预埋件详图。绘制内容包括材料要求、规格、尺寸、焊缝高度、套丝长度、精度等级、埋件名称、尺寸标注。

②埋件布置图。表达埋件的局部埋设大样及要求，包括埋设位置、埋设深度、外露高度、加强措施、局部构造做法。

③有特殊要求的埋件应在说明中注释。

④埋件的名称、比例。

2）通用索引图

①节点详图表达装配式结构构件拼接处的防水、保温、隔声、防火、预制构件连接节

点、预制构件与现浇部位的连接构造节点等局部大样图。

②预制构件的局部剖切大样图、引出节点大样图。

③被索引的图纸名称、比例。

（6）其他图纸

1）夹心保温墙板应绘制拉接件排布图，标注埋件定位尺寸。

2）不同类别的拉接件应分别标注名称、数量。

3）带有保温层的预制构件宜绘制保温材料排版图，分块编号，并标明定位尺寸。

（7）计算书

1）预制构件在翻转、运输、存储、吊装和安装定位、连接施工等阶段的施工验算。

2）固定连接的预埋件与预埋吊件、临时支撑用预埋件在最不利工况下的施工验算。

3）夹心保温墙板拉接件的施工及正常使用工况下的验算。

5. BIM 技术应用

预制构件要建立相应的模型，并满足以下要求：

（1）准确表达预制构件的准确构造关系。

（2）预制构件各组成部分的材料属性，包括构件编号、数量、混凝土体积、构件重量、钢筋保护层、混凝土强度。

（3）能够生成表达预制构件的平、立、剖面图纸及三维可视化展示图纸。

（4）碰撞检测报告，排除预制构件中各组成部分的碰撞冲突。

（5）形成预制构件模型资源库，模型可以重复使用。

（6）形成预制构件的用量统计表。

4.4.6 预制构件的计算

预制构件的计算包含持久设计工况、地震设计工况和制作、运输、堆放、安装等短暂设计工况。各工况的计算除应遵循国家现行标准《混凝土结构设计规范》GB 50010、《建筑抗震设计规范》GB 50011、《装配式混凝土结构技术规程》JGJ 1 以及《高层建筑混凝土结构技术规程》JGJ 3、《混凝土结构工程施工规范》GB 50666 的规定外，还需根据预制构件实际制作、运输、堆放、安装的具体情况进行设计。

1. 持久设计工况、地震设计工况

预制构件持久设计工况、地震设计工况的计算应符合以下要求：

（1）预制构件的设计应符合下列规定：

1）对持久设计状况，应对预制构件进行承载力、变形、裂缝控制验算。

2）对地震设计状况，应对预制构件进行承载力验算。

3）对制作、运输、堆放、安装等短暂设计状况下的预制构件验算，应符合现行国家标准《混凝土结构工程施工规范》GB 50666 等的有关规定。

（2）装配式结构构件及节点应进行承载力极限状态及正常使用极限状态设计，并应符合现行国家标准《混凝土结构设计规范》GB 50010、《建筑抗震设计规范》GB 50011、《混凝土结构工程施工规范》GB 50666 等的有关规定。

（3）抗震设计时，构件及节点的承载力抗震调整系数 γ_{RE} 应按表 4.4-2 采用。预埋件锚筋截面计算的承载力抗震调整系数 γ_{RE} 应取为 1.0，当仅考虑竖向地震作用组合时，承

载力抗震调整系数 γ_{RE} 应取 1.0。

构件及节点的承载力抗震调整系数 γ_{RE}

表 4.4-2

结构构件类别	正截面承载力计算					斜截面承载力计算	受冲切承载力计算、接缝受剪承载力计算
	受弯构件	偏心受压柱		偏心受拉构件	剪力墙	各类构件及框架节点	
		轴压比小于 0.15	轴压比不小于 0.15				
γ_{RE}	0.75	0.75	0.80	0.85	0.85	0.85	0.85

《装配式混凝土结构技术规程》JGJ 1 中关于预制构件结构计算的相关条文，均参照《混凝土结构设计规范》GB 50010、《建筑抗震设计规范》GB 50011 和《混凝土结构工程施工规范》GB 50666 等现行国家规范的相关条文，同时根据预制构的特殊性，对于预制构件设计的构造措施要求给出了补充说明，从而使其在结构的整体分析和构件的单体计算在原则上与现行的国家相关混凝土设计规范保持一致，这也体现出了目前规范编制中贯穿始终的"等同现浇"的理念。

2. 短暂设计工况

预制构件制作、运输、堆放、安装等短暂设计工况的计算应符合以下要求：

（1）预制混凝土构件在生产、施工过程中应按实际工况的荷载、计算简图、混凝土实体强度进行施工阶段的验算。验算时应将构件自重乘以相应的动力系数，对脱模、翻转、吊装、运输时可取 1.5，临时固定时可取 1.2。

注：动力系数尚可根据具体情况适当增减。

（2）装配式混凝土结构施工前，应根据设计要求和施工方案进行必要的施工验算。

（3）预制构件在脱模、吊运、运输、安装等环节的施工验算，应将构件自重标准值乘以脱模吸附系数或动力系数作为等效荷载标准值，并应符合下列规定：

1）脱模吸附系数宜取 1.5，也可根据构件和模具表面状况适当增减，复杂情况，脱模吸附系数宜根据试验确定。

2）构件吊运、运输时，动力系数宜取 1.5；构件翻转及安装过程中就位、临时固定时，动力系数可取 1.2；当有可靠经验时，动力系数可根据实际受力情况和安全要求适当增减。

（4）预制构件的施工验算应符合设计要求，当设计无具体要求时，宜符合下列规定：

1）钢筋混凝土和预应力混凝土构件正截面边缘的混凝土法向压应力，应满足下式的要求：

$$\sigma_{cc} \leqslant 0.8 f'_{ck} \tag{4.4-1}$$

式中　σ_{cc}——各施工环节在荷载标准值组合作用下产生的构件正截面边缘混凝土法向压应力（MPa），可按毛截面计算；

f'_{ck}——与各施工环节的混凝土立方体抗压强度相应的抗压强度标准值（MPa），按现行国家标准《混凝土结构设计规范》GB 50010—2010 表 4.1.3-1 以线性内插法确定。

2）钢筋混凝土和预应力混凝土构件正截面边缘的混凝土法向拉应力，宜满足下式的要求：

$$\sigma_{ct} \leqslant 1.0 f'_{tk} \tag{4.4-2}$$

式中 σ_{ct}——各施工环节在荷载标准值组合作用下产生的构件正截面边缘混凝土法向拉应力（MPa），可按毛截面计算；

f'_{tk}——与各施工环节的混凝土立方体抗压强度相应的抗拉强度标准值（MPa），按现行国家标准《混凝土结构设计规范》GB 50010—2010 表 4.1.3-2 以线性内插法确定。

3）预应力混凝土构件的端部正截面边缘的法向拉应力，可适当放松，但不应大于 $1.2 f'_{tk}$。

4）施工过程中允许出现裂缝的钢筋混凝土构件，其正截面边缘混凝土法向拉应力限值可适当放松，但开裂截面受拉钢筋的应力，应满足下列要求：

$$\sigma_s \leqslant 0.7 f_{yk} \tag{4.4-3}$$

式中 σ_s——各施工环节在荷载标准值组合作用下产生的构件受拉钢筋应力（MPa），应按开裂截面计算；

f_{yk}——受拉钢筋强度标准值（MPa）。

5）叠合式受弯构件尚应符合现行国家标准《混凝土结构设计规范》GB 50010 的有关规定。在叠合层施工阶段验算中，作用在叠合板上的施工活荷载标准值可按实际情况计算，且取值不宜小于 $1.5 kN/m^2$。

（5）预制构件中的预埋吊件及临时支撑，宜按下式进行计算：

$$K_c S_c \leqslant R_c \tag{4.4-4}$$

式中 K_c——施工安全系数，可按表 4.4-3 的规定取值；当有可靠经验时，可根据实际情况适当增减；

S_c——施工阶段荷载标准值组合作用下的效应值，施工阶段的荷载标准值按《装配式混凝土结构技术规程》JGJ 1—2014 附录 A 及第 9.2.3 条的有关规定取值；

R_c——按材料强度标准值计算或根据试验确定的预埋吊件、临时支撑、连接件的承载力；对复杂或特殊情况，宜通过试验确定。

预埋吊件及临时支撑的施工安全系数 K_c　　　　　　表 4.4-3

项　目	施工安全系数 K_c
临时支撑	2
临时支撑的连接件、预制构件中用于连接临时支撑的预埋件	3
普通预埋吊件	4
多用途预埋吊件	5

注：对采用 HPB300 的钢筋吊环的预埋吊件，应符合现行国家标准《混凝土结构设计规范》GB 50010 的有关规定。

（6）预制构件在翻转、运输、吊运、安装等短暂设计状况下的施工验算，应将构件自重标准值乘以动力系数后作为等效静力荷载标准值。构件运输、吊运时，动力系数宜取 1.5，构件翻转及安装过程中就位、临时固定时，动力系数可取 1.2。

（7）预制构件进行脱模验算时，等效静力荷载标准值应取构件自重标准值乘以动力系数后与脱模吸附力之和，且不宜小于构件自重标准值的 1.5 倍。动力系数与脱模吸附力应符合下列规定：

1）动力系数不宜小于 1.2。

2）脱模吸附力应根据构件和模具的实际情况取用，且不宜小于 1.5kN/m^2。

（8）用于固定连接件的预埋件与预埋吊件、临时支撑用预埋件不宜兼用；当兼用时，应同时满足各种设计工况要求。预制构件中预埋件的验算应符合现行国家标准《混凝土结构设计规范》GB 50010、《钢结构设计规范》GB 50017 和《混凝土结构工程施工规范》GB 50666 等有关规定。

（9）预制构件中外露预埋件凹入构件表面的深度不宜大于 10mm。

除去规范中的相关条文外，预制阶段结构强度计算，堆放、运输阶段的稳定计算，以及在使用阶段的结构强度及稳定计算，还有以下条目需要注意：

1）预制阶段的配筋计算

构件在预制阶段的设计主要考虑混凝土构件在拆模时候的强度，由于构件在工厂预制，为提高生产效率，一般设计为一天依循环生产，其起吊强度有相应的规定：PC 构件模具拆除时，混凝土强度应符合设计要求，当设计无具体要求时，应符合下列规定：底模当构件跨度不大于 4m 时，混凝土强度达到 12.5MPa 方可拆模，强度达到 18MPa 方可起吊；当构件跨度大于 4m 时，混凝土强度达到设计强度标准值的 50% 后方可拆模，达到设计强度标准值的 85% 后方可起吊。

2）起吊阶段的配筋计算

如果采用"平法脱模"，一般采用多点法吊架起吊，以确保起吊跨度小于 4m。其力学模型可假设为在均布荷载及集中荷载作用下的连续梁，采用下述公式进行抗弯和抗剪计算：

抗弯计算：

$$M \leqslant \alpha_1 f_c bx \left(h_0 - \frac{x}{2}\right) + f'_y A'_s (h_0 - \partial'_s) \qquad (4.4\text{-}5)$$

式中 M——弯矩值；

$\quad\quad\alpha_1$——受压区混凝土矩形应力图的应力值与混凝土轴心抗压强度设计值的比值；

$\quad\quad f_c$——混凝土抗压强度值；

$\quad\quad b$——混凝土板宽度；

$\quad\quad x$——混凝土受压区高度；

$\quad\quad h_0$——截面有效高度；

$\quad\quad f'_y$——钢筋的抗压强度设计值；

$\quad\quad A'_s$——受压区纵向非预应力钢筋的截面面积；

$\quad\quad\partial'_s$——纵向受压钢筋合力点至截面近边的距离。

抗剪计算：

$$\tau = \frac{VS^*}{bl_0} \qquad (4.4\text{-}6)$$

式中 τ——抗剪强度值；

$\quad\quad V$——弯矩值；

S^*——截面面积矩；

b——截面宽度；

l_0——截面惯性矩。

计算 M 值时，需考虑模板与构件之间的吸附力，根据实践经验，吸附力 q 值按下列值计算：

涂有隔离剂的模板：$q=1\mathrm{kN/m^2}$；

平面光滑，未涂隔离剂的模板：$q=2\mathrm{kN/m^2}$；

表面粗糙的模板：$q=3\mathrm{kN/m^2}$。

竖直起吊的吊点一般设置在窗间墙上部，如遇大窗或者重心偏离严重而无法设置在窗间墙上，则需要设置窗洞加强架以确保起吊安全。其力学模型为：窗底部墙体为梁通过窗间墙或加强架托起窗及窗洞上部分，按简支梁或连续梁验算其强度和刚度。

吊钩的设计，混凝土设计规范中提到，吊钩应采用 HPB300 级钢筋制作，严禁使用冷加工钢筋，吊钩埋入深度不小于 $30d$，并焊接或绑扎钢筋骨架上。构件在自重标准值作用下，每个吊钩按 2 个截面计算的吊钩应力不应大于 50MPa，当在一个构件上设置 4 个吊钩时，设计时应取 3 个吊钩进行计算。

吊钩上作用的力 Z 计算如下：

脱模起吊阶段：

$$Z=\frac{G\omega\xi}{n}（\Pi\text{ 型板，带肋型板，以及粗糙凹凸不平表面板}）\tag{4.4-7}$$

$$\text{或：}Z=\frac{(G+H_aA)\omega}{n}（\text{光滑平面或粗糙平面板}）\tag{4.4-8}$$

$$\text{或：}Z=\frac{G\omega\psi}{n}（\text{吊装运输状态}）\tag{4.4-9}$$

式中　Z——吊钩上的作用力；

G——构件的重量；

H_a——吸附力标准值；

A——板与模板接触的总表面积；

n——吊钩数量；

ω——吊索张角影响系数；

ψ——运输速度影响系数；

ξ——吸附力系数。

3）堆放、运输阶段的配筋计算

预制构件从模板内脱模吊出，需临时堆放到货仓，以便养护及后处理。同时，构件在安装前需要运输至安装现场，仍需临时堆放，构件需要保持与安装状态一致的状态以方便安装，减小现场安装工作量，提高效率。此时需对构件堆放状态按下式进行抗倾覆计算：

$$K_s=\frac{M_r}{M_{ov}}\geqslant 1\tag{4.4-10}$$

式中　M_r——稳定力矩；

　　　M_{ov}——倾覆力矩。

由于倾覆力矩主要由风荷载引起，按照《建筑结构荷载规范》GB 50009 相关规定进行计算。

4）安装阶段的配筋计算

对于外墙板来说，安装阶段主要抗倾覆计算，构件支撑架以及撑杆固定外墙板以抵抗风荷载及混凝土侧压力荷载。

5）使用阶段的结构强度、刚度及稳定性设计方法

半预制装配式结构是构件通过装配与现浇组成的体系，在使用过程中各构件具有不同的使用状态和不同的计算模型及计算方法。在建筑结构整体设计时已经对构件有所考虑，但大部分情况下均以建筑构造要求加以规范其做法。

6）外墙体的配筋设计模型及方法

①外墙体上端和楼板或框梁通过预留钢筋连接，两侧分别和框架柱或框剪墙连接，下部有连接码与楼板连接，所以可假设为三端固定，一端简支的双向或单向板模型。板主要承受风荷载及地震荷载作用，参考深圳市地方规范，地震作用力可按照下式计算：

$$q_E = 3\alpha_E M_q \tag{4.4-11}$$

式中　q_E——多遇地震作用下垂直于单位面积外挂墙板的水平地震力作用；

　　　α_E——多遇地震作用下外挂墙板所在楼层的地震加速度；

　　　M_q——单位面积外挂墙的质量。

外墙体与梁体或墙体连接的预留钢筋面积 A_s 计算：

$$A_s = \frac{M}{d f_y} \tag{4.4-12}$$

式中　A_s——单肢预留钢筋的面积；

　　　M——考虑地震、风荷载、自重荷载等作用，按支撑条件计算的弯矩值；

　　　f_y——钢筋的屈服强度设计值；

　　　d——预留钢筋的间距。

②外墙板和现浇梁体或墙体结合面的抗剪强度、抗剪承载力验算：

外墙板和现浇梁体、墙体主要由钢筋的销栓作用抗剪强度 $V_{R(D0)}$，结合面混凝土的粘结力抗剪强度 V_{ts}，以及墙体设置的剪力键抗剪强度 $V_{R(K)}$，主要按下式计算：

钢筋的销栓抗剪承载力设计值 $V_{R(D0)}$：

$$V_{R(D0)} = 1.85 n_d A_{D0} \sqrt{f_c f_y} \tag{4.4-13}$$

式中　n_d——销栓钢筋根数；

　　　A_{D0}——单根销栓钢筋的水平投影面积；

　f_c、f_y——分别为混凝土和钢筋的强度设计值。

剪力键抗剪承载力设计值 $V_{R(K)}$（取凸出部分承载力抗剪力设计值以及剪力键抗剪承载力设计值中较小值）：

$$V_{R(K)} = \min\{\alpha f_c A_{K1}, \ 0.10 f_c A'_{K1} + 0.15 f_c A'_{K2}\} \tag{4.4-14}$$

式中　　　α——抗剪键验算的承压系数，取 1.25；

　A'_{K1}、A'_{K2}——分别为接合面最上和最下面可能发生受拉破坏的剪力键根部剪切面积之和；

A_{K1}——其余各剪力键根部的剪切面积之和。

结合面混凝土的粘结力抗剪强度 V_{ts} 按以下公式进行计算：

$$V_{ts} = f_{ts} A_K \tag{4.4-15}$$

式中 f_{ts}——混凝土的劈拉强度，一般取（$1/8 \sim 1/12$）f_{cu}；

A_K——混凝土剪切面积。

7）叠合楼板配筋设计

叠合构件叠合面有可能先于斜截面达到其受剪承载能力极限状态。叠合面受剪承载力计算公式是以剪摩擦传力模型为基础，根据叠合构件试验结果和剪摩擦试件试验结果给出的。叠合式受弯构件的箍筋应按斜截面受剪承载力计算和叠合面受剪承载力计算得出的较大值配置。

对不配箍筋的叠合板，当符合《混凝土结构设计规范》GB 50010 叠合界面粗糙度的构造规定时，其叠合面的受剪强度应符合公式（4.4-16）的要求：

$$\frac{V}{bh_0} \leqslant 0.4 \quad (\text{N/mm}^2) \tag{4.4-16}$$

4.5 构件节点连接设计

4.5.1 连接技术

装配整体式混凝土结构中预制构件的连接是通过后浇混凝土、灌浆料和生浆材料、钢筋及连接件等实现预制构件间的接缝以及预制构件与现浇混凝土间结合面的连接，需满足设计需要内力传递和变形协调能力及其他结构性能要求。

根据连接部位不同，可分为梁柱连接、柱柱连接、剪力墙水平连接、剪力墙竖向连接、叠合梁连接、叠合板连接等。梁柱连接、柱柱连接、剪力墙水平连接、剪力墙竖向连接构造见 4.6、4.7。

装配式混凝土结构的预制构件连接设计，应保证被连接的受力钢筋的连续性，节点构造易于传递拉力、压力、剪力、弯矩和扭矩，传力路线简捷、清晰，结构分析模型与工程实际节点构造设计保持一致，并符合下列要求：

（1）预制构件的接缝处，结合面宜优先选用混凝土粗糙面的做法；预制梁侧面应设置键槽且宜同时设置粗糙面，键槽的尺寸和数量应满足受剪承载力的要求，结合面做法可参照表 4.5-1 选用。

（2）装配式结构中，节点及接缝处的纵向钢筋连接宜根据接头受力、施工工艺等要求选用套筒灌浆连接、机械连接、焊接连接、绑扎搭接连接等连接方式，并应符合国家现行有关标准的规定。预制构件竖向受力钢筋的连接，宜优先选用套筒灌浆连接接头，并应符合现行行业标准《装配式混凝土结构技术规程》JGJ 1 和《钢筋套筒灌浆连接应用技术规程》JGJ 355 的有关规定。

（3）预制框架柱、预制剪力墙板边缘构件的纵向受力钢筋在同一截面采用 100% 连接时，钢筋接头的性能应满足现行行业标准《钢筋机械连接技术规程》JGJ 107 中 I 级接头的要求。

预制构件的混凝土结合面做法选用表 表 4.5-1

构　件	预制墙板			预制柱		预制（叠合）梁		叠合板
部　位	底面	顶面	侧面	底面	顶面	顶面	侧面	结合面
粗糙面	★	★	★	★	★	★	★	★
键　槽	☆	—	☆	☆	☆	—	★	—

注：表中★代表优先采用的连接方案；☆代表可采用的连接方案，但有一定的限制；—代表不宜选用的连接方案。

1. 混凝土结合面连接技术

装配式结构中，接缝的正截面承载力验算与现浇混凝土结构相同，应符合现行国家标准《混凝土结构设计规范》GB 50010 的规定，装配式结构中，墙底、柱底水平接缝、梁端接缝受剪承载力应符合行业标准《装配式混凝土结构技术规程》JGJ 1—2014 中第 6.5.1 条、7.2.2 条、8.3.7 条的规定。

预制构件与后浇混凝土、灌浆料、坐浆材料的结合面应设置粗糙面、键槽，并应符合下列规定：

（1）预制板与后浇混凝土叠合层之间的结合面应设置粗糙面。

（2）预制梁与后浇混凝土叠合层之间的结合面应设置粗糙面，预制梁端面应设置键槽且宜设置粗糙面。键槽的尺寸和数量应按照行业标准《装配式混凝土结构技术规程》JGJ 1 中第 7.2.2 条的规定计算确定，键槽的深度 t 不宜小于 30mm，宽度 w 不宜小于深度的 3 倍且不宜大于深度的 10 倍。键槽可贯通截面，当不贯通时槽口距离截面边缘不宜小于 50mm，键槽间距宜等于键槽宽度，键槽端部斜面倾角不宜大于 30°。

（3）预制柱的底部应设置键槽且宜设置粗糙面，键槽应均匀布置，键槽深度不宜小于 30mm，键槽端部斜面倾角不宜大于 30°，柱顶应设置粗糙面。

（4）预制剪力墙的顶部和底部与后浇混凝土的结合面应设置粗糙面。侧面与后浇混凝土的结合面应设置粗糙面，也可设置键槽。键槽深度 t 不宜小于 20mm，宽度 w 不宜小于深度的 3 倍且不宜大于深度的 10 倍，键槽间距宜等于键槽宽度，键槽端部斜面倾角不宜大于 30°。

（5）粗糙面的面积不宜小于结合面的 80%，预制板的粗糙面凹凸深度不应小于 4mm，预制梁端、预制柱端、预制墙端的粗糙面凹凸深度不应小于 6mm。

（6）梁端键槽构造示意图如图 4.5-1 所示。

预制梁端采用键槽方式时，其受剪承载力一般大于粗糙面，且易于控制加工质量及检验。当键槽深度太小时，易发生承压破坏。当不会发生承压破坏时，增加键槽深度对增加受剪承载力没有明显帮助，键槽深度一般在 30mm 左右。梁端键槽数量通常较少，一般为 1~3 个，可以通过公式较准确地计算键槽的受剪承载力。

2. 钢筋连接技术

装配式结构中，节点及接缝处的纵向钢筋连接宜根据接头受力、施工工艺等要求选用机械连接、套筒灌浆连接、焊接连接、绑扎搭接连接等连接方式，并应符合国家现行有关标准的规定。

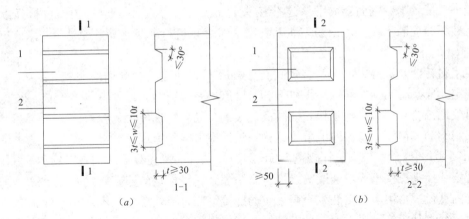

图 4.5-1 梁端键槽构造示意

（a）键槽贯通截面；（b）键槽不贯通截面

1—键槽；2—梁端面

（1）套筒灌浆连接：套筒灌浆连接的工作机理，是基于灌浆套筒内灌浆料有较高的抗压强度，同时自身还具有微膨胀特性，当它受到灌浆套筒的约束作用时，在灌浆料与灌浆套筒内侧筒壁间产生较大的法向应力，钢筋借此法向应力在其带肋的粗糙表面产生摩擦力，以传递钢筋轴向应力。因此，灌浆套筒连接接头要求灌浆料有较高的抗压强度，灌浆套筒应具有较大的刚度和较小的变形。套筒灌浆连接接头包括全灌浆和半灌浆套筒灌浆连接接头。一般竖向钢筋连接用半灌浆套筒连接接头，水平钢筋连接用全灌浆套筒连接接头，全灌浆套筒连接接头和半灌浆套筒连接接头如图 4.5-2、图 4.5-3 所示。

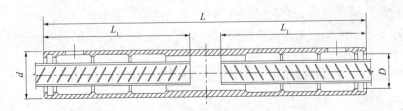

图 4.5-2 全灌浆套筒连接接头

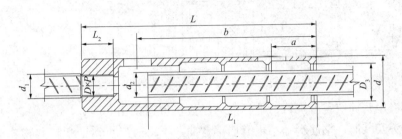

图 4.5-3 半灌浆套筒连接接头

套筒灌浆连接接头的优点：接头等级为Ⅰ级，适用大直径钢筋，应用面广，技术成熟；适宜钢筋的集中连接，可用直接连接和间接连接等形式；便于现场操作，可采用群灌技术注浆，施工效率较高。

接头性能要求：钢筋套筒灌浆连接接头的抗拉强度不应小于连接钢筋抗拉强度标准值，且破坏时应断于接头外钢筋；灌浆套筒应符合现行行业标准《钢筋连接用灌浆套筒》JG/T 398 的有关规定。

灌浆料性能及试验方法应符合现行行业标准《钢筋连接用套筒灌浆料》JG/T 408 的有关规定，应具有高强、早强、无收缩和微膨胀等基本特性，以使其能与套筒、被连接钢筋更有效地结合在一起共同工作，同时满足装配式结构快速施工的要求。

采用钢筋套筒灌浆连接的混凝土结构，设计应符合国家现行标准《混凝土结构设计规范》GB 50010、《建筑抗震设计规范》GB 50011、《装配式混凝土结构技术规程》JGJ 1 的有关规定。接头连接钢筋的强度等级不应高于灌浆套筒规定的连接钢筋强度等级，接头连接钢筋的直径规格不应大于灌浆套筒规定的连接钢筋直径规格，且不宜小于灌浆套筒规定的连接钢筋直径规格一级以上。构件配筋方案应根据灌浆套筒外径、长度及灌浆施工要求确定，构件钢筋插入灌浆套筒的锚固长度应符合灌浆套筒参数要求，竖向构件配筋设计应结合灌浆孔、出浆孔位置。底部设置键槽的预制柱，应在键槽处设置排气孔。

关于灌浆套筒连接施工，应采用由接头型式检验确定的相匹配的灌浆套筒和灌浆料，并应编制专项施工方案。灌浆施工的操作人员应经专业培训后上岗，对于首次施工，宜选择有代表性的单元或部位进行试制作、试安装、试灌浆。施工现场灌浆料宜储存在室内，并应采取防雨、防潮、防晒措施。

采用钢筋套筒灌浆连接的混凝土结构验收应符合现行国家标准《混凝土结构工程施工质量验收规范》GB 50204 的有关规定，可划入装配式结构分项工程。灌浆套筒进厂（场）时，应抽取灌浆套筒并采用与之匹配的灌浆料制作对中连接接头试件，并进行抗拉强度检验，检验结果均应符合《钢筋套筒灌浆连接应用技术规程》JGJ 355—2015 第 3.2.2 条之规定。检查数量：同一批号、同一类型、同一规格的灌浆套筒，不超过 1000 个为一批，每批随机抽取 3 个灌浆套筒制作对中连接接头试件。检验方法：检查质量证明文件和抽样检验报告。

（2）套筒挤压连接：套筒挤压连接方法是将需要的连接的钢筋（应为带肋钢筋）端部插入特制的钢套筒内，利用挤压机压缩钢套筒，使它产生塑性变形，靠变形后的钢套筒与带肋钢筋的机械咬合紧固力来实现钢筋的连接。套筒挤压连接方式如图 4.5-4 所示。

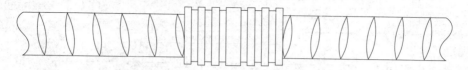

图 4.5-4　冷挤压套筒连接

钢筋连接用套筒应符合现行行业标准《钢筋机械连接用套筒》JG/T 163 的有关规定。套筒挤压接头安装时，钢筋端部不得有局部弯曲，不得有严重锈蚀和附着物。钢筋端部应有挤压套筒后可检查钢筋插入深度的明显标记，钢筋端头离套筒长度中点不宜超过 10mm。挤压应从套筒中央开始，依次向两端挤压，挤压后的压痕直径或套筒长度的波动范围应用专用量规检验。压痕处套筒外径应为原套筒外径的 8/10～9/10，挤压后套筒长度应为原套筒长度的 1.10～1.15 倍；挤压后的套筒不应有可见裂纹。

验收抽检按检验批进行，同钢筋生产厂、同强度等级、同规格、同类型和同形式接头应以 500 个为一个验收批进行检验与验收，不足 500 个也应作为一个验收批。套筒挤压接头应按照验收批抽取 10% 接头，压痕直径或挤压后套筒长度应满足《钢筋机械连接技术规程》JGJ 107—2016 第 6.3.3 条第 3 款的要求；刚进插入套筒深度应满足产品设计要求，检查不合格数超过 10% 时，可在本批外观检验不合格的接头中抽取 3 个试件做极限抗拉强度试验，按《钢筋机械连接技术规程》JGJ 107—2016 第 7.0.7 条进行评定。

3. 钢筋锚固技术

钢筋在后浇节点区内采用直线锚固、弯折锚固或机械锚固的方式时，其锚固长度应符合现行国家标准《混凝土结构设计规范》GB 50010 中的有关规定。当钢筋采用锚固板时，应符合现行行业标准《钢筋锚固板应用技术规程》JGJ 256 中的有关规定。装配式混凝土结构中，当锚固长度或锚固直线段不满足要求时，推荐采用带有端部锚固板的锚固方式。弯钩和机械锚固的形式和技术要求如图 4.5-5 所示。

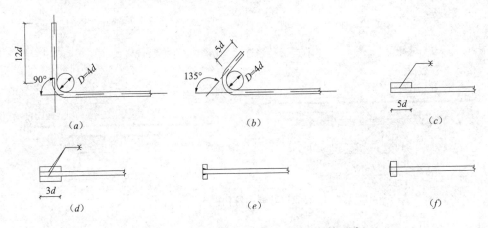

图 4.5-5 弯钩和机械锚固的形式和技术要求

(*a*) 90°弯钩；(*b*) 135°弯钩；(*c*) 一侧贴焊锚筋；(*d*) 两侧贴焊锚筋；(*e*) 穿孔塞焊锚板；(*f*) 螺栓锚头

4.5.2 叠合板连接构造

1. 叠合板支座、单向板板侧、双向板板侧等位置的钢筋连接方式，应符合行业标准《装配式混凝土结构技术规程》JGJ 1—2014 中第 6.6.4 条、6.6.5 条、6.6.6 条、6.6.10 条的规定。

2. 叠合板应伸入支座 10mm，且与支座接触面部位预留 10mm，叠合板与支座连接构造如图 4.5-6 所示。支座处预留空间可以提供砂浆封堵的施工空间，支座处板缝通过砂浆封堵后，防止浇筑现浇层混凝土时漏浆，还可以防止误差累积。

3. 叠合楼板根据板跨和支座条件不同分为单向板和双向板，两者接缝处由于受力特点不同，其接缝处连接构造分别如图 4.5-7～图 4.5-9 所示。

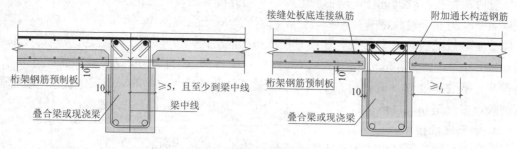

图 4.5-6　叠合板与梁支座连接构造图（做法 1、2）

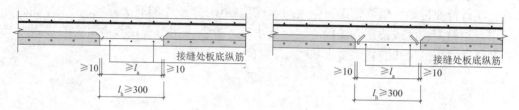

图 4.5-7　双向板接缝连接构造图（做法 1、2）

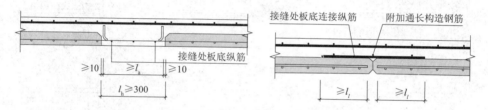

图 4.5-8　双向板接缝连接构造图（做法 3、4）

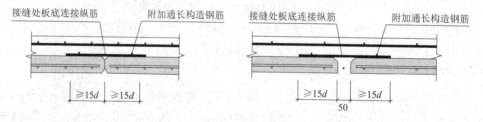

图 4.5-9　单向板接缝连接构造图（做法 1、2）

4.5.3　叠合梁连接构造

1. 叠合梁构造设计、钢筋连接方式应符合行业标准《装配式混凝土结构技术规程》JGJ 1—2014 中第 7.3 节相关规定，叠合梁构造设计如图 4.5-10 所示。

2. 主次梁的连接形式可采用三种类型设计：主梁预留槽口方式、主梁设置挑耳方式、主梁设置牛担板方式。主次梁连接构造设计如图 4.5-11～图 4.5-14 所示。

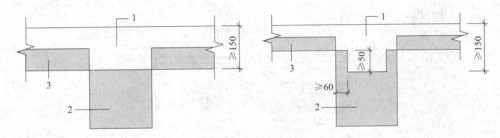

图 4.5-10　叠合框架梁截面示意
1—后浇混凝土叠合层；2—预制梁；3—预制板

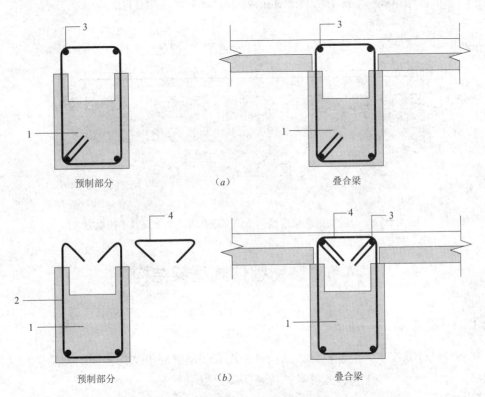

预制部分　　　　　　（a）　　　　　　叠合梁

预制部分　　　　　　（b）　　　　　　叠合梁

图 4.5-11　叠合梁箍筋构造示意
1—预制梁；2—开口箍筋；3—上部纵向钢筋；4—箍筋帽

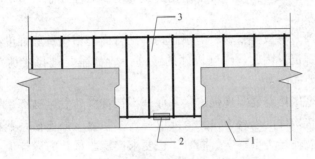

图 4.5-12　叠合梁连接节点示意
1—预制梁；2—钢筋连接接头；3—后浇段

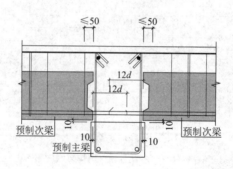

图 4.5-13　叠合梁主次梁连接构造图（做法 1：主梁预留槽口方式）

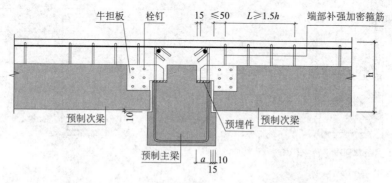

图 4.5-14　叠合梁主次梁连接构造图（做法 2：主梁设置牛担板方式）

4.6　装配整体式框架结构

4.6.1　一般规定

在各种设计状况下，装配整体式结构可采用与现浇混凝土结构相同的方法进行结构分析和抗力效应验算。装配整体式框架结构还需满足以下要求：

（1）内力调整要求，当同一层内既有预制又有现浇抗侧力构件时，地震设计状况下宜对现浇抗侧力构件在地震作用下的弯矩和剪力进行适当放大。

（2）结合面受剪承载力要求，现浇结构的抗剪由斜截面控制，装配整体式的抗剪需补充直剪验算。

后浇混凝土、灌浆料或坐浆材料与预制构件结合面的粘接抗剪强度往往低于预制构件本身混凝土的抗剪强度。因此，预制构件的接缝一般都需要进行受剪承载力（直剪）的计算。

梁、柱箍筋加密区接缝要实现强连接，保证不在接缝处发生破坏，即要求接缝的承载力设计值大于被连接构件的承载力设计值乘以强连接系数，强连接系数根据抗震等级、连接区域的重要性以及连接类型确定。同时，也要求接缝的承载力设计值大于设计内力，保证接缝的安全。

装配整体式框架结构设计的其他规定、材料和整体计算分析见 4.1、4.2、4.3。

4.6.2 接缝承载力验算

装配整体式框架结构接缝的受剪承载力应符合下列规定:

(1) 持久设计状况:

$$\gamma_0 V_{jd} \leqslant V_u \tag{4.6-1}$$

(2) 地震设计状况:

$$V_{jdE} \leqslant V_{uE}/\gamma_{RE} \tag{4.6-2}$$

在梁、柱端部箍筋加密区,尚应符合下式要求:

$$\eta_j V_{mua} \leqslant V_{uE} \tag{4.6-3}$$

式中 γ_0——结构重要性系数,安全等级为一级时不应小于 1.1,安全等级为二级时不应小于 1.0;

V_{jd}——持久设计状况下接缝剪力设计值;

V_{jdE}——地震设计状况下接缝剪力设计值;

V_u——持久设计状况下梁端、柱端、剪力墙底部接缝受剪承载力设计值;

V_{uE}——地震设计状况下梁端、柱端、剪力墙底部接缝受剪承载力设计值;

V_{mua}——被连接构件端部按实配钢筋面积计算的斜截面受剪承载力设计值;

η_j——接缝受剪承载力增大系数,抗震等级为一、二级取 1.2,抗震等级为三、四级取 1.1。

叠合梁端结合面的受剪承载力的组成主要包括:新旧混凝土结合面的粘结力、键槽的抗剪力、后浇混凝土叠合层的抗剪力、梁纵向钢筋的销栓抗剪作用。叠合梁端竖向接缝的受剪承载力设计值不考虑混凝土的自然粘接作用,按下列公式计算:

(1) 持久设计状况:

$$V_u = 0.07 f_c A_{cl} + 0.10 f_c A_k + 1.65 A_{sd} \sqrt{f_c f_y} \tag{4.6-4}$$

(2) 地震设计状况:

$$V_{uE} = 0.04 f_c A_{cl} + 0.06 f_c A_k + 1.65 A_{sd} \sqrt{f_c f_y} \tag{4.6-5}$$

式中 A_{cl}——叠合梁端截面后浇混凝土叠合层截面面积;

f_c——预制构件混凝土轴心抗压强度设计值;

f_y——垂直穿过结合面钢筋的抗拉强度设计值;

A_k——各键槽的根部截面面积(图 4.6-1)之和按后浇键槽根部截面和预制键槽根部截面分别计算,并取二者的较小值,键槽设计时应尽量使后浇键槽根部截面和预制键槽根部截面面积相等;

A_{sd}——垂直穿过结合面所有钢筋的面积,包括叠合层内的纵向钢筋。

预制柱底的受剪承载力组成主要包括:新旧混凝土结合面的粘结力、粗糙面或键槽的抗剪能力、轴压产生的摩擦力、柱纵向钢筋的销栓抗剪作用或摩擦抗剪作用,其中后两者为受剪承载力的主要组成部分。

在非抗震设计时,柱底剪力通常较小,不需验算。地震往复作用下,混凝土自然粘结及粗糙面的受剪承载力丧失较快,计算中不考虑其作用。

在地震设计状况下,预制柱底水平接缝的受剪承载力设计值应按下列公式计算:

(1) 当预制柱受压时:

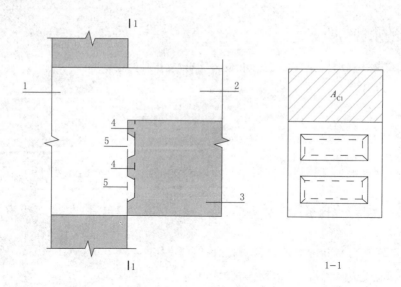

图 4.6-1 叠合梁端部抗剪承载力计算参数示意

1—后浇节点区；2—后浇混凝土叠合层；3—预制梁；

4—预制键槽根部截面；5—后浇键槽根部截面

$$V_{uE} = 0.8N + 1.65A_{sd}\sqrt{f_c f_y} \qquad (4.6\text{-}6)$$

（2）当预制柱受拉时：

$$V_{uE} = 1.65A_{sd}\sqrt{f_c f_y \left(1 - \left(\frac{N}{A_{sd} f_y}\right)^2\right)} \qquad (4.6\text{-}7)$$

式中 f_c——预制构件混凝土轴心抗压强度设计值；

f_y——垂直穿过结合面钢筋抗拉强度设计值；

N——与剪力设计值 V 相应的垂直于结合面的轴向力设计值，取绝对值进行计算；

A_{sd}——垂直穿过结合面所有钢筋的面积；

V_{uE}——地震设计状况下接缝受剪承载力设计值。

将预制柱底受剪承载力设计值的计算式与现浇混凝土柱斜截面受剪承载力计算式比较，可以发现预制柱底的直剪承载力由轴压产生的摩擦力、柱纵向钢筋的销栓抗剪作用或摩擦抗剪作用形成。当预制柱受拉时，仅纵筋提供销栓抗剪作用，且需根据拉力进行折减。故装配式结构设计时应尽量避免预制柱出现受拉工况。

4.6.3 构造措施

1. 预制柱

（1）预制柱的设计应符合现行国家标准《混凝土结构设计规范》GB 50010 的要求，并应符合下列规定：

1）柱纵向受力钢筋直径不宜小于 20mm。

2）矩形柱截面宽度或圆柱直径不宜小于 400mm，且不宜小于同方向梁宽的 1.5 倍。

3）柱纵向受力钢筋采用套筒灌浆连接时，柱箍筋加密区长度不应小于纵向受力钢筋连接区域长度与 500mm 之和，套筒上端第一个箍筋距离套筒顶部不应大于 50mm（图 4.6-2）。

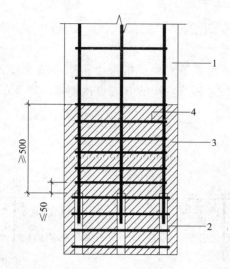

图 4.6-2 采用套筒灌浆连接时柱底箍筋加密区构造

1—预制柱；2—套筒灌浆连接接头；3—箍筋加密区（阴影区域）；4—加密区箍筋

（2）装配整体式框架结构中，预制柱的纵向钢筋连接应符合下列规定：

1）当房屋高度不大于 12m 或层数不超过 3 层时，可采用套筒灌浆、浆锚搭接、焊接等连接方式。

2）当房屋高度大于 12m 或层数超过 3 层时，宜采用套筒灌浆连接。

（3）采用预制柱及叠合梁的装配整体式框架中，柱底接缝宜设置在楼面标高处（图 4.6-3），并应符合下列规定：

1）后浇节点区混凝土上表面应设置粗糙面。

2）柱纵向受力钢筋应贯穿后浇节点区。

3）柱底接缝厚度宜为 20mm，并应采用灌浆料填实。

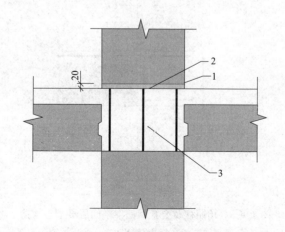

图 4.6-3 预制柱底接缝构造

1—后浇节点区混凝土上表面粗糙面；2—接缝灌浆层；3—后浇区

2. 梁柱节点

采用预制柱及叠合梁的装配整体式框架节点，梁纵向受力钢筋应伸入后浇节点区内锚固或连接，并应符合下列规定：

（1）对框架中间层中节点，节点两侧的梁下部纵向受力钢筋宜锚固在后浇节点区内（图4.6-4a），也可采用机械连接或焊接的方式直接连接（图4.6-4b），梁的上部纵向受力钢筋应贯穿后浇节点区。

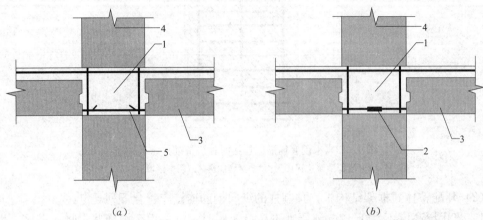

图 4.6-4　预制柱及叠合梁框架中间层中节点构造

（a）梁下部纵向受力钢筋锚固；（b）梁下部纵向受力钢筋连接

1—后浇区；2—下部纵向受力钢筋连接；

3—预制梁；4—预制柱；5—下部纵向受力钢筋锚固

（2）对框架中间层端节点，当柱截面尺寸不满足梁纵向受力钢筋的直线锚固要求时，宜采用锚固板锚固（图4.6-5），也可采用90°弯折锚固。

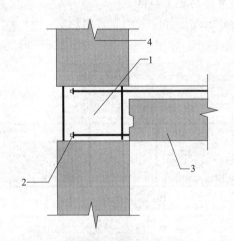

图 4.6-5　预制柱及叠合梁框架中间层端节点构造

1—后浇区；2—梁纵向受力钢筋锚固；3—预制梁；4—预制柱

（3）对框架顶层中节点，梁纵向受力钢筋的构造应符合本条第（1）款的规定。柱纵向受力钢筋宜采用直线锚固；当梁截面尺寸不满足直线锚固要求时，宜采用锚固板锚固（图4.6-6）。

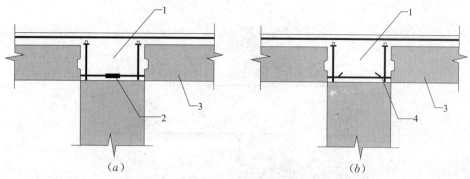

图 4.6-6 预制柱及叠合梁框架顶层中节点构造
(a) 梁下部纵向受力钢筋连接；(b) 梁下部纵向受力钢筋锚固
1—后浇区；2—下部纵向受力钢筋连接；3—预制梁；4—下部纵向受力筋锚固

(4) 对框架顶层端节点，梁下部纵向受力钢筋应锚固在后浇节点区内，且宜采用锚固板的锚固方式，梁、柱其他纵向受力钢筋的锚固应符合下列规定：

1) 柱宜伸出屋面并将柱纵向受力钢筋锚固在伸出段内（图 4.6-7a），伸出段长度不宜小于 500mm，伸出段内箍筋间距不应大于 5d（d 为柱纵向受力钢筋直径），且不应大于 100mm；柱纵向钢筋宜采用锚固板锚固，锚固长度不应小于 40d；梁上部纵向受力钢筋宜采用锚固板锚固。

2) 柱外侧纵向受力钢筋也可与梁上部纵向受力钢筋在后浇节点区搭接（图 4.6-7b），其构造要求应符合现行国家标准《混凝土结构设计规范》GB 50010 中的规定；柱内侧纵向受力钢筋宜采用锚固板锚固。

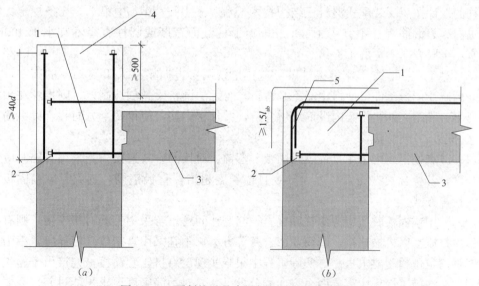

图 4.6-7 预制柱及叠合梁框架顶层边节点构造
(a) 柱向上伸长；(b) 梁柱外侧钢筋搭接
1—后浇区；2—纵向受力钢筋锚固；3—预制梁；4—柱延伸段；5—梁柱外侧钢筋搭接

采用预制柱及叠合梁的装配整体式框架节点，梁下部纵向受力钢筋也可伸至节点区外的后浇段内连接（图 4.6-8），连接接头与节点区的距离不应小于 $1.5h_0$。（h_0 为梁截面有效高度）。

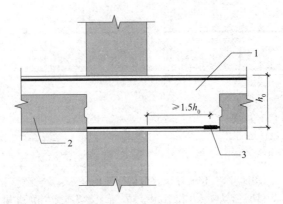

图 4.6-8 梁纵向钢筋在节点区外的后浇段内连接示意
1—后浇段；2—预制梁；3—纵向受力钢筋连接

4.6.4 框架后浇节点钢筋避让措施

框架节点处梁、柱纵筋、节点区箍筋交错，装配整体式框架现场施工时由于柱纵筋和梁下纵筋已固定在预制构件中，钢筋避让难度相对现浇结构更大，因此在设计阶段就需要充分考虑该问题，采取措施。

（1）纵筋钢筋应本着大直径、少根数、少规格的原则选用，从而减少钢筋接头，简化连接工序。

（2）梁柱截面需应充分考虑预制装配的要求，为钢筋在节点区的排布预留足够空间。预制柱的设计按照《装配式混凝土结构技术规程》JGJ 1—2014 中第 7.3.5 条规定：预制柱的纵向受力钢筋直径不宜小于 20mm；矩形柱截面宽度或圆柱直径不宜小于 400mm，且不宜小于同方向梁宽的 1.5 倍。

（3）对于十字形或 T 字形梁柱节点应尽量使两个方向梁有大于 50mm 的高差，为两层钢筋的避让创造条件，使得钢筋不必弯折。若无法调整梁高创造高差，则推荐在预制梁靠近梁端一段距离开始将梁内纵筋缓坡弯折，并加密钢筋，使得两个方向叠合梁纵筋在节点区域分层，方便对接。

（4）节点处钢筋可采用直锚、锚固板、弯锚、对接的方式连接。当采用直锚时应考虑锚固长度，若叠合梁纵筋直径过大导致直锚长度超出柱直径范围，则应考虑锚固板、弯锚、对接等方式。

（5）采用锚固板时还应考虑锚固板直径与避让问题。若采用钢筋对接连接，则有搭接焊接、冷挤压套筒机械连接、套筒灌浆连接等方案。不宜采用直螺纹套筒连接，因为此种方式对钢筋定位精度要求极高，实际工程中很难实现。冷挤压套筒机械连接由于施工机器体积限制，在施工操作中需要两个方向梁分批吊装，对钢筋密度要求不能过密，需要根据实际情况选用；搭接焊接不能用于大直径钢筋；推荐选用全灌浆套筒连接，此方案对钢筋精度要求相对较低，较容易实现。

（6）当节点处钢筋间距过小时，依据《装配式混凝土结构技术规程》JGJ 1 相关规定，梁下部纵向受力钢筋也可伸至节点区外的后浇段内连接，连接接头与节点区的距离不应小于 $1.5h_0$。（h_0 为梁截面有效高度）。在确定梁柱节点方案时，也可采用《预制预应力混凝土装配整体式结构技术规程》JGJ 224 的方式，在节点区外将纵筋弯折后搭接连接，如图 4.6-9 所示。精简节点区梁纵向钢筋的排布，将连接节点外移。

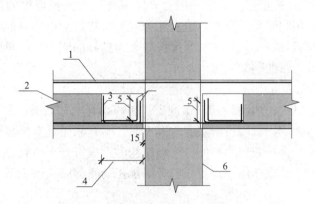

图 4.6-9 梁柱节点外连接节点
1—叠合层；2—预制梁；3—U 形钢筋；
4—键槽长度；5—钢筋弯锚长度；6—框架柱

(7)《装配式混凝土结构技术规程》JGJ 1 中第 7.3.2 条规定：抗震等级为一、二级的叠合框架梁的梁端箍筋加密区宜采用整体封闭箍筋；采用组合封闭箍筋的形式时，开口箍筋上方应做成 135°弯钩；非抗震设计时，平直段长度不应小于 5d（d 为箍筋直径）；抗震设计时，平直段长度不应小于 10d。现场应采用箍筋帽封闭开口箍，箍筋帽末端应做成 135°弯钩；非抗震设计时，弯钩端头平直段长度不应小于 5d；抗震设计时，平直段长度不应小于 10d。箍筋帽两端皆做成 135°弯钩时，由于梁上部角筋的遮挡，需放置箍筋帽后插入角筋，施工比较困难。推荐箍筋帽采用一端 135°弯钩，一端 90°直钩的方式，可先绑扎梁上部角筋，后扣箍筋帽，直钩部分与下部开口箍搭接或焊接。

4.7 装配整体式剪力墙结构

剪力墙结构是我国多层和高层住宅最常用的结构形式，但国外应用不多，关于装配式剪力墙结构建筑的研究、试验和经验比较少。国内装配整体式剪力墙结构建筑应用时间较短，相关的研究和经验也不是很多。因此，行业标准《装配式混凝土结构技术规程》JGJ 1 关于装配整体式剪力墙建筑的规定比较慎重和保守。剪力墙结构的 PC 化还有许多研发和试验工作需要深入，是我国建筑行业 PC 化最需要攻克的堡垒。

4.7.1 一般规定

1. 模数化、模块化设计

装配式剪力墙结构应进行模数化、模块化设计，保证预制构件和部品实现标准化、定型化、重复使用率高，满足工厂加工，现场装配的要求。关于 PC 构件的拆分，需满足：

(1) 满足建筑功能的需求。

(2) 构件规格尽可能少，且重量和尺寸满足制作、运输和安装条件的许可。

(3) 预制剪力墙宜按建筑开间和进深尺寸划分，高度不宜大于层高。

2. 结构材料

装配整体式剪力墙结构中，钢筋的各项力学性能指标应符合现行国家标准《混凝土结构设计规范》GB 50010 的规定，其中采用套筒灌浆连接和浆锚连接的钢筋应采用热轧带肋钢筋。预钢筋连接用灌浆套筒灌浆料以水泥为基本材料，配以适当的细骨料，以及混凝土外加剂和其他材料组成的干混料，加水搅拌后具有良好的流动性、早强、高强、微膨胀等性能，填充于套筒与带肋钢筋间隙内。

3. 抗震设计

《装配式混凝土结构技术规程》JGJ 1 规定：抗震设计时，高层装配整体式剪力墙结构不应全部采用短肢剪力墙；抗震设防烈度为 8 度时，不宜采用具有较多短肢剪力墙的剪力墙结构。当采用具有较多短肢剪力墙的剪力墙结构时，应符合下列规定：

（1）在规定的水平地震作用下，短肢剪力墙承担的底部倾覆力矩不宜大于结构底部总地震倾覆力矩的 50%。

（2）房屋适用高度应比《装配式混凝土结构技术规程》JGJ 1 规定的装配整体式剪力墙结构的最大适用高度适当降低，抗震设防烈度为 7 度和 8 度时宜分别降低 20m。

4. 装配整体式剪力墙结构在设计阶段的布置要求

装配整体式剪力墙结构在设计阶段装配整体式剪力墙结构的布置应满足下列需求：

（1）应沿两个方向布置剪力墙。

（2）剪力墙的平面布置宜简单、规则，自下而上宜连续布置，避免层间侧向刚度突变。

（3）剪力墙门窗洞口宜上下对齐、成列布置，形成明确的墙肢和连梁；抗震等级为一、二、三级的剪力墙底部加强部位不应采用错洞墙，结构全高均不应采用叠合错洞墙。

（4）采用部分预制、部分现浇的结构形式时，现浇剪力墙的布置宜均匀、对称。

（5）剪力墙墙段长度不宜大于 8m，各墙段的高度与长度之比不宜小于 3。

在建筑方案设计中，应注意结构的规则性和均匀性，建筑某一侧剪力墙布置过多，或平面布置不规则，易出现某些楼层扭转不规则、侧向刚度及承载力不规则等现象。

5. 装配式结构的平面及竖向布置要求

装配式结构的平面及竖向布置要求，应严于现浇混凝土结构。特别不规则的建筑会出现各种非标准的构件，且在地震作用下内力分布较复杂，不适宜采用装配式结构。抗震设防烈度为 8 度时，高层装配整体式剪力墙结构中的电梯井筒往往承受很大的地震剪力和倾覆力矩，宜采用现浇混凝土结构，有利于保证结构的抗震性能。

6. 适用高度

装配整体式剪力墙结构中，墙体之间接缝数量多且构造复杂，拼缝的构造措施及施工质量对结构整体的抗震性能影响较大，使其结构性能很难完全等同于现浇结构。因此，装配整体式剪力墙结构的最大适用高度相比于现浇结构适当降低。当预制剪力墙数量较多时，即预制剪力强承担的底部剪力较大时，对其最大适用高度限制更加严格。

装配整体式剪力墙结构的房屋最大适用高度，应满足表 4.7-1 的要求，并满足以下规定：

（1）当结构中竖向构件全部为现浇且楼盖采用叠合梁板时，房屋最大适用高度可按现行行业标准《装配式混凝土结构技术规程》JGJ 1 中的规定采用；

（2）在规定的水平力作用下，当预制剪力墙构件底部承担的总剪力大于该层总剪力的50%时，其最大适用高度应适当降低；当预制剪力墙构件底部承担的总剪力大于该层总剪力的80%时，最大适用高度应取表 4.7-1 括号内的数值。

装配整体式剪力墙结构房屋的最大适用高度（m）　　　　表 4.7-1

结构类型	非抗震设计	抗震设防烈度			
		6 度	7 度	8 度（0.2g）	8 度（0.3g）
装配整体式剪力墙结构	140 （130）	130 （120）	110 （100）	90 （80）	70 （60）

注：房屋高度指室外地面到主要屋面的高度，不包括局部突出屋顶的部分。

当钢筋混凝土结构的房屋高度超过最大适用高度时，应通过专门研究，采取有效加强措施，并按住房和城乡建设部有关规定进行专项审查。

7. 平面布置和竖向布置

装配整体式剪力墙结构的平面布置和竖向布置除应符合现行行业标准《装配式混凝土结构技术规程》JGJ 1 的相关规定外，尚宜符合下列要求：

（1）结构在平面和竖向不应具有明显的薄弱部位，且应避免结构和构件出现较大的扭转效应。

（2）高层装配整体式剪力墙结构不宜采用整层转换的设计方案；当采用部分结构转换时，应符合下列规定：

1）部分框支剪力墙结构底部框支层不宜超过 2 层，框支层以下及相邻上一层应采用现浇结构，且现浇结构高度不应小于房屋高度的 1/10。

2）转换柱、转换梁及周边楼盖结构宜采用现浇。

3）装配整体式剪力墙结构中的预制墙板构件的水平接缝处不宜出现全截面受拉应力。

4）装配式剪力墙结构宜采用简支连接的预制楼梯，预制楼梯可采用板式楼梯和梁式楼梯。

8. 预制与现浇的拆分

（1）预制剪力墙宜按照建筑开间和进深尺寸划分，最好全部拆分为一字形，单个构件重量一般不大于 5t，最大构件控制在 10t 以内（根据塔式起重机的具体选用情况），否则塔式起重机的租赁费用增加：

1）一字形构件生产简单，模具系统造价低，构件质量有保证，有利于降低预制构件的制作成本。

2）单个构件重量不超过 5t，就是控制单个剪力墙的预制长度不超过 4m，一方面为了生产、运输，另一方面也降低施工塔吊的时间和施工难度，减少安装时间，缩短施工工期。

3）如果塔式起重机吨位允许，高层住宅施工时，预制构件可采用一次吊装预制墙板 2件，叠合楼板 2～3 件，一般在 10 层以上可采用每次 2～3 件吊装，或者根据具体工程情况确定。

4）结构拆分设计要考虑塔吊的位置，重量大的构件不宜在塔式起重机的回转半径处。

（2）预制剪力墙的拆分应符合模数协调原则，优化预制构件的尺寸和形状，减少预制构件的种类。

（3）预制剪力墙竖向拆分宜在各层的层高处进行，水平拆分应保证门窗洞口的完整性，便于部品标准化生产。

（4）预制剪力墙结构最外部转角应采取加强措施，当不满足设计的构造要求时可采用现浇构件。

（5）剪力墙约束边缘构件范围内，行业标准建议边缘构件采用现浇，此条主要是担心底部加强区钢筋的连接质量，此区域为大震作用下的塑性铰区域。约束边缘构件阴影区域范围比构造边缘构件范围大，如果边缘构件现浇，会导致墙板预制构件种类增多。但现在墙板都是流水线生产，即使相同构件尺寸相同，生产过程中也需要重新组装模具，而且边缘构件阴影区域全现浇会造成整体装配率降低、施工模板复杂，水平分布钢筋的锚固和搭接也不符合现浇的构造要求（约束边缘构件的配筋率比构造边缘构件的配筋率大得多）。对于 7 度地区，如果考虑底部加强区塑性铰位置上移（套筒连接位置以上，需要对塑性铰进行重新修正），底部加强区剪力墙可以采用边缘构件部分预制。

（6）剪力墙拆分如果采用边缘构件部分预制，一般可分为 T 形阶段和 L 形阶段拆分，一字形节点主要是钢筋搭接连接：

1）T 形节点翼缘预制，腹板部分设置 600mm 长度现浇段，或者腹板全部现浇，考虑腹板部分边缘构件的箍筋，现浇段长度由水平分布钢筋最小搭接长度确定。

2）L 形节点翼缘（腹板）预制，现浇长度 600mm。

3）十字形剪力墙节点应尽量避免，如果避免不了，那么采用墙板预制节点现浇，现浇长度为不小于 $b \times h = 600mm \times 600mm$。

（7）剪力墙与连梁宜平面内连接，梁窝长度不小于 500mm，连梁在剪力墙上搭接长度为 20mm，连接阶段部分现浇。当连梁与剪力墙平面外连接时，应在剪力墙上预留洞口，预留洞口宽度为梁宽＋40mm，洞口高度需根据梁吊装角度确定。

（8）剪力墙竖向拼缝现浇部分的长度宜大于 400mm，有利于钢筋绑扎施工，现浇部分最好也做成一字形：

1）现浇部位一字形可简化封堵模板。

2）现浇长度不小于 400mm，最好是 500（600）mm，水平钢筋直径一般采用 8mm，搭接长度 $1.6L_{aE}$，抗震等级三级（二级）的锚固长度为 37d（40d），最大搭接长度为 474（512）mm，现浇段长度 500（600）mm 可以实现水平钢筋的搭接；现浇段 500～600mm，振动棒可以振捣，现浇长度 400mm 以下由于钢筋交叉很难插进振动棒，现浇混凝土质量很难保证。

3）预制与现浇结合面部分最好做成露骨料混凝土，水洗面，也可以做成键槽。

（9）剪力墙 T 形构件单侧翼缘长度不宜小于 500（400）mm，L 形构件单侧不计腹板的翼缘长度不宜小于 500（400）mm，可以实现外墙全预制的连接方式，此时对应预制连梁的纵向钢筋直径为 20（16），剪力墙预制构件与预制构件现浇连接带宽度不小于 600mm。

（10）剪力墙边缘构件箍筋是否受力，或者是箍筋与预制墙体水平分布钢筋的搭接问题：

1）如果边缘构件现浇，那么预制墙板水平分布钢筋会出现和边缘构件箍筋的搭接问题，这与现浇节点的连接构造不符合。墙体水平分布钢筋应按照现浇构造要求，伸入边缘构件内进行弯折锚固，对于墙体水平分布钢筋计入边缘构件配筋率的，应满足相关构造要求。

2）边缘构件部分预制（外墙全预制）只要现浇段长度大于 512mm，可以实现按照现浇构造，考虑水平分布钢筋计入边缘构件配箍率，因此外墙预制、内墙现浇可满足此项要求。

3）剪力墙水平分布钢筋环套环的连接方式中，墙水平分布钢筋和边缘构件箍筋的搭接长度问题需密切注意。

4.7.2 结构计算

1. 分析方法

目前，国内关于装配整体式剪力墙结构形成整体性的主要思路是依靠现浇混凝土，装配整体式剪力墙结构的结构计算分析方法和现浇剪力墙结构相同，即使采用灌浆连接方式，上下剪力墙之间也都设置水平现浇带，剪力墙的水平连接也是靠后浇混凝土。在预制构件之间及预制构件与现浇及现浇混凝土的接缝处，当受力钢筋采用安全可靠的连接方式，且接缝处新旧混凝土之间采取粗糙面、键槽等构造措施时，结构的整体性与现浇结构类同，设计中可采用与现浇结构相同的方法进行结构分析，并根据相关规程对计算结构进行相应的调整。

与叠合楼板相连接的梁，一般中梁刚度增大系数可取 1.8，边梁刚度增大系数可取 1.2。无后浇层的装配式楼盖无法与其余构件形成整体，故对梁刚度的增大作用较小，设计中可以忽略。

2. 作用与作用组合

装配整体式剪力墙结构使用阶段的作用和作用组合计算，与现浇剪力墙结构一样，没有什么特殊的规定。对其进行承载能力极限状态和正常使用极限状态验算时，荷载和地震作用的取值及其组合均应按国家现行相关标准执行。

3. 整体分析

PC 建筑结构设计的基本原理是等同原理，也就是说，通过采用可靠的连接技术和必要的结构与构造措施，使得装配整体式混凝土结构与现浇混凝土结构的效能基本等同。

实现等同效能，结构构件的连接方式是最重要、最基本的，但并不是仅仅连接方式的可靠就足够的，必须对相关结构和构造作一些加强或调整，应用条件也会比现浇混凝土结构限制更严格。等同原理不是一个严谨的科学原理，并没有具体的条条框框，它是一个技术目标，通过对相关结构和构造做一些加强或调整，使装配整体式混凝土机构的各项结构指标与现浇结构基本相同。目前，柱、梁结构体系大体上实现了这个目标，而剪力墙结构体系还有距离，所以规定建筑的最大适用高度降低、边缘构件建议现浇。

在各种设计状况下，装配整体式剪力墙结构可采取与现浇混凝土结构相同的方法进行结构分析。当同一层内既有预制又有现浇抗侧力构件时，地震设计状况下宜对现浇抗侧力构件在地震作用下的弯矩和剪力进行适当放大。

装配整体式结构承载能力极限状态及正常使用极限状态的作用效应分析才采用弹性方法。按弹性方法计算的风荷载或多遇地震标准值作用下的楼层间最大位移 Δu 与层高 h 之比的限值宜按表 4.7-2 采用。

楼层层间最大位移与层高之比的限值　　　　　　　　　　　　　　表 4.7-2

结构类型	$\Delta u/h$ 限值
装配整体式框架-现浇剪力墙结构	1/800
装配整体式剪力墙结构、装配整体式部分框支剪力墙结构	1/1000
多层装配式剪力墙结构	1/1200

4.7.3　构造措施

1. 《装配式混凝土结构技术规程》JGJ 1 规定

(1) 预制剪力墙宜采用一字形，也可采用 L 形、T 形和 U 形；开洞预制剪力墙洞口宜居中布置，洞口两侧的墙肢宽度不应小于 200mm，洞口上方连梁的高度不宜小于 250mm。

(2) 预制剪力墙的连梁不宜开洞；当需开洞时，洞口宜预埋套管，洞口上、下截面的有效高度不宜小于梁高的 1/3，且不宜小于 200mm；被洞口削弱的连梁截面应进行承载力验算，洞口处应配置补强纵向钢筋和箍筋，补强纵向钢筋的直径不应小于 12mm。

(3) 预制剪力墙开有边长小于 800mm 的洞口且在结构整体计算中不考虑其影响时，应沿洞口周边配置补强钢筋；补强钢筋的直径不应小于 12mm，截面面积不应小于同方向被洞口截断的钢筋面积；该钢筋自孔边角算起伸入墙内的长度，非抗震设计时不应小于 l_a，抗震设计时不应小于 l_{aE}（图 4.7-1）。

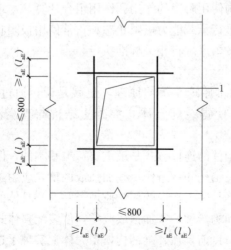

图 4.7-1　预制剪力墙洞口补强钢筋配置示意

1—洞口补强钢筋

(4) 当采用套筒灌浆连接时，自套筒底部至套筒顶部并向上延伸 300mm 范围内，预制剪力墙的水平分布筋应加密，如图 4.7-2 所示，加密区水平分布筋的最大间距及最小直径应符合规范的规定，套筒上端第一道水平分布钢筋距离套筒顶部不应大于 50mm。

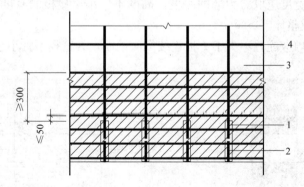

图 4.7-2　钢筋套筒灌浆连接部位水平分布钢筋的加密构造示意

1—灌浆套筒；2—水平分布钢筋加密区域（阴影区域）；3—竖向钢筋；4—水平分布钢筋

（5）端部无边缘构件的预制剪力墙，宜在端部配置 2 根直径不小于 12mm 的竖向构造钢筋；沿该钢筋竖向应配置拉筋，拉筋直径不宜小于 6mm、间距不宜大于 250mm。

（6）当预制外墙采用夹心墙板时，应满足下列要求：

1）外叶墙板厚度不应小于 50mm，且外叶墙板应与内叶墙板可靠连接。

2）夹心外墙板的夹层厚度不宜大于 120mm。

3）当作为承重墙时，内叶墙板应按剪力墙进行设计。

2. 《装配式混凝土结构技术规程》JGJ 1 规定

（1）屋面以及立面收进的楼层，应在预制剪力墙顶部设置封闭的后浇钢筋混凝土圈梁，如图 4.7-3 所示，并符合下列规定：

1）圈梁截面宽度不应小于剪力墙的厚度，截面高度不宜小于楼板厚度及 250mm 的较大值，圈梁应与现浇或者叠合楼、屋盖浇筑成整体。

2）圈梁内配置的纵向钢筋不应小于 4Φ12，且按全面积计算的配筋率不应小于 0.5% 和水平分布钢筋配筋率的较大值，纵向钢筋间距不应大于 200mm，箍筋间距不应大于 200mm，且直径不应小于 8mm。

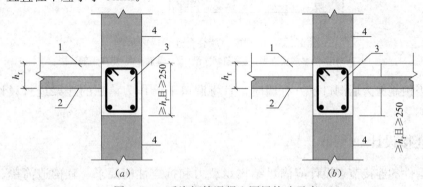

图 4.7-3　后浇钢筋混凝土圈梁构造示意

（a）端部节点；（b）中间节点

1—后浇混凝土叠合层；2—预制板；3—后浇圈梁；4—预制剪力墙

（2）各层楼面位置，预制剪力墙顶部无后浇圈梁时，应设置连续的水平后浇带，如图 4.7-4 所示，水平后浇带应符合下列规定：

1）水平后浇带宽度应取剪力墙的厚度，高度不应小于楼板的厚度，并应与现浇或者叠合楼、屋盖浇筑成整体。

2）水平后浇带内应配置不少于 2 根连续纵向钢筋，其直径不宜小于 12mm。

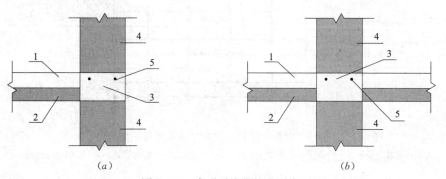

图 4.7-4　水平后浇带构造示意

（a）端部节点；（b）中间节点

1—后浇混凝土叠合层；2—预制板；3—水平后浇带；4—预制墙板；5—纵向钢筋

（3）预制剪力墙洞口上方的预制连梁宜与后浇圈梁或者后浇带形成叠合连梁，如图 4.7-5 所示，叠合连梁的配筋及构造要求应符合现行国家标准《混凝土结构设计规范》GB 50010 的有关规定。

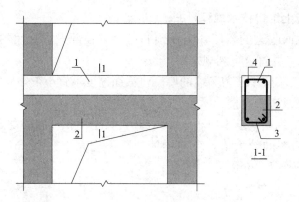

图 4.7-5　预制剪力墙叠合连梁构造示意

1—后浇圈梁或后浇带；2—预制连梁；3—箍筋；4—纵向钢筋

（4）当预制剪力墙洞口下方有墙时，宜将洞口下墙作为单独的连梁进行设计，如图 4.7-6 所示。

4.7.4　连接设计

预制构件的连接节点设计应满足结构承载力和抗震性能要求，宜构造简单，受力明确，方便施工。

1. 剪力墙水平连接

楼层内相邻预制剪力墙之间应采用整体式接缝连接，且应符合下列规定：

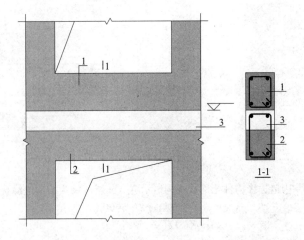

图 4.7-6　预制剪力墙洞口下墙与叠合连梁的关系示意

1—洞口下墙；2—预制连梁；3—后浇圈梁或水平后浇带

（1）当接缝位于纵横墙交接处的约束边缘构件区域时，约束边缘构件的阴影区域宜全部采用后浇混凝土，如图 4.7-7 所示，并应在后浇段内设置封闭箍筋。

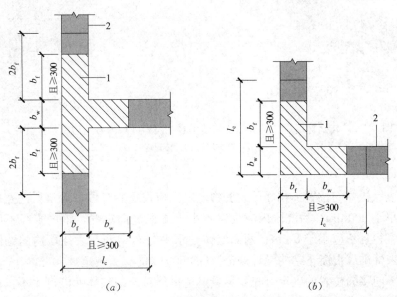

图 4.7-7　约束边缘构件阴影区域全部后浇构造示意

（a）有翼墙；（b）转角墙

1—后浇段；2—预制剪力墙

（2）当接缝位于纵横墙交接处的构造边缘构件区域时，构造边缘构件的阴影区域宜全部采用后浇混凝土，如图 4.7-8 所示。当仅在一面墙上设置后浇段时，后浇段长度不宜小于 300mm，如图 4.7-9 所示。

（3）边缘构件内的配筋及构造要求应符合现行国家标准《建筑抗震设计规范》GB 50011 的有关规定。预制剪力墙的水平分布钢筋在后浇段内的锚固、连接应符合现行国家标准《混凝土结构设计规范》GB 50010 的有关规定。

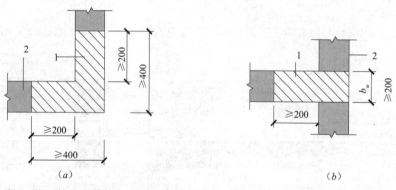

图 4.7-8　构造边缘构件全部后浇构造示意（阴影区域为构造边缘构件范围）

(a) 有翼墙；(b) 转角墙

1—后浇段；2—预制剪力墙

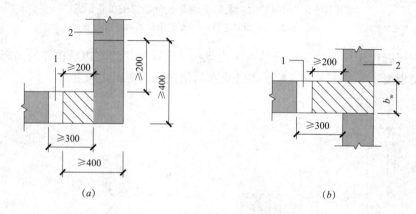

图 4.7-9　构造边缘构件部分后浇构造示意（阴影区域为构造边缘构件范围）

(a) 有翼墙；(b) 转角墙

1—后浇段；2—预制剪力墙

（4）非边缘构件的位置，相邻预制剪力墙之间应设置后浇段，后浇段的宽度不应小于墙厚且不宜小于 200mm，后浇段内应设置不小于 4 根竖向钢筋，钢筋直径不应小于墙体竖向分布筋直径且不应小于 8mm，两侧墙体的水平分布钢筋在后浇段内的锚固、连接应符合现行国家标准《混凝土结构设计规范》GB 50010 的有关规定。

剪力墙竖向接缝位置的确定首先要尽量避免拼缝对结构整体性能产生不良影响，还要考虑建筑功能和艺术效果，便于标准化生产、吊装、运输和安装就位。当主要采用一字形墙板构件时，拼缝通常位于纵横墙片交接处的边缘构件位置。边缘构件是保证剪力墙抗震性能的重要构件，《装配式混凝土结构技术规程》JGJ 1 主张宜全部或者大部分采用现浇混凝土。若构造边缘构件的一部分现浇，一部分采用预制，则应采取可靠的连接措施，保证现浇与预制部分共同组成叠合式边缘构件。对于约束边缘构件，阴影区域宜采用现浇，则竖向钢筋可均配置在现浇拼缝内，且在现浇拼缝内配置封闭箍筋及拉筋，预制墙板中的水平分布筋在现浇拼缝内锚固。如果阴影区域部分预制，则竖向钢筋可部分配置在现浇拼缝内，部分配置在预制段内；预制段内的水平钢筋和现浇拼缝内的水平钢筋需通过搭接、焊接等措施形成封闭的环箍，并满足国家现行相关规范的配箍率的要求。

墙肢端部的构造边缘构件通常全部预制。当采用 L 形、T 形或者 U 形墙板时，拐角处的构造边缘构件可全部位于预制剪力墙段内，竖向受力钢筋可采用搭接连接或者焊接连接。

2. 剪力墙竖向连接

《装配式混凝土结构技术规程》JGJ 1—2014 中第 8.3.4 条规定：预制剪力墙底部接缝宜设置在楼面标高处，并应符合下列规定：

（1）接缝高度宜为 20mm。

（2）接缝宜采用灌浆料填实。

（3）接缝处后浇混凝土上表面应设置粗糙面。

预制剪力墙竖向钢筋一般采用套筒灌浆或者浆锚搭接连接，在灌浆时宜采用灌浆料将墙底水平接缝同时灌满。灌浆料强度较高且流动性好，有利于保证接缝承载力。灌浆时，预制剪力墙构件表面与楼面之间的缝隙周围可采用封边砂浆进行封堵和分仓，以保证水平接缝中灌浆料填充饱满。套筒灌浆连接方式在日本、美国、欧洲各国家已经有长期、大量的实践经验，国内也已有充分试验研究和相关的规程，可以用于剪力墙竖向钢筋的连接。

《装配式混凝土结构技术规程》JGJ 1—2014 中第 8.3.5 条规定：上下层预制剪力墙的竖向钢筋，当采用套筒灌浆连接和浆锚搭接时，应符合下列规定：

（1）边缘构件竖向钢筋应逐根连接。由于边缘构件是保证剪力墙抗震性能的重要构件，而且钢筋较粗，故要求每根钢筋应逐一连接。

（2）预制剪力墙的竖向分布钢筋，当仅部分连接时，如图 4.7-10 所示，被连接的同侧钢筋间距不应大于 600mm，且在剪力墙构件承载力设计和分布钢筋配筋率计算中不得计入不连接的分布钢筋，不连接的竖向分布钢筋直径不应小于 6mm。

（3）一级抗震等级剪力墙以及二、三级抗震等级底部加强部位，剪力墙的边缘构件竖向钢筋宜采用套筒灌浆连接。

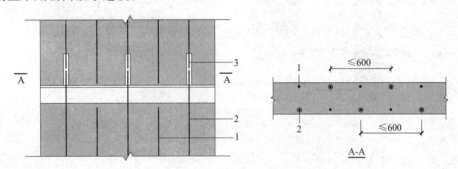

图 4.7-10　预制剪力墙竖向分布钢筋连接构造示意
1—不连接的竖向分布钢筋；2—连接的竖向分布钢筋；3—连接接头

边缘构件时保证剪力墙抗震性能的重要构件，且钢筋较粗，每根钢筋应逐根连接。剪力墙的分布钢筋直径小且数量多，全部连接会导致施工烦琐且造价较高，连接接头数量太多对剪力墙的抗震性能也有不利影响。根据相关单位的研究成果，可在预制剪力墙中设置部分较粗的分布钢筋并在接缝处仅连接这部分钢筋，被连接钢筋的数量应满足剪力墙的配筋率和受力要求。

预制剪力墙相邻下层为现浇剪力墙时，预制剪力墙与下层现浇剪力墙中竖向钢筋的连接应符合前述规定，下层现浇剪力墙顶面应设置粗糙面。

3. 连梁连接

连梁和框架梁的区别如下：

（1）《高层建筑混凝土结构技术规程》JGJ 3—2010 中第 7.1.3 条规定：两端与剪力墙在平面内相连的梁为连梁。跨高比小于 5 的连梁按该规程第 7 章中连梁设计，大于 5 的连梁按框架梁设计。

（2）如果连梁以水平荷载作用下产生的弯矩和剪力为主，竖向荷载下的弯矩对连梁影响不大（两端弯矩反号），那么该连梁对剪切变形十分敏感，容易出现剪切裂缝，则应按连梁进行相关的设计，一般跨高比较小的梁为连梁。反之，则宜按框架梁进行设计，其抗震等级与所连接的剪力墙的抗震等级相同。

（3）框架梁与连梁的本质区别在于二者的受力机理不同，框架梁以受弯为主，强调跨中底部钢筋和支座负筋，连梁以剪切为主，强调箍筋全长加密和纵向钢筋通长。

当预制叠合连梁在跨中拼接时，可按框架结构叠合梁的对接连接进行拼缝的构造设计。

4. 预制叠合连梁与预制剪力墙拼接

《装配式混凝土结构技术规程》JGJ 1—2014 中第 8.3.12 条规定：当预制叠合连梁端部与预制剪力墙在平面内拼接时，接缝构造应符合下列规定：

（1）当墙端边缘构件采用后浇混凝土时，连梁纵向钢筋应在后浇段中可靠锚固（图 4.7-11a）或连接（图 4.7-11b）。

（2）当预制剪力墙端部上角预留局部后浇节点区时，连梁的纵向钢筋应在局部后浇节点区内可靠锚固（图 4.7-11c）或连接（图 4.7-11d）。

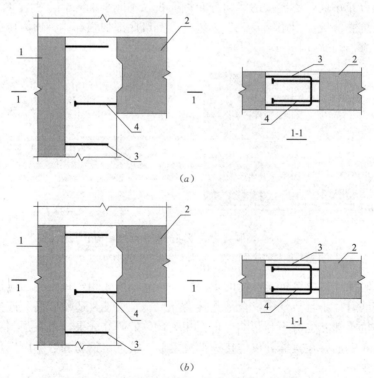

（a）

（b）

图 4.7-11　同一平面内预制连梁与预留剪力墙连接构造示意（一）

（a）预制连梁钢筋在后浇段内锚固构造示意；（b）预制连梁钢筋在后浇段内与预制剪力墙预留钢筋连接构造示意

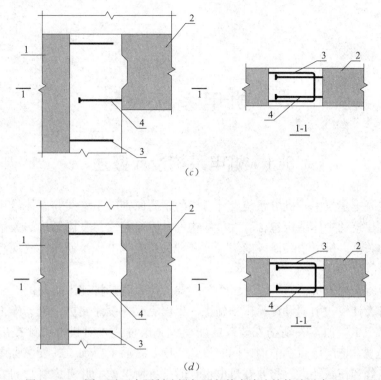

图 4.7-11　同一平面内预制连梁与预留剪力墙连接构造示意（二）

（c）预制连梁钢筋在预制剪力墙局部后浇节点区内锚固构造示意；

（d）预制连梁钢筋在预制剪力墙局部后浇节点区内与墙板预留钢筋连接构造示意

1—预制剪力墙；2—预制连梁；3—边缘构件箍筋；4—连梁下部纵向钢筋锚固或连接

5. 后浇连梁与预制剪力墙连接

《装配式混凝土结构技术规程》JGJ 1—2014 中第 8.3.13 条规定：当采用后浇连梁时，宜在预制剪力墙端伸出预留纵向钢筋，并与后浇连梁的纵向钢筋可靠连接（图 4.7-12）。

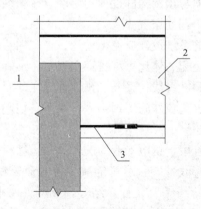

图 4.7-12　后浇连梁与预制剪力墙连接构造示意

1—预制墙板；2—后浇连梁；3—预制剪力墙伸出纵向受力钢筋

采用后浇连梁时，纵筋可在连梁范围内与预制剪力墙预留的钢筋连接，可采用搭接、机械连接、焊接等方式。

5 机电系统设计

5.1 机电系统设计概述

装配式混凝土建筑中，机电系统设计考虑的主要原则就是管线与主体结构的关系，而装配式混凝土建筑的主体结构包含有大量的构件，因而管线与主体结构的关系主要体现为管线与构件的关系，机电系统设计围绕着这两种关系表现出一系列与传统现浇建筑不同的设计特点。

装配式混凝土建筑机电系统设计一个最主要的特点就是将施工阶段的工作提前到设计阶段解决，将设计模式由"设计→现场施工→提出更改→设计变更→现场施工"这种模式转变为"设计→工厂加工→现场安装"的新模式。这种模式对机电设计提出了更高的要求，要有全局观，把问题想在前面，同时设计精度要按照工厂加工的要求考虑。装配式混凝土建筑的装修和模数特点，需要在机电设计时就有所考虑，并考虑管材的如何隐蔽甚至于管材本身作为室内装饰材料的可行性，以及机电系统的使用年限和管材寿命等。随着绿色建造方式的倡导以及节材节能方面的环保要求，主体结构基本都是百年大计，相对于主体结构的长寿命，机电系统必须考虑管线的更换。

装配式混凝土建筑的机电系统设计应与建筑、结构、内装等专业进行一体化设计。由于装配式混凝土建筑的机电管线穿过预制构件不可避免，故在施工图设计阶段，机电专业应根据内装专业确定的室内布置进行终端点位布置设计。设计中应对预制构件中的机电设备及管道做精确定位，且必须与预制构件设计相协调，在满足安装要求的同时还要符合建筑、装修模数规则并避开结构钢筋布置。

装配式混凝土建筑的机电系统设计应遵循设计、生产和装配一体化的要求：

（1）坚持设计、生产和装配一体化思维贯穿全程。在预制构件加工制作阶段，应将各专业、各工种所需的预留孔洞、管线、设备、预埋件等在预制构件厂内按照构件深化图加工完成，并进行质量验收，以避免在施工现场进行剔凿、切割，破坏预制构件，影响质量及观感。

（2）构件深化图纸设计阶段，机电专业应配合预制构件深化设计人员编制预制构件的加工图纸。为了避免专业间管线冲突，尽可能减少各专业管线的交叉，采用包含BIM技术在内的多种技术手段开展管线综合设计，结合预制构件工业化生产及机械化安装的要求，对预制构件内的机电设备、管线和预留洞槽等作精确绘制。为保证预制构件的通用性，减少预制构件的种类，机电设计应尽量减少对预制构件的影响，涉及预制部分，管线的预留预埋尺寸规格应统一。

机电管线及设备布置原则：

（1）给水排水、燃气、供暖、通风和空气调节系统的管线及设备按现行规范不得直埋于预制构件及预制叠合楼板的现浇层。当条件受限管线必须暗埋或穿越时，横向布置的管道及设备应结合建筑垫层进行设计，也可在预制构件及墙板内预留孔、洞或套管。

（2）机电竖向管线宜集中敷设，满足维修更换的需要。当竖向管道穿越预制构件或设备暗敷于预制构件时，需在预制构件中预留沟、槽、孔洞或套管。管道竖向集中可采用预制组合管道技术，预制组合管道如图 5.1-1 所示。

图 5.1-1　预制组合管道

（3）隐蔽在装饰墙体内的管道，其安装应牢固可靠，管道安装部位的装饰结构应该采取方便更换、维修的措施。

（4）应考虑建筑机电管线与预制建筑体系的关系，宜减少设备机房、管井等管线较多场所的内墙和楼板采用预制构件。

（5）机电管线支吊架设计安装应满足《建筑机电工程抗震设计规范》GB50981 中的抗震要求。

目前现行装配式混凝土建筑机电安装体系：

（1）明装体系：机电管线及设备均在墙体、顶板、梁、柱上明露安装的做法。

（2）暗装体系：在预制或现浇结构墙体、楼板、梁、柱内，建筑垫层内安装机电管线及设备的做法；在顶棚、架空地板、架空层、轻质隔墙、内衬墙、踢脚、部品中安装机电管线及设备的做法。

下面对这几种体系简要作汇总对比，详见表 5.1-1。

装配式混凝土建筑机电安装体系对比表　　　　　　　　　　表 5.1-1

体系分类	专业	体系特点	推荐指数	适用建筑类型
明装体系	给水排水暖通电气	机电管线及设备均在墙体、顶板、梁、柱上明露安装。管线安装、维护方便，造价低，不影响主体结构，但影响美观	★★★★★	办公、商业、学校、停车楼、体育场馆等公共建筑，厂房，宿舍，保障性住房等对装修要求不高的建筑

续表

体系分类		专业	体系特点	推荐指数	适用建筑类型
暗装体系	在主体结构和建筑垫层内安装机电管线及设备	给水排水暖通	卫生间同层排水管线敷设于结构降板回填层内；水平给水管线敷设于建筑垫层内，有竖向给水管线的预制墙板在其结构保护层内压槽。供暖管线敷设于建筑垫层内。在预制或现浇墙体、楼板、梁内预留管线穿墙、楼板、梁套管或孔洞	★★★★	住宅建筑，宿舍、公寓等非住宅类居住建筑
		电气	水平管线：电气线盒预埋于叠合板底板，管线敷设于后浇混凝土叠合层；竖向管线：电气管线及线盒预埋于预制墙板、梁、柱或敷设于现浇结构内		
			此种做法由于管线与主体结构的寿命不同，给建筑全寿命期的使用和维护带来了很大的困难，造价适中，美观		
	通过与内装协同设计安装机电管线及设备	给水排水暖通电气	机电管线及设备布置在顶棚、架空地板、架空层、轻质隔墙、内衬墙、踢脚、部品内，使结构与管线实现分离。这样主体结构更耐久，机电管线维护更新更方便，套内空间更灵活可变，具有较高的适应性，美观，但占用室内空间，且造价高	★★★★	住宅建筑，宿舍、公寓等非住宅类居住建筑，对装修要求高的公共建筑

5.2 给水排水设计

针对装配式混凝土建筑给水排水设计的特点，给水排水设计目前有两种思路：其一是线槽、洞口、套管等精确预留预埋于装配式混凝土建筑主体结构中；其二则是管线与主体结构完全分离的思想。

5.2.1 给水排水管线预留预埋设计

1. 设计原则

过多地在构件上进行管线、洞口预留，增加了构件生产的复杂性，也不利于实现构件的通用化设计；所以给水排水系统设计时就应考虑将管线布置尽可能的设置于现浇区域，如阀门、给水、中水立管、计量设备、消火栓等公用系统均应尽可能设置于公共区域。

当给水排水设施管线必须布置于预制部分时，就要考虑预留洞口、线槽的尺寸设置，首先应满足管线布置、洁具定位等安装使用的尺寸要求，在此基础上应考虑未来建筑及精装的模数要求，如地砖的模数布置考虑，同时协调结构钢筋布置躲避配筋，对洁具、地漏等的定位进行深化设计，满足建筑立面、内墙装饰面及地面铺装的要求，预留孔洞模数协调如图 5.2-1 所示。线槽宜布置为竖向槽，槽深应综合考虑结构保护层及精装修内饰面做法厚度后确定，应能将管线完全隐蔽。线槽应设置为上下通槽，满足管线高度的灵活调整。线槽宽度及洞口尺寸均应安装要求适当放大一定余量（10～20mm），便于安装时进行调整对齐。

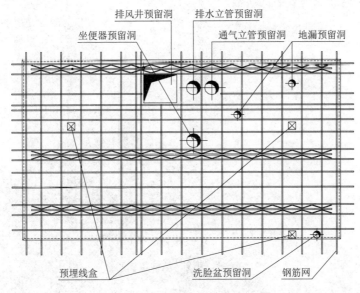

图 5.2-1 预留孔洞模数协调

给水排水管线的布置设计应与建筑、精装修专业进行密切配合，给水排水管线的路由、特别是水平路由在设计时应随时与建筑、精装修专业进行协调，确定明装和暗敷区域，如为明装应采用美观、不易老化的管材并应进行防结露保温处理。如进行暗敷，则应选择对建筑美观及装修影响小的位置进行布置，并应要求建筑、精装修专业预留管槽并做必要的隐蔽设计，水平入户管线尽量布置于顶棚区、踢脚、地面垫层。图 5.2-2 是预制构件给排水预留孔洞、管槽。

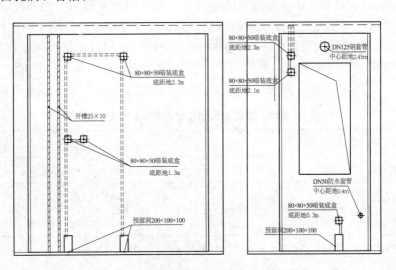

图 5.2-2 预制构件给排水预留孔洞、管槽

由于建筑结构主体与给水排水设备管线的使用寿命不同，在结构主体仍满足使用要求的寿命周期内，给水排水的设备管线已经面临寿命到期需要进行更换的状况，因此在进行给水排水系统设计时应尽量考虑管线与结构主体的脱离（图 5.2-3），以利于未来的更换安装。如管线无法完全脱离、设置于垫层内的给水管线等，这种状况下应选择寿命期较长的管材，进而减少管线更换安装的次数。

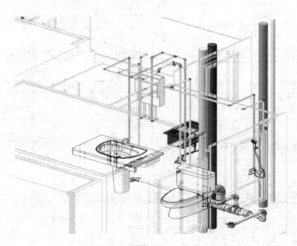

图 5.2-3　管线与结构主体脱离

给水排水系统管线主要集中于卫生间、厨房和管井等处，而此类房间均具有通用性的特点，因而通过对此类房间进行标准化设计，即是给水排水系统的标准化设计，通过标准化模块的设计实现管线及洁具布置的标准化，通过不同类型模块的组合保证建筑设计风格的多样化。

2. 预留洞和预埋套管

给水管道预留洞和预埋套管做法应根据室内或工艺要求及管道材质的不同确定。给水管道穿越承重墙或基础时应预留洞口，管顶上部净空高度不得小于建筑物的沉降量，一般不小于 0.1m；穿越楼板、屋面时应预留套管，一般孔洞或套管大于管外径 50～100mm；穿越地下室外墙处应预埋刚性或柔性防水套管；垂直穿越梁、板、墙（内墙）、柱时应加套管，一般孔洞或套管大于管外径 50～100mm。消防管道预留孔洞和预埋套管做法同上，热水管道除应满足上述要求外，其预留孔洞和预埋套管应考虑保温层厚度。若管材采用 PE-X 管时，还应考虑其管套厚度。表 5.2-1 是给水、消防管预留普通钢套管尺寸表。

给水、消防管预留普通钢套管尺寸表　　　　　　　　　表 5.2-1

管道公称直径 DN（mm）	15	20	25	32	40	50	备注
钢套管公称直径 DN（mm）	32	40	50	50	80	80	
管道公称直径 DN（mm）	65	80	100	125	150	200	适用于无保温
钢套管公称直径 DN（mm）	100	125	150	150	200	250	

注：保温管道的预留套管尺寸，应根据管道保温后的外径尺寸确定预留套管尺寸。

排水管道系统设计应尽量采用同层排水，以减少预制构件上的管道预留、预埋。排水管道预留洞和预埋套管的做法应遵循以下原则：排水管道穿越承重墙或基础时，应预留洞口，管顶上部净空高度不得小于建筑物的沉降量，一般不小于 0.15m；穿越地下室外墙处应预埋刚性或柔性防水套管；穿越楼板或墙时须预留孔洞，孔洞直径一般比管道外径大50mm。表 5.2-2 是排水器具及附件预留孔洞尺寸表，表 5.2-3 是排水管穿越楼板预留洞尺寸表。

排水器具及附件预留孔洞尺寸表　　　　　　　　　　表 5.2-2

排水器具及附件种类	大便器	浴缸、洗脸盆、洗涤盆、小便斗		地漏、清扫口			
所接排水管管径（mm）	$DN100$	$DN50$		$DN50$	$DN75$	$DN100$	$DN150$
预留圆洞（mm）	200	100		200	200	250	300

排水管穿越楼板预留洞尺寸表　　　　　　　　　　表 5.2-3

管道公称直径 DN（mm）	50	75	100	150	200	备注
圆洞（mm）	120	150	180	250	300	
普通塑料套管 dn（mm）	110	125	160	200	250	带止水环或橡胶密封圈

3. 预埋管道附件

当给水排水系统中的一些附件预留洞不易安装时，可采用直接预埋的办法。由于常需预埋的给排水构件常设于屋面、空调板、阳台板上，包括地漏、排水栓、雨水斗、局部预埋管道等。预埋有管道附件的预制构件在工厂加工时，应做好保洁工作，避免附件被混凝土等材料堵塞。

4. 管道支吊架

管道支吊架应根据管道材质的不同确定，优先选用生产厂家配套供应的成品管卡，管道支吊架的设置应符合以下原则：管道的起端和终端需设置固定支架；横管任何两个接头之间应有支撑；不得支撑在接头上；在给水栓和配水点处必须用金属管卡或吊架固定，管卡或吊架宜设置在距配件 40～80mm 处；冷、热水管共用支吊架时应按照热水管要求确定；立管底部弯管处应设承重支吊架；立管和支管支架应靠近接口处；横管转弯时应增设支架；卫生器具排水管穿越楼板时，穿楼板处可视作一个支架；热水管道固定支架的间距应满足管道伸缩补偿的要求。

5. 定位

由于预制混凝土构件是在工厂生产后，运至施工现场组装的，和主体结构间靠金属件和现浇处理连接，因此所有预埋件的定位除了要满足距墙面的要求和穿楼板穿梁的结构要求外，还要给金属件和现浇混凝土留有安装空间，一般取距构件边内侧大于40mm。

5.2.2 管线与主体结构分离技术

1. 设计原则

从管线的使用寿命和主体结构的差异、管线的检修更换、减少构件上的预留预埋三个方面考虑出发，将管线与主体结构尽可能的分离。结合给水排水系统的特点，采用竖向集中、水平分离的原则进行设计，衍生出同层排水、整体厨卫、管线明敷以及与内装相结合的暗敷体系等设计做法。

2. 同层排水

采用同层排水，即器具排水管及排水支管不穿越本层结构楼板到下层空间，与卫生器具同层敷设并接入排水立管的排水系统。器具排水管和排水支管沿墙体敷设或敷设在本层结构楼板与最终装饰地面之间，此种排水管设置方式有效地避免了上层卫生间管道故障检修、卫生间地面地漏及排水器具楼面排水接管处渗漏对下层住户的影响。同层排水的卫生间建筑完成面及预制楼板面应做好严格的防水处理，避免回填（架空）层积蓄污水或污水渗漏至下层住户室内。

同层排水形式分为两种形式，一种形式是排水支管暗敷在隔墙内，另一种形式是排水支管敷设在本层结构楼板与最终装饰地面之间。给水排水专业应向土建专业提供相应区域地坪荷载及降板或抬高建筑面层的高度要求，确保满足卫生间设备及回填（架空）层等的荷载要求，降板或抬高建筑面层的高度应确保排水管管径、坡度满足相关规范要求。当同层排水采用排水横支管降板回填或抬高建筑面层的敷设方式，排水管路采用普通排水管材及管配件时，卫生间区域降板或抬高建筑面层高度不宜小于 300mm，并应满足排水管设置的最小坡度要求；排水管路采用特殊排水管配件且部分排水支管暗敷于隔墙内时，卫生间区域降板或抬高建筑面层的高度不宜小于 150mm，并满足排水管道及管配件安装要求。图 5.2-4 是同层排水系统。

为减少降板或抬高建筑面层的高度，应尽可能从卫生间洁具布置上考虑：

①客卫同层排水展示台；
②客卫同层排水改造卫生间；
③客卫同层排水管件图。

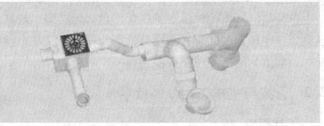

图 5.2-4　同层排水系统

（1）坐便器宜靠近排水立管，减少排水横管坡度，并尽可能采用排水管暗敷于隔墙内的形式。

（2）洗脸盆排水支管可在地面上沿装饰墙暗敷。

（3）在洗衣机处的地面上一定高度做专用排水口，并采用洗衣机专用托盘架高洗衣机，同时推广采用强排式洗衣机，解决洗衣机设地漏排水的问题。

（4）淋浴也可采用同样的方法解决必须设地漏排水的问题。随着产业化的要求和建筑技术的提高，应该从建筑设计上引导大众的使用习惯，改变生活方式。

3. 整体厨卫

所谓整体厨卫空间（图 5.2-5），是指提供从顶棚、厨卫家具（整体橱柜、浴室柜）、智能家电（浴室取暖器、换气扇、照明系统、集成灶具）等成套厨卫家居解决方案的产品。其特点在于产品集成、功能集成、风格集成。此类产品之于装配式混凝土建筑，在管线处理方面提供了较好的解决手段。

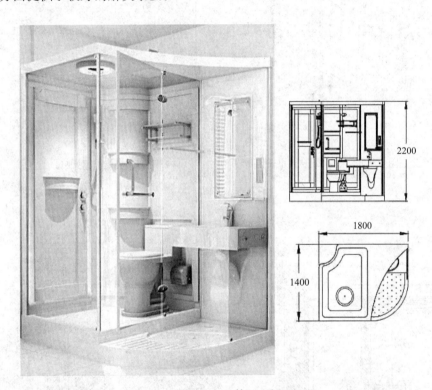

图 5.2-5　整体卫生间

整体厨卫首先应进行管道井设计（图 5.2-6、图 5.2-7），将风道、排污立管、通气管等集中设置，实现管线竖向的集中。然后预留给水排水管的总接口，整体卫浴排水总接口宜为 $DN100$，整体厨房排水管总接口宜为 $DN75$。只要设置好总接口后，整体厨卫的水平管线便可在结构体与厨卫预制材质之间的空间灵活敷设。

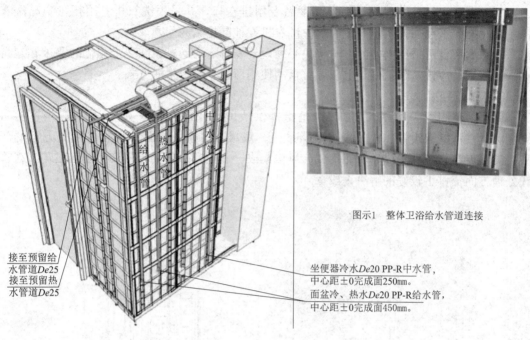

图示1　整体卫浴给水管道连接

接至预留给
水管道De25
接至预留热
水管道De25

坐便器冷水De20 PP-R中水管，
中心距±0完成面250mm。
面盆冷、热水De20 PP-R给水管，
中心距±0完成面450mm。

图 5.2-6　整体厨卫给水管道布置（大连万科城二期工业化住宅项目）

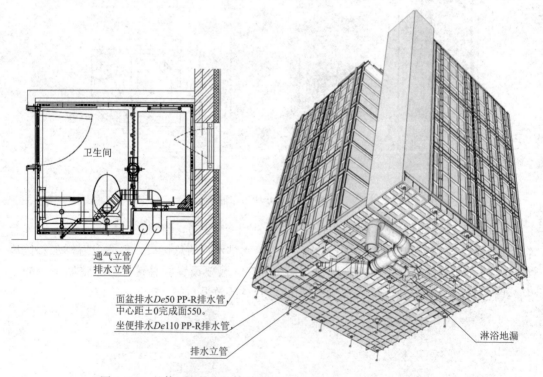

卫生间

通气立管
排水立管

面盆排水De50 PP-R排水管，
中心距±0完成面550。
坐便排水De110 PP-R排水管，

排水立管

淋浴地漏

图 5.2-7　整体厨卫排水管道布置（大连万科城二期工业化住宅项目）

4. 与内装相结合的暗敷体系

为方便给水排水管线安装、维修，减少在主体结构上预留预埋工作，给水排水设计与内装密切配合，协同设计，使给水排水管线布置在顶棚、架空地板、架空层、轻质隔墙、内衬墙、踢脚、部品内，实现结构与管线分离。图 5.2-8 为户内给水管线局部吊顶内敷设示意，给水管线敷设于客厅顶板线角、卫生间顶棚、厨房吊顶内，竖向管线敷设于建筑或结构墙体预留好的沟槽内。

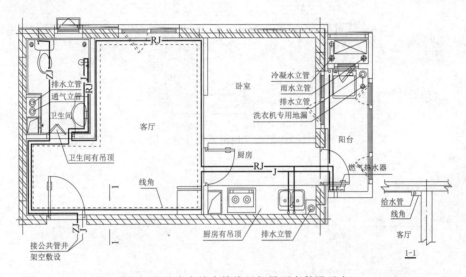

图 5.2-8　户内给水管线局部吊顶内敷设示意

5.3　供暖、通风、空调及燃气设计

装配式混凝土建筑应采用节能技术，使室内既能维持良好的热舒适性又能降低建筑能耗，减少对环境的污染，并应充分考虑自然通风效果。供暖、通风和空调等设备均应选用能效比高的节能型产品，以降低能耗。

装配式混凝土建筑的供暖、通风、空气调节及防排烟系统的设备宜结合建筑方案整体设计，并预留相关洞口位置，同时应与预制混凝土相关部件有可靠连接，并直接连接在结构受力构件上。供暖、通风、空气及燃气设计时应遵循以下原则：

（1）装配式混凝土建筑宜采用干法施工的低温地板辐射供暖系统。

1）装配式混凝土建筑在预制墙体上设置散热器供暖时，需与土建密切配合，在预制墙体上准确预埋安装散热器使用的支架、挂件或可连接支架、挂件的预埋件，并且散热器的安装应在墙体的内表面装饰完毕后才能进行，施工难度相对较大、工期长；而采用地面辐射供暖，其安装施工在土建施工完毕后即可进行，不受装饰装修的制约，也减少预埋工作量。此外，地面辐射供暖系统的舒适度好于散热器采暖。基于此考虑，建议优先采用地面辐射供暖系统。

2）做装配式混凝土建筑的目的就是要节材、提高效率、降低现场扬尘、保持现场干净。因此需要尽量减少湿作业，宜采用干式施工。预制沟槽保温板地面辐射供暖系统（图 5.3-1）、预制轻薄供暖板地面辐射供暖系统（图 5.3-2）为干式施工。

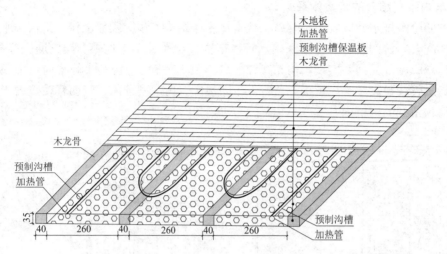

图 5.3-1 预制沟槽保温板（地板木龙骨型）供暖地面构造图

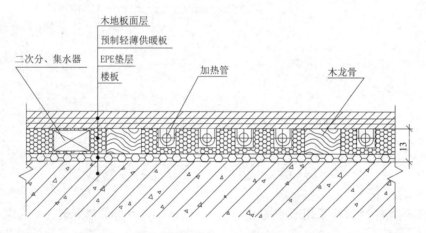

图 5.3-2 预制轻薄供暖板（地板木面层）地面构造图

（2）装配式混凝土建筑当采用整体卫浴或采用同层排水架空地板时，宜采用散热器供暖（图5.3-3）。整体卫浴和同层排水的架空地板下面有很多给水和排水管线，如此时采用地板辐射供暖方式，不但会增加结构降板高度，而且地暖管线不好安装，还会对后期维修给排水管线带来麻烦。

（3）厨房排油烟机和卫生间排气扇的排气管道可通过竖向排气道或分层水平直排至室外。当通过竖向排气道排向室外，为了防止楼层之间的串味，应采取防止支管回流和竖井泄露的措施。当通过分层水平直排至室外时，可节省排气道成本和增大室内空间，但应在室外排气口设置避风、防雨和防止污染墙面的构件，且厨房应选用具备油-气分离功能的高效吸油烟机，以防止对外立面和空气的污染。图5.3-4、图5.3-5为厨房排油烟分层水平直排油-气分离系统示例。

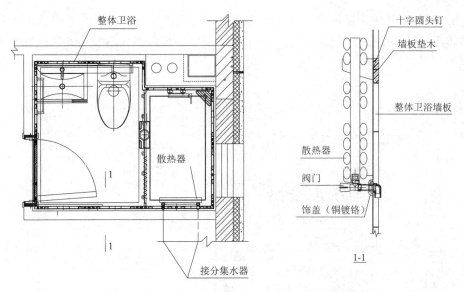

图 5.3-3　整体卫浴采用散热器供暖示意（大连万科城二期工业化住宅项目）

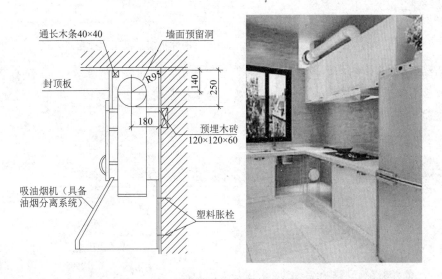

图 5.3-4　厨房排油烟分层水平直排示意

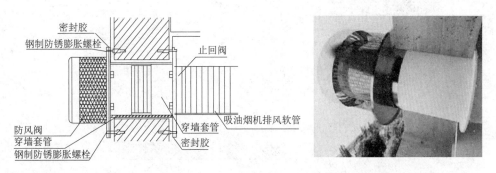

图 5.3-5　厨房排油烟水平直排防风止回阀（具有集油装置）示意

（4）燃气壁挂炉、燃气热水器应设在有自然通风条件的部位，其燃烧所产生的烟气应直接排至室外，并在外墙相应位置预留孔洞。图5.3-6为燃气热水器安装位置及预制外墙预留排气筒洞口示例。

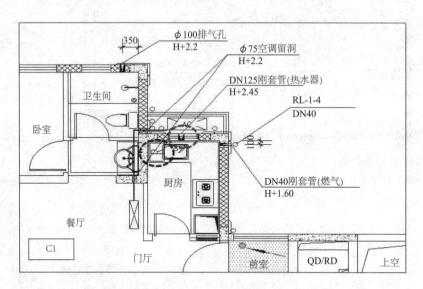

图5.3-6　燃气热水器留洞示意图（深圳裕璟幸福家园项目）

（5）装配式混凝土居住建筑公共部分供暖管线可采用建筑垫层暗敷，也可采用架空敷设。图5.3-7所示为地板采暖干管垫层暗敷，给水排水管线架空敷设，电气管线地面和楼板现浇层暗敷。

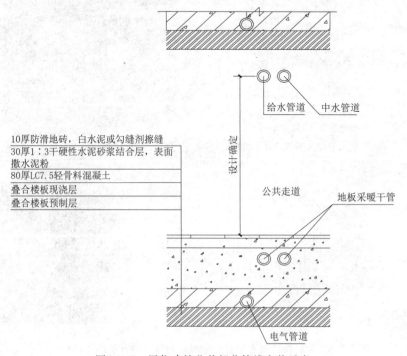

图5.3-7　居住建筑公共部分管线安装示意

（6）位于寒冷（B区）、夏热冬冷和夏热冬暖地区的居住建筑，主要房间应预留安装空调设施的位置和条件。

1）装配式混凝土居住建筑设置分体式空调或户式中央空调时，其室外机的安装应考虑与建筑一体化，室外机可安装在预制空调板、设备阳台上，并根据室外机尺寸确定空调板、设备阳台尺寸；室外机也可采用空调钢制支架方式安装（应在预制外墙上预留安装支架的孔洞）。

2）分体空调在外墙上预留室外机冷媒管穿墙孔洞，其高度、位置应根据空调室内机（立式或壁挂式）的形式确定。

3）户式中央空调系统的新排风管、冷凝水管、冷媒管道应在预制梁、墙板、楼板上预留洞和套管。

4）设有空调系统的装配式混凝土建筑的空调房间，宜分户（或分室）、分空调区（或房间）分别设置带热回收功能的双向换气装置。图5.3-8、图5.3-9为两种设置带热回收功能的双向换气装置的示例。

（7）成排管道或设备应在预制构件上预埋用于支吊架安装的埋件。

（8）建筑中供暖、通风、空调及燃气管道的预留套管、孔洞应满足以下规定：

1）预制构件上预留的孔洞、套管、坑槽应选择在对构建受力影响最小的部位，并应考虑模数，避开钢筋。

2）穿越预制墙体的管道应预留套管，穿越预制楼板的管道应预留洞，穿越预制梁的管道应预留钢套管。套管的规格应比管道大1~2号，如为保温管道，则预埋套管尺寸应考虑管道保温层厚度。

3）立管穿各层楼板的上下对应留洞位置应管中心定位，并满足公差不大于3mm。

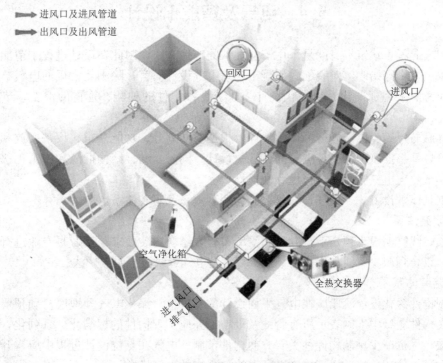

图5.3-8　吊顶式热交换新风系统示意

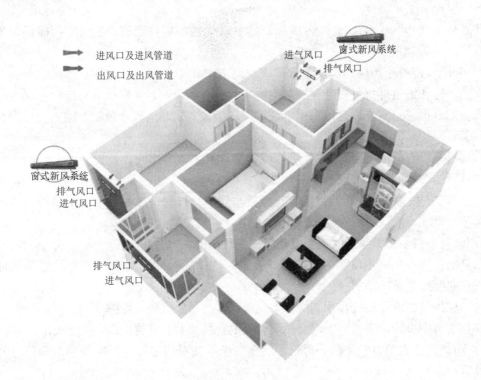

图 5.3-9　窗式热交换新风系统示意

4）预留套管应按设计图纸中管道的定位、标高同时结合装饰、结构专业，绘制预留图，预留预埋应在预制构件厂内完成，并进行质量验收。

5.4　电气及智能化设计

装配式混凝土建筑本身就是采用节能环保的建造方式，因此在设计过程中节能环保应作为一条主线贯穿始终。对装配式混凝土建筑电气设计而言，除满足常规的电气节能设计外，尚应考虑采用标准化、模数化设计，以减少预制件的种类、管材的浪费，节省人工成本。

电气应与建筑、内装进行一体化设计，根据空间划分、功能需求、设备摆放和家具布置，进行灯具、插座、开关等点位的人性化设计。同时，结合结构拆分和施工工法科学布线，兼顾土建与电气施工的可行性和便捷性。

根据具体敷设方式，电气管线可以分为明装体系及暗装体系。

1. 明装体系

桥架、线管明敷于顶板下，并尽量沿墙布置，结合内装要求与水、暖专业进行管线综合设计，以合理减少管线占用高度。图 5.4-1 是电气管线板下明敷做法。

2. 暗装体系

预制构件深化设计阶段应在电气平面设计的基础上，深化电气预埋底盒和预留套管条件图，在构件图纸中准确表示所有管线及设备，并应实现构件的标准化、系列化，以减少错漏空缺、尽量减少预制构件种类、方便构件预制。电气在点位设计过程中应避开套筒和钢筋，在满足使用功能前提下应遵循适合构件生产的电气模数。

图 5.4-1 电气管线顶板下明敷做法

电气预留预埋应与结构拆分构件进行一体化设计，可以对预留预埋进行集中设置和技术集成。如开关、插座和弱电底盒集成在一个构件上，构件内部实现管路连通。由于外墙一般会采用预制墙体，电气点位设计应尽量避免设置于外墙上。

（1）电气管线敷设方式：水平管线，电气线盒预埋于叠合板底板，管线敷设于后浇混凝土叠合层；竖向管线，电气管线及线盒预埋于预制墙板、梁、柱或敷设于现浇结构墙体内。

（2）叠合楼板的电气接线盒预埋在结构预制构件内，应采用深型灯头盒，在工厂内完成安装。电气管线敷设在叠合楼板的现浇层，在施工现场敷设，并完成管线与接线盒的连接。

（3）叠合楼板的现浇层厚度一般只有 70mm 左右，综合电气管线的管径、埋深要求、板内钢筋等因素，不应出现超过两根管线的交叉。图 5.4-2～图 5.4-5 是电气管线和接线盒的不同做法。

（4）预制构件在现场组装时，电气底盒和线管连接处应预留接线操作空间或预埋套管，如图 5.4-6 所示。

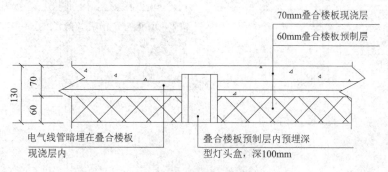

图 5.4-2 叠合楼板内预留接线盒节点做法

图 5.4-3　电气线盒预埋于叠合板底板做法

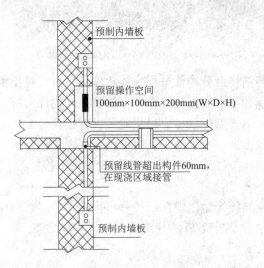

图 5.4-4　叠合楼板与预制墙板组合电气线管连接做法

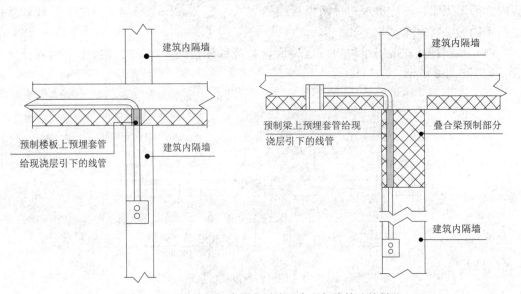

图 5.4-5　叠合楼板与建筑内隔墙组合电气线管连接做法

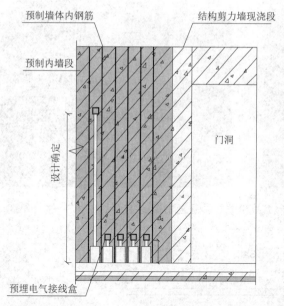

图 5.4-6　预制墙板电气点位及线管做法

3. 通过与内装协同设计安装电气管线及设备的暗装体系

（1）顶部

桥架、线管暗敷于局部顶棚区域内（图 5.4-7），结合内装要求与水、暖专业进行管线综合设计，合理减少顶棚高度，合理布置电气管线及电气点位。

图 5.4-7　电气管线暗敷于局部顶棚做法

顶棚空间用来安装敷设灯具、消防探头等电气的管线（图 5.4-8）。顶棚结合内装实现使用美观舒适，同时提高隔声效果。装配式与顶棚空间集成，便于修改使用功能及检修更换管线。

（2）底部

地板架空空间用来安装敷设开关、插座等电气的管线（图 5.4-9）。装配式与架空地板集成，提供管线空间，便于修改使用功能及检修更换管线。架空地板提高使用舒适度，同时提高隔声效果。

图 5.4-8　电气管线暗敷于顶棚空间做法

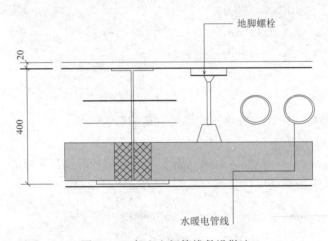

图 5.4-9　架空空间管线敷设做法

（3）墙板

轻钢龙骨墙板：利用轻钢龙骨结构形式，合理布置电气管线，安装敷设开关、插座等电气的管线，如图 5.4-10 所示。

图 5.4-10　轻钢龙骨隔断空间管线敷设做法

轻质条板：轻质条板需要敷设电气点位处，剔槽设置点位及电气管线，如图 5.4-11 所示。

图 5.4-11　轻质条板隔断空间管线敷设做法

4. 弱电技术的应用

随着云社区时代的到来，越来越多的家庭与公共网络建立了多点连接，包括用于传递语音和互联网信息的对绞电缆，用于电视图像传输的同轴射频电缆，用于可视对讲、家居紧急求助报警等安全防范的信号电缆等，并且家庭与外界的新连接处于逐年攀升的态势。与日俱增的家居智能化系统之间只有互联互通，才能最大化发挥作用，但不管是户内与户外的连接，还是户内系统之间的连接，现状是有线居多、无线偏少。

装配式混凝土建筑出于保温、防火、防腐等考虑，当电气管线敷设穿越建筑主体时，必须预留孔洞或保护管，具体套内电气管线敷设主要依托顶棚、内隔墙和地面架空夹层（北方地区安装模块化地暖后，地面无法利用，仅靠顶棚和内隔墙夹层）；当通过移动内隔墙调整户型时，户内所有的电气管线都要随之改动，工作量之大可想而知。

为适应装配式钢结构住宅的特殊需求，如果弱电系统使用无线技术，不仅减少了保护管、线槽预埋预留的施工量，而且如在住宅使用过程中遇户型改造，能免去弱电线路二次改造增加施工量的问题。

无线网络利用电磁波发送和接收数据，不需线缆；使计算机及外设具有可移动性，能快速解决有线网络不易实现的网络连接问题；具有高度的灵活性和便捷性，广受住户喜爱。随着户内无线技术日臻完善，无源（光能、机械能、温差能转化为电能）技术也将成为无线技术的并蒂莲，使无线技术彻底摆脱有线的牵绊，无源无线技术将促使装配式混凝土建筑的弱电系统实现真正意义上的布线少和终端"漫游"。具体系统构成如图 5.4-12WiFi 所示。

5. 防雷接地做法

装配式混凝土建筑防雷接地系统的接地电阻值与非装配式混凝土结构建筑相比并无特殊要求，与现行的国家标准的要求是一致的，而且通常采用共用接地系统，重点在于防雷接地系统的具体做法与非装配式混凝土结构建筑有所不同。

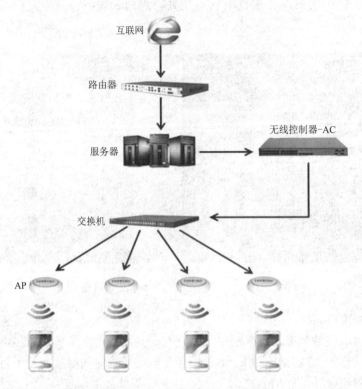

图 5.4-12　WiFi 无管线系统框图

装配式混凝土建筑多利用建筑物的钢筋作为防雷装置。当利用建筑物的钢筋作为防雷装置时，构件之间必须连接成电气通路。如何更有效、更方便地实现"构件之间连接成电气通路"，既满足功能和规范要求，又减少施工难度和工作量，此技术还有待进一步研究提高。

目前在工程设计中通常采用以下的做法：装配式混凝土建筑屋面的接闪器、引下线及接地装置在可以避开装配式主体结构的情况下可参照非装配式混凝土建筑的常规做法；难以避开时，需利用装配式剪力墙、预制柱边缘构件内部满足防雷接地系统规格要求的钢筋作引下线及接地极，或在预制混凝土建筑楼板等相应部位预留孔洞或预埋钢筋、扁钢，并确保接闪器、引下线及接地极之间通常、可靠连接。

装配式混凝土建筑的预制构件是在工厂加工制作的，由于预制构件的长度限制，一个墙体需要若干段墙体连接起来，两段墙体对接时，一段墙体端部为套筒，另一端为钢筋，钢筋插入套筒后注浆，钢筋与套筒之间隔着混凝土砂浆，钢筋是不连续的。如若利用钢筋做防雷引下线，就要把两段剪力墙边缘构件钢筋用等截面钢筋焊接起来，达到贯通的目的。选择剪力墙、预制柱边缘构件内的两根钢筋做引下线时，应尽量选择靠近剪力墙、预制柱内侧，以不影响安装。

如不利用剪力墙、预制柱边缘构件内钢筋做防雷引下线，也可采用 25x4 扁钢做防雷引下线，两根扁钢固定在剪力墙、预制柱两侧，靠近剪力墙、预制柱引下并与基础钢筋焊接。

不管是利用剪力墙、预制柱内钢筋做引下线还是利用扁钢做引下线，都应在设有引下线的剪力墙、预制柱室外地面上 500mm 处，设置接地电阻测试盒，测试盒内测试端子与引下线焊接。此外应在工厂加工剪力墙、预制柱时做好预留。

装配式混凝土建筑的外墙基本采用预制外墙技术，预制外墙上的金属门窗通常有两种做法：①门窗与外墙在工厂整体加工完成；②金属窗框与外墙一起加工完成，现场单独安装门窗部分。无论采用哪种方式，当外窗需要与防雷装置连接时，相关的预制构件内部与连接处的金属件应考虑电气回路的连接或考虑不利用预制构件连接的其他方式，电气设计师在设计文件中应将做法予以明确。

具体做法详如图 5.4-13 所示。

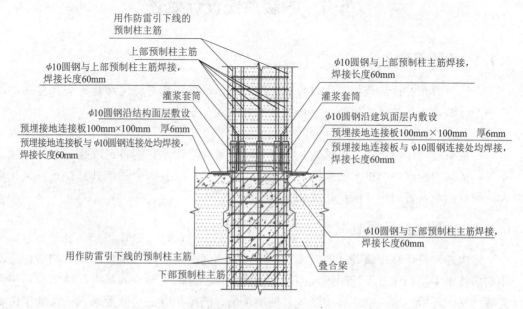

图 5.4-13　预制柱间引下线的连接大样图

6. 电缆明敷（电缆不敷设在线管、桥架内）

在保证安全的前提下，在合理的位置采用合理的电缆形式，可以采用电缆明敷的方式敷设电气线缆（图 5.4-14）。电缆明敷可以节省空间，节约造价，便于翻新更换。

图 5.4-14　电缆明敷于架空地

6 内装系统设计

6.1 内装系统设计概述

6.1.1 内装系统定义

系统即由相互作用和相互依赖的若干组成部分结合成具有特定功能的有机整体，而且这个系统本身又是它所从属的一个更大系统的组成部分。

——钱学森

内装系统设计包含建筑、结构、机电、内装集成设计，它们各自既是一个完整独立的系统，又共同构成一个更大的系统——建筑工程项目。以上四个系统独立存在，又从属于大的建筑系统，它们相互依存，又相互影响。

6.1.2 内装系统发展概况

室内装修设计是建筑设计的延续，根据建筑物的使用性质、所处环境和相应标准，运用物质技术手段和建筑设计原理，创造出功能合理、舒适优美、满足人们物质和精神生活需要的室内环境。这一空间环境既具有使用价值，满足相应的功能要求，又反映了历史文脉、建筑风格、环境气氛等精神因素。在室内装修设计过程中，应明确地把"创造满足人们物质和精神生活需要的室内环境"作为室内设计的目的。

我国的装饰行业起步晚，发展速度快，建造方式还处于较为粗犷的状态。大部分的室内装饰设计都是在建筑施工完成以后进行，不可避免地会产生大量的拆改，既不环保，又对建筑楼梯造成了破坏。加之生产方式和管理模式的落后，行业门槛较低，从业人员素质参差不齐，行业一度比较混乱。

在传统建筑作业中，充斥着大量的现场湿作业，建筑基层的精度和质量会存在各种各样的问题，为了解决这些问题，需要对建筑墙体进行抹灰找平，造成不必要的资源浪费，同时还会遇到强弱电的管线没有提前预埋，需要现场剔槽，再对墙面进行修补，原有的抹灰层在经过剔槽之后，即使日后进行修补处理，也很难保证在以后的使用过程中出现墙面开裂的情况，对装饰美观造成很大的影响。装配式建筑恰恰避免了这些不必要的损失，大大地减少了室内装饰的泥水作业。在现有室内装饰施工过程中，所有的装饰材料都需要对现有基层进行核尺以后，装饰材料才能下单加工。尺寸的误差对于室内装饰来说是十分致命的，往往会造成很大的材料浪费，还要进行材料的重新加工，延长了施工周期。装配式的室内装饰，大量的装饰材料可以在工厂进行加工，可以大大地提高加工精度，减少现场人工加工的材料损耗，提高了材料的利用率以及加工效率。现场作业的工种配比也会发生很大的改变，装配工人的比例增加，简化作业难度，提高作业精度，缩短施工周期。装配式建筑会逐渐成为中国建筑新的发展方向，不仅可以大大提高建筑主体的施工质量和精度，还为室内装饰提供良好的基层条件。

国家在"十三五"期间提出"力争用十年时间使装配式建筑面积占比达到30％"。装配式建筑的发展对室内装饰行业有着非常大的启发。在建筑主体生产实施之前就应该将装饰设计的诸多述求考虑其中，例如室内空间布局、家具摆放、装修做法、机电末端点位位置、各专业管线预埋、孔洞预留等，这样的话就可以杜绝室内装饰传统作业中对于建筑主体的拆改问题。装配式建筑相比传统建筑施工，现浇作业大大减少，建筑的表面精准度和平整度高，可以实现免抹灰，这对于室内装饰设计具有划时代的意义。

装配式建筑的室内装饰由专业厂家整体加工，然后再由厂家的专业人员进行安装，施工质量和精度能得到保障，也使得室内装饰施工周期大大缩短，从而也使室内装饰走上"五化一体"的发展模式。

6.1.3　内装系统设计基本原则

（1）内装系统设计应满足使用功能要求

室内设计是以创造良好的室内空间环境为宗旨，把满足人们在室内进行生产、生活、工作、休息的要求置于首位。在室内设计时要充分考虑使用功能要求，使室内环境合理化、舒适化、科学化，还要根据人们的活动规律处理好空间关系、空间尺寸、空间比例，同时合理配置陈设与家具，妥善解决室内通风、采光、照明，并注意室内色调的总体效果。

（2）内装系统设计应满足精神功能要求

室内设计在考虑使用功能要求的同时，还必须考虑精神功能的要求（视觉反映心理感受、艺术感染等）。室内设计的精神就是要影响人们的情感，乃至影响人们的意志和行动，所以要研究人的认识特征和规律、人的情感与意志、人和环境的相互作用。设计者要运用各种理论手段去冲击和影响人的情感，使其升华达到预期的设计效果。室内环境如能突出表明某种构思和意境，它将会产生强烈的艺术感染力，从而更好地发挥其在精神功能方面的作用。

（3）内装系统设计应满足现代技术要求

建筑空间的创新和结构造型的创新有着密切的联系，二者应协调统一，充分考虑结构造型中美的形象，把艺术和技术融合在一起，这就要求室内设计者必须具备必要的结构知识，并熟练掌握结构体系的性能和特点。现代室内装饰设计置身于现代科学技术的范畴之中，要使室内设计更好地满足精神功能的要求，就必须最大限度的利用现代科学技术的最新成果。

（4）内装系统设计应符合地区特点并满足民族风格要求

由于人们所处的地区、地理气候条件的差异，各民族生活习惯与文化传统的不一样，在建筑风格上存在着很大的差别。我国是多民族的国家，各个民族的地区特点、民族性格、风俗习惯以及文化素养等因素的差异，使室内装饰设计也有所不同。不同地区和民族的室内装饰设计过程中，要有各自不同的风格和特点，要能够体现民族和地区的特点，以唤起人们的民族自尊心和自信心。

6.1.4 内装系统设计要点

室内空间是由地面、墙面、顶面的围合限定而成，从而确定了室内空间的大小和形状。进行室内装饰的目的是创造出适用、美观的室内环境，室内空间的地面和墙面是衬托人和家具、陈设的背景，而顶面的差异使室内空间更富有变化。

1. 楼地面装饰

地面在人们的视域范围中是非常重要的，楼地面和人接触较多，视距又近，而且处于动态变化中，是室内装饰的重要因素之一，设计中要满足以下几个原则：

（1）基面要和整体环境协调一致，取长补短，衬托气氛

从空间的总体环境效果来看，基面要和顶棚、墙面装饰相协调配合，同时要和室内家具、陈设等起到相互衬托的作用。

（2）注意地面图案的分划、色彩和质地特征

地面图案设计大致可分为三种情况：第一种是强调图案本身的独立完整性，如会议室，色彩要和会议空间相协调，取得安静、聚精会神的效果；第二种是强调图案的连续性和韵律感，具有一定的导向性和规律性，多用于门厅、走道及常用的空间；第三种是强调图案的抽象性，自由多变，自如活泼，常用于不规则或布局自由的空间。

（3）满足楼地面结构、施工及物理性能的需要

基面装饰时要注意楼地面的结构情况，在保证安全的前提下，给予构造、施工上的方便，不能只是片面追求图案效果，还要考虑防潮、防水、保温、隔热等物理性能的需要。基面的形式各种各样，种类较多，如木质地面、块材地面、水磨石地面、塑料地面、水泥地面等，图案式样繁多，色彩丰富，设计时要同整个空间环境相一致，相辅相成，以达到良好的效果。

2. 墙面装饰

室内视觉范围中，墙面和人的视线垂直，处于最为明显的地位，同时墙体是人们经常接触的部位，所以墙面的装饰对于室内设计具有十分重要的意义，要满足整体性、物理性、艺术性的设计原则。

进行墙面装饰时，要充分考虑与室内其他部位的统一，要使墙面和整个空间成为统一的整体。墙面在室内空间中面积较大，要求较高，对于室内空间的隔声、保暖、防火等的要求因其使用空间的性质不同而有所差异，如宾馆客房要求高一些，而一般单位食堂要求低一些。

在室内空间里，墙面的装饰效果对渲染美化室内环境起着非常重要的作用，墙面的形状、分划图案、质感和室内气氛有着密切的关系，为创造室内空间的艺术效果，墙面本身的艺术性不可忽视。

墙面装饰形式的选择要根据上述原则而定，形式大致有以下几种：抹灰装饰、贴面装饰、涂刷装饰、卷材装饰。这里着重谈一下卷材装饰，随着工业的发展，可用来装饰墙面的卷材越来越多，如塑料墙纸、墙布、玻璃纤维布、人造革、皮革等，这些材料的特点是使用面广，灵活自由，色彩品种繁多，质感良好，施工方便，价格适中，装饰效果丰富多彩，是室内设计中大量采用的材料。

3. 顶棚装饰

顶棚是室内装饰的重要组成部分，也是室内空间装饰中最富有变化、引人注目的界面，其透视感较强，通过不同的处理以及配以灯具造型能增强空间感染力，使顶面造型丰富多彩、新颖美观。顶棚、墙面、基面共同组成室内空间，共同创造室内环境效果，设计中要注意三者的协调统一，在统一的基础上各具自身的特色。

一般来讲，室内空间效果应是下重上轻，所以要注意顶面装饰力求简捷完整，突出重点，同时造型要具有轻快感和艺术感，不能单纯追求造型而忽视安全。

6.1.5 内装系统设计的实例

如图 6.1-1 所示，内装系统设计确定点位后，机电根据内装系统中的开关面板及设备位置确定机电设计，并且协调各专业的碰撞问题。建筑、结构根据各专业的设备需求确定预留孔位的预留及管线的预埋，制作预制构件生产加工图纸，然后交由工厂生产。现场预制构件吊装完成后，内装人员需要在现场复核各点位的尺寸，以确保内装系统的精确性，内装系统需要能够贯穿混凝土装配式建筑设计的全生命周期。

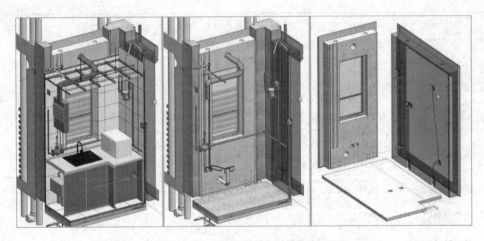

图 6.1-1 内装系统 BIM 设计

6.2 内装材料

6.2.1 内装材料定义

室内装饰材料是指用于建筑物内部墙面、顶棚、柱面、地面等的笼罩材料，由颜色、光泽、透明性、表面组织、形状和尺寸、平面花饰装饰、立体造型、基本使用性质构成基本特征。

随着科技的发展，装饰材料会趋于绿色化、复合型、多功能等。装饰材料除了在多品种、多花色等常规模式方面的发展外，在装饰材料的用材方面，越来越多的装饰材料采用高强度纤维或聚合物与普通材料进行复合，这也是在提高装饰材料强度同时又降低其重量的最佳方法，近些年常用的铝合金型材、镁铝合金铝扣板、人造大理石、防火板等产品即是其中的典型代表。同时装饰材料还在向规格化、高精度方向发展，如陶瓷墙地砖过去的幅面通常较小，现在却多采用 600mm×600mm、800mm×800mm，甚至 1000mm×1000mm 的墙地砖，朝着规格化、高精度和易施工的方向发展。

由于现场施工的局限性，很多产品开始进入工业化生产阶段，如橱柜、衣柜、玻璃隔断墙和各类门窗等产品目前很多都是采用厂家生产并安装的方式。相对来说，厂家生产出来的产品在工艺和质量上更有保证。

6.2.2　内装材料种类

市场上装修材料的种类繁多，按照装修行业的习惯大致上可以分为主材和辅料两大类。主材通常指的是装修中被大面积使用的材料，如木地板、墙地砖、石材、墙纸和整体橱柜、洁具卫浴设备等；辅料可以理解为除了主材外的所有材料。按照材质的种类进行划分，装饰设计中最常用的材料品种分类见表 6.2-1。

装饰设计中最常用的材料品种　　　　　　　　　　　　表 6.2-1

材料类别	材料种类
装饰板材	胶合板（夹板）、细木工板（大芯板）、防火板、铝塑板、密度板、饰面板、铝扣板、刨花板、三聚氰胺、石膏板、实木条、矿棉板等
装饰陶瓷	釉面砖、通体砖、抛光砖、玻化砖、陶瓷锦砖（马赛克）等
装饰玻璃	钢化玻璃、玻璃砖、中空玻璃、夹层玻璃、浮法玻璃、热反射玻璃、夹丝玻璃、平板玻璃、压花玻璃、裂纹玻璃、热熔玻璃、彩色玻璃、镭射玻璃、玻璃马赛克等
装饰涂料	乳胶漆、仿瓷涂料、多彩涂料、幻彩涂料、防水涂料、防火涂料、地面涂料、清漆、聚酯漆、防锈漆、磁漆、调和漆、硝基漆等
装饰织物与制品	地毯、墙布、窗帘、床上用品、挂毯等
装饰塑料	塑料墙纸、塑料管材、塑料地板等
装饰灯具	吊灯、吸顶灯、落地灯、台灯、壁灯、筒灯、射灯、园林灯等
装饰石材	大理石、花岗石、人造石、文化石等
装饰木地板	实木地板、复合木地板、实木复合地板、竹木地板等
装饰门窗	防盗门、实木板、实木复合门、模压板、塑钢门窗、铝塑复合门窗、铝合金门窗、新型木门窗等
装饰水电材料	电线、线管样、开关面板、PPR 管、铜管、铝塑复合管、镀锌铁管、PVC 管等
装饰厨卫用品	橱柜、水槽、坐便器、蹲便器、浴缸、水龙头、热水器、淋浴房、面盆、浴霸、地漏、卫浴配件等
装饰骨架材料	木龙骨、轻钢龙骨、铝合金龙骨等
装饰线条	木线条、石膏线条、金属线条等
装饰辅料	水泥、沙、钉、勾缝剂、各类胶粘剂、五金配件（铰链、滑轨、合页、锁具、拉篮、拉手、地弹簧）等

6.2.3　内装材料与装配式

1. 陶瓷地砖

陶瓷地砖是室内装饰地面饰材最主要的品种，得到了最广泛地应用。地砖常见尺寸是300mm×300mm、400mm×400mm、500mm×500mm、600mm×600mm、800mm×800mm、1000mm×1000mm等正方形幅面，但现在市场上也出现越来越多的长方形规格的地砖，如300mm×600mm。地砖尺寸大小的选择要根据空间大小来定，小空间不能用大尺寸，否则容易产生比例不协调的感觉。

（1）釉面砖

釉面砖（图6.2-1）就是砖的表面经过烧釉处理的砖，由底坯和表面釉层两个部分构成，是装修中最常用的瓷砖品种。根据釉面砖底坯采用原料的不同可以细分为陶质釉面砖和瓷质釉面砖。陶质釉面砖，由陶土烧制而成，吸水率较高，强度相对较低，主要特征是背面为灰红色，应用较少。瓷质釉面砖，由瓷土烧制而成，吸水率较低，强度相对较高，主要特征是背面为灰白色，应用较多。

釉面砖按照表面对光的反射强弱可以分为亮光和亚光两大类，现在市场上非常流行的仿古砖即为亚光的釉面砖。仿古地砖颜色通常较深，多为黑褐、陶红等古旧颜色，因为纹理的原因，表面看似凹凸不平，相对于亮光釉面砖有更好的防滑性，在卫生间和阳台等各种空间均有广泛地应用。

图6.2-1　釉面砖

（2）通体砖

通体砖（图6.2-2）是一种表面不上釉，正面和反面的材质和色泽一致的瓷砖品种。因为通体一致，所以被称为通体砖。通体砖的耐磨性能和防滑性能优异，在市场上也被称为耐磨砖或者防滑砖。

图 6.2-2　通体砖

（3）抛光砖

抛光砖（图 6.2-3）是在通体砖坯体的表面经过机械研磨、抛光，表面呈镜面光泽的陶瓷砖种，抛光处理是一种板材的表面处理技术，不仅在抛光砖上采用，在大理石和花岗石等天然石材上也经常被采用，经过抛光处理后，板材表面看起来就会光亮很多。抛光砖硬度很高，非常耐磨，在抛光砖上运用渗花技术可以制作出各种仿石、仿木的外表面纹理处理。

图 6.2-3　抛光砖

（4）玻化砖

玻化砖（图 6.2-4）全名应该叫玻化抛光砖，有时在市场上也会称之为全瓷砖。玻化砖是在通体砖的基础上加以玻璃纤维经过三次高温烧制而成，砖面与砖体通体一色，质地比抛光砖更硬、更耐磨，是瓷砖中最硬的一个品种。釉面砖在使用一段时间后，釉面容易被磨损，颜色黯淡，甚至露出坯体的颜色，而玻化砖通体为一种材料制成，不存在面层磨损掉的情况。

图 6.2-4 玻化砖

（5）马赛克

马赛克学名陶瓷锦砖（图 6.2-5），是所有瓷砖品种中最小的一种，有时被称为块砖，是由数十块小块的砖组成一个相对大的砖。因其面积小巧，用于地面装饰，防滑性能好，不易让人滑到，特别适合湿滑环境，所以常用来铺砌家具中的厨房、浴室或公众场所的过道、游泳池等空间。马赛克大致上可以分为陶瓷马赛克、玻璃马赛克、金属马赛克等三大种类。外形上马赛克以正方形为主，还有少量长方形和异形品种。

图 6.2-5 马赛克（陶瓷锦砖）

陶瓷地砖施工工艺如下：

1）检查原地面是否有空鼓、开裂等现象。

2）清除地面的杂质、油渍等物品。

3）打扫地面干净，浇水湿润。

4）用素水泥浆扫地面，以防脱层空鼓。

5）打水平线：确定标高，水泥砂浆的厚度，墙壁弹线。

6）拌制水泥砂浆 1∶25 和水泥油膏。

7）放线，做基面，拉线。

8）铺贴：①选砖（大小、色彩、花纹等一致）；②刮水泥膏或水泥粉；③根据具体位置放坡度；④打扫卫生；⑤勾缝。

2. 地面装饰石材

（1）大理石

大理石（图 6.2-6）是一种变质岩或沉积岩，主要由方解石、石灰石、蛇纹石和白云石等矿物成分组成。大理石比较容易风化和溶蚀而使表面很快失去光泽，所以大理石更多应用于室内装饰。大理石最大的优点就在于其拥有非常漂亮的纹理，多呈放射性的枝状。

图 6.2-6　大理石

（2）花岗石

花岗石（图 6.2-7）是一种火成岩，其矿物成分主要是长石、石英和云母，其特点是硬度高、耐压、耐磨、耐腐蚀，日常使用不易出现划痕，而且花岗石耐用程度高，外观色泽可保持百年以上。花岗石纹理通常为斑点状，和大理石一样有很多颜色和纹理可供选择。

图 6.2-7　花岗石

（3）人造石

人造石（图 6.2-8）是人造大理石和人造花岗石的统称，其中又以人造大理石应用最为广泛，是一种以天然石材和天然大理石的石渣为骨料，然后经过人工加工合成的新型装饰材料。按其生产加工工艺过程的不同，又可分为树脂型人造石、复合型人造石、硅酸盐人造石和烧结型人造石四种类型，其中又以树脂型人造石的应用最为广泛。树脂型人造石是以不饱和聚酯树脂为胶粘剂，与天然大理石碎石、石英砂、方解石、石粉或其他无机填料按一定比例配合，再加入催化剂颜料等外加剂，经混合搅拌、固化成型、脱模烘干、表面抛光等工序加成。

图 6.2-8　人造石

3. 装饰木地板

相对瓷砖而言，木地板（图 6.2-9）更显自然本色，不会给人以瓷砖或石材带来的冰冷坚硬感觉，使人感觉亲切，更适于居家空间的设计要求。但木地板也有其自身的问题，尤其是实木地板在保养和清理上要麻烦得多，所以目前的趋势是木地板和瓷砖混用，即在一些较私密的空间（卧室）处用木地板，在公共空间（过道、客厅）处用瓷砖，这样既兼顾了实用性又打破了整体室内空间地面的单一感觉。木地板的选择和地砖一样，要讲究款式、色调与室内整体风格相协调。

图 6.2-9　装饰木地板

目前市面上的木地板主要有实木地板、复合地板、实木复合地板、竹木地板四种。这四种木地板都各自有其优缺点，在室内装饰上都有广泛地应用。

架铺实木地板施工工序如下：

（1）地面打扫干净，确保地面是干透的。如果前期用水泥批平的，一定要等水泥干透。

（2）在墙面上弹出地板的标高线，使其与客厅地面一致。

（3）作好防潮和防虫处理，做地面防潮层，用防潮涂料刷两遍。

（4）在地面弹出木方的木格定位线300mm×300mm或400mm×400mm，架铺木方通常用松木、杉木等制作尺寸为300mm×300mm或400mm×400mm的木框架，木方要求干燥，含水率小于20%。

（5）架铺其基层板，一般9mm夹板，含水率小于12%，满铺底面刷光油两遍。

（6）在木基层上镶铺实木地板，木地板与四周墙面（门槛处除外）保持8～10mm的伸缩缝，同时要求铺设平整、牢固，不得有响声为宜。

（7）沿墙四周钉木地脚线。

实铺实木地板只要在全楼面铺钉9mm夹板基层后，直接铺设木地板。复合木地板一般由厂家负责铺设，只垫一层防潮胶纸，直接在楼面上铺设即可。

4. 装饰地毯

当前室内装饰越来越重视自然性和装饰性，尤其是地毯这些软性装饰材料更是大受欢迎。地毯的种类大致分为纯毛地毯、化纤地毯、混纺地毯、橡胶地毯四大类。

（1）纯毛地毯

纯毛地毯（图6.2-10）很多都是以粗绵羊毛为原料，纤维柔软而富有弹性，织物手感柔和、质地厚实，可以有多种频色和图案，同时还具有良好的保暖性和隔声性。纯毛地毯的问题是比较容易吸纳灰尘，而且容易滋生组菌和螨虫，再加上纯毛地毯的日常清洁比较麻烦和价格较高，使得纯毛地毯大多数应用在一些高档的室内空间或在空间中局部采用。

图 6.2-10　纯毛地毯

（2）化纤地毯

化纤地毯（图6.2-11）也称合成纤维地毯，是以绵纶、丙纶、腈纶、涤纶等化学纤维为原料，用簇绒法或机织法加工成纤维面层，再与麻布底缝合而成的地毯。化学纤维的优点是生产加工方便，价格低廉，同时各种内在性能（耐磨、防燃、防霉、防污、防虫蛀）非常良好，且能够在光泽和手感方面模仿出天然织物的效果。但是化纤地毯弹性相对较差，脚感不是很好，同时也有易产生静电和易吸附灰尘等问题。

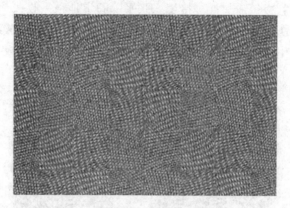

图 6.2-11　化纤地毯

（3）混纺地毯

混纺地毯（图 6.2-12）结合了全毛地毯和化纤地毯的优点，在全毛地毯纤维中加入一定比例的化学纤维制成。在全毛中加入一定的化学纤维成分能够起到地毯物理性能的作用，同时又因为混入了一定比例的廉价化学纤维还能使得地毯的造价变得更加低廉。混纺地毯在图案、质地、脚感等方面与全毛地毯差别不大，但相比全毛地毯，其耐磨性和防燃、防霉、防污、防虫蛀性能均大幅提高。

图 6.2-12　混纺地毯

（4）橡胶地毯

橡胶地毯（图 6.2-13）是天然或合成橡胶配以各种化工原料制成的卷状地毯。橡胶地毯价格低廉，弹性好、耐水、防滑、易清洗，同时也有各种颜色和图案可供选择，适用于卫生间、游泳池、计算机房、防滑走道等多水的环境。

地毯的铺装施工对基层找平的要求较高，地面必须平整、洁净、干燥，地面的平整度偏差不大于 4mm，地面基层含水率不大于 8%。地毯铺装主要有两种方法：倒刺板卡条铺装和固定粘接铺装。倒刺板卡条铺装通常采用成卷地毯铺装，其基本工序为：基层清扫处理—地毯裁割—钉倒刺板—铺垫层—接缝—张平—固定地毯—收边—修理地毯面—清扫。固定粘接铺装多为块毯采用，其基本程序为：基层地面处理—实量放线—裁割地毯—刮胶晾置—铺设—清理。相对来说，固定粘接铺装地毯技术要求比倒刺板卡条铺装低，多在一些工装中块毯敷设中采用。

图 6.2-13　橡胶地毯

6.2.4　墙面装饰

室内墙面装饰的主要目的是保护墙地、美化室内环境。墙面装饰材料的种类繁多，按照材料和构造做法的不同，大致上可以分为装饰涂料饰面、墙纸类饰面、玻璃类饰面、陶瓷墙体和石材饰面等几大类。

1. 装饰乳胶漆

乳胶漆又称为合成树脂乳液涂料，是有机涂料的一种，是以合成树脂乳液为基料加入颜料、填料及各种助剂配制而成的一类水性涂料。根据生产原料的不同，乳胶漆主要有聚醋酸乙烯乳胶漆、乙丙乳胶漆、纯丙烯酸乳胶漆、苯丙乳胶漆等品种。根据产品适用环境的不同，分为内墙乳胶漆和外墙乳胶漆两种，根据装饰的光泽效果又可分为无光、亚光、半光、丝光和有光等类型。乳胶漆具备了与传统墙面涂料不同的众多优点，如易于涂刷、干燥迅速等，辨别乳胶漆的方法有看、闻、抹、刷、拉、试。

2. 装饰壁纸

壁纸（图 6.2-14）是一种应用相当广泛的室内装饰材料，具有色彩多样、图案丰富、豪华气派、安全环保、施工方便、价格适宜等多种其他室内装饰材料无法比拟的特点，通常用漂白化学木浆生产原纸，再经不同工序的加工处理（涂布、印刷、压纹或表面覆塑），最后经裁切、包装后出厂。壁纸具有一定的强度、美观的外表和良好的抗水性能，广泛用于住宅、办公室、宾馆、酒店的室内装修等。

图 6.2-14　装饰壁纸

（1）发泡壁纸

发泡壁纸是以 $100g/m^2$ 的纸做基材，涂有 $300\sim400g/m^2$ 掺有发泡剂的 PVC 糊状树脂，经印花后再加热发泡而成。这类壁纸有高发泡印花、低发泡印花和发泡印花压花等品种，比普通壁纸显得厚实、松软。其中，高发泡壁纸表面呈富有弹性的凹凸状，低发泡壁纸是在发泡平面上印有花纹图案，形如浮雕、木纹、瓷砖等效果。

（2）云母片壁纸

云母是一种矽酸盐结晶，因此这类产品高雅、有光泽感，加上很好的电绝缘性，相对来说导电性弱，安全系数高，既美观又实用，有小孩的家庭非常受用。

（3）纯纸类壁纸

以纸为基材，经印花后压花而成，自然、舒适、无异味、环保性好、透气性能强。因为是纸质，所以有非常好的上色效果，适合染各种鲜艳颜色甚至工笔画，但是纸质不好的产品时间久了可能会泛黄。

（4）无纺布壁纸

以纯无纺布为基材，表面采用水性油墨印刷后涂上特殊材料，经特殊加工而成，具有吸声、不变形等优点，并且有强大的呼吸性能。因其非常薄，施工起来非常容易。

（5）树脂类壁纸

面层用胶来构成，也叫高分子材料，世界上 80% 以上的产品都属于这一类，是壁纸的一大分类。这类壁纸防水性能非常的好，水分不会渗透到墙体里面去，属于隔离型防水。

（6）织物类壁纸

以丝绸、麻、棉等编织物为原材料，其物理性状非常稳定，湿水后颜色变化也不大。所以这类产品在市场上也是非常地受欢迎，但相比无纺布类，价格较高。

（7）矽藻土壁纸

以矽藻土为原料制成，表面有无数细孔，可吸附、分解空气中的异味，具有调湿、除臭、隔热、防止细菌生长等功能，有助于净化室内空气，达到改善居家环境的效果。

3. 装饰板材

装饰板材是室内装饰中必不可少的一种材料，在各类的木作业中被大量运用。由于大多数装饰板材品种都是采用胶粘的方式制成的，因而或多或少在环保上都有所欠缺，在使用装饰板材时要重点考虑其环保的问题。

（1）胶合板

胶合板（图6.2-15）是家具常用材料之一，属于人造板。胶合板是由木段旋切成单板或由木方刨切成薄木，再用胶粘剂胶合而成的三层或多层的板状材料，通常用奇数层单板，并使相邻层单板的纤维方向互相垂直胶合而成。

图6.2-15　胶合板

（2）饰面板

饰面板（图6.2-16）全称是装饰单板贴面胶合板，是将天然木材或科技木刨切成一定厚度的薄片，粘附于胶合板表面，然后热压而成的一种用于室内装修或家具制造的表面材料。饰面板采用的材料有石材、瓷板、金属、木材等。

图6.2-16　饰面板

常见的饰面板分为天然木质单板饰面板和人造薄木饰面板。人造薄木贴面与天然木质单板贴面的外观区别在于前者的纹理基本为通直纹理或图案有规则；而后者为天然木质花纹，纹理图案自然，变异性比较大、无规则。饰面板也可按照木材的种类来区分，市场上的饰面板大致有柚木饰面板，胡桃木饰面板，西南桦饰面板，枫木饰面板，水曲柳饰面板，榉木饰面板等。

（3）大芯板

大芯板（图 6.2-17）俗称细木工板，是具有实木板芯的胶合板，通过将原木切割成条，拼接成芯，外贴面材加工而成，其竖向（以芯板材走向区分）抗弯压强度差，但横向抗弯压强度较高。面材按层数可分为三合板、五合板等，按树种可分为柳桉、榉木、柚木等，质量好的细木工板面板表面平整光滑，不易翘曲变形。根据表面砂光情况将板材分为一面光和两面光两类型，两面光的板材可用做家具面板、门窗套框等要害部位的装饰材料。现在市场上大部分是实心、胶拼、双面砂光、五层的细木工板，尺寸规格为 1220mm×2440mm。

图 6.2-17 大芯板

（4）密度板

密度板（图 6.2-18）也称纤维板，是将树干材、枝桠材等木质原料或其他植物纤维经热磨、施胶、干燥、铺装后热压而制成的人造板材，胶粘剂主要使用脲醛胶，其质软、耐冲击，强度较高，压制好后密度均匀，也容易再加工，在我国许多领域得到广泛的应用，但其缺点是防水性较差，这也在一定程度上限制了其使用范围。

图 6.2-18 密度板

（5）铝塑板

铝塑复合板（图 6.2-19）又称铝塑板，是一种新型装饰材料，是以经过化学处理的涂装铝板为表层材料，用聚乙烯塑料为芯材，在专用铝塑板生产设备上加工而成的复合材料。铝塑复合板本身所具有的独特性能决定了其广泛用途，它可以用于大楼外墙、帷幕墙板、旧楼改造翻新、室内墙壁、顶棚装修、广告招牌、展示台架、净化防尘工程。

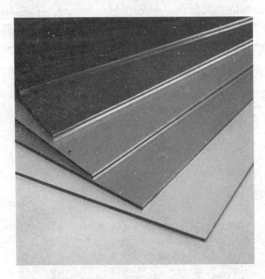

图 6.2-19　铝塑板

4. 装饰玻璃

玻璃在装饰中的应用有着悠久的历史，早在古罗马时期就有玻璃的应用，现代玻璃的品种更加多样，在外观和实用性方面都得到极大的加强。各类装饰玻璃在室内都有着广泛地应用，可以说金属和玻璃是现代主义设计风格中量大且最能体现风格特色的材料。

（1）平板玻璃

平板玻璃（图 6.2-20）也称白片玻璃或净片玻璃，具有透光、透明、保温、隔声，耐磨、耐气候变化等性能。

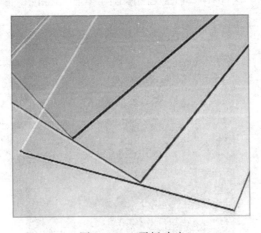

图 6.2-20　平板玻璃

（2）彩色玻璃

彩色玻璃（图6.2-21）是由废旧透明玻璃粉碎后用特殊工艺染色制成的。

图6.2-21　彩色玻璃

（3）磨砂玻璃

磨砂玻璃（图6.2-22）又叫毛玻璃、暗玻璃，是用普通平板玻璃经机械喷砂、手工研磨或氢氟酸溶蚀等方法将表面处理成均匀表面而制成，它可以使室内光线柔和而不刺目。

图6.2-22　磨砂玻璃

（4）压花玻璃

压花玻璃（图6.2-23）又称花纹玻璃或滚花玻璃，一般分为单面压花玻璃、真空镀膜压花玻璃和彩色膜压花玻璃三类。单面压花玻璃具有透光而不透视的特点，具有私密性，作为浴室、卫生间门窗玻璃时应注意将其压花面朝外。

（5）钢化玻璃

钢化玻璃（图6.2-24）属于安全玻璃，是一种预应力玻璃。为提高玻璃的强度，通常使用化学或物理的方法，在玻璃表面形成压应力，玻璃承受外力时首先抵消表层应力，从而提高了承载能力，增强玻璃自身抗风压性、寒暑性、冲击性等。

图 6.2-23　压花玻璃

图 6.2-24　钢化玻璃

（6）夹层玻璃

夹层玻璃（图 6.2-25）是由两片或多片玻璃之间夹了一层或多层有机聚合物中间膜，经过特殊的高温预压（或抽真空）及高温高压工艺处理后，使玻璃和中间膜永久粘合为一体的复合玻璃产品。

图 6.2-25　夹层玻璃

（7）中空玻璃

中空玻璃（图 6.2-26）是一种良好的隔热、隔声、美观适用并可降低建筑物自重的新型建筑材料，其主要材料是玻璃、暖边间隔条、弯角栓、丁基橡胶、聚硫胶、干燥剂。

图 6.2-26 中空玻璃

（8）玻璃砖

玻璃砖（图 6.2-27）是用透明或颜色玻璃料压制成形的块状，其品种主要有玻璃空心砖、玻璃实心砖，马赛克不包括在内。多数情况下，玻璃砖并不作为饰面材料使用，而是作为结构材料。由于玻璃制品所具有的特性，用于采光及防水功能的区域也非常多。

图 6.2-27 玻璃砖

6.2.5 顶棚装饰

顶棚是指房屋居住环境的顶部装修，简单地说，就是指顶棚的装修，是室内装饰的重要部分之一，家装顶棚是家装中最常见的环节。顶棚具有保温、隔热、隔声、吸声的作用，也是电气、通风空调、通信和防火、报警管线设备等工程的隐蔽层，在整个居室装饰中占有相当重要的地位，对居室顶面作适当的装饰，不仅能美化室内环境，还能营造出丰富多彩的室内空间艺术形象。顶棚根据装饰板的材料不同，分类也不相同。吊顶装修材料是区分吊顶名称的主要依据，主要有轻钢龙骨石膏板顶棚、石膏板顶棚、矿棉板顶棚、夹板顶棚、异形长条铝扣板顶棚、方形镀漆铝扣板顶棚、彩绘玻璃顶棚、铝蜂窝穿孔吸声板顶棚、全房复式顶棚等。

1. 石膏板顶棚

石膏板（图 6.2-28）是以建筑石膏为主要原料制成的一种材料，是一种重量轻、强度较高、厚度较薄、加工方便以及隔声绝热和防火等性能较好的建筑材料，是当前着重发展的新型轻质板材之一。我国生产的石膏板主要有：纸面石膏板、无纸面石膏板、装饰石膏板、石膏空心条板、纤维石膏板、石膏吸声板、定位点石膏板等。

图 6.2-28　石膏板顶棚

（1）纸面石膏板：纸面石膏板是以石膏料浆为夹芯，两面用纸做护面而成的一种轻质板材，质地轻、强度高、防火、防蛀、易于加工。普通纸面石膏板用于内墙、隔墙和顶棚。经过防火处理的耐水纸面石膏板可用于湿度较大的房间墙面，如卫生间、厨房、浴室等贴瓷砖、金属板、塑料面砖墙的衬板。

（2）无纸面石膏板：是一种性能优越的代木板材，以建筑石膏粉为主要原料，以各种纤维为增强材料的一种新型建筑板材。

（3）装饰石膏板：是以建筑石膏为主要原料，掺加少量纤维材料等制成的有多种图案、花饰的板材，如石膏印花板、穿孔吊顶板、石膏浮雕吊顶板、纸面石膏饰面装饰板等。装饰石膏板是一种新型的室内装饰材料，适用于中高档装饰，具有轻质、防火、防潮、易加工、安装简单等特点，可用于装饰墙面和做护墙板及踢脚板等，是代替天然石材和水磨石的理想材料。

（4）石膏空心条板：是以建筑石膏为主要原料，掺加适量轻质填充料或纤维材料后加工而成的一种空心板材，主要用于内墙和隔墙。

（5）纤维石膏板：是以建筑石膏为主要原料，并掺加适量纤维增强材料制成。这种板材的抗弯强度高于纸面石膏板，可用于内墙和隔墙，也可代替木材制作家具。

除传统的石膏板外，还有新产品不断增加，如石膏吸声板、耐火板、绝热板和石膏复合板等。石膏板的规格也向高厚度、大尺寸方向发展。

2. 铝扣板顶棚

铝扣板（图 6.2-29）是一种特殊的材质，质地轻便耐用，被广泛运用于家装顶棚中，具有多种优良特性，适用于厨房和卫生间中，既能达到很好的装饰效果，又具备多种功效，因此深受消费者的欢迎，这就是铝扣板顶棚的由来。

图 6.2-29　铝扣板顶棚

3. PVC 顶棚

PVC 扣板顶棚材料（图 6.2-30），是以聚氯乙烯树脂为基料，加入一定量抗老化剂、改性剂等助剂，经混炼、压延、真空吸塑等工艺而制成的。这种 PVC 扣板顶棚特别适用于厨房、卫生间的顶棚装饰，具有质量轻、防潮湿、隔热保温、不易燃烧、不吸尘、易清洁、可涂饰、易安装、价格低等优点。

图 6.2-30　PVC 顶棚

4. 矿棉板顶棚

矿棉板（图6.2-31）主要是以矿物纤维棉为原料制成，最大的特点是具有很好的隔声、隔热效果，其表面有滚花和浮雕等效果，图案有满天星、毛毛虫、十字花、中心花、核桃纹、条状纹等。矿棉板能隔声、隔热、防火，任何制品都不含石棉，对人体无害，并有抗下陷功能。矿棉吸声板是以矿棉为主要原料加工而成的新型环保建材，具有装饰、吸声、保温、隔热、防火、轻盈等多种功能。

图6.2-31 矿棉板顶棚

6.3 内装部品

6.3.1 内装部品发展概况

在20世纪80年代中后期，随着我国市场经济的发展，改革开放的不断深入，住宅建设规模的不断扩大，国外先进技术和产品的开展，我国住宅科研、设计机构对发达国家住宅建筑技术的发展有了较为深入的了解，并逐步认识到我国住宅建造技术和产业的发展与发达国家的差距和不足。特别是进入20世纪90,年代初期，通过中日住宅技术交流项目的开展，进一步了解到日本政府为了加快住宅建设，推动本国住宅建设的工业化，使建筑施工现场的作业较大限度地转移到工厂中去，大力发展"住宅部品"，从而提高了生产效率并有力地推动了日本住宅工业化发展的成功经验，对我国住宅建筑科研界产生了较大的影响和启发。

20世纪90年代初期，我国住宅建设进入飞快发展的阶段，住宅的增长方式已由数量型转为数量与质量并行，住宅的建设也开始逐步向住宅产业化方向发展。在1995～1996年间，我国住宅科研、设计机构通过学习借鉴日本及其他发达国家的经验，结合我国实际，从推进住宅产业化和提高住宅质量的角度出发，明确提出了发展"住宅部品"这一概念。

到1998年，国家开始实施住房分配制度改革，住宅成为商品进入市场。为了推进住宅产业现代化，提高住宅质量，国务院转发了八部委《关于推进住宅产业现代化提高住宅质量的若干意见》(国办发〔1992〕72 号)文件，进一步明确提出"建立住宅部品体系是推进住宅产业化的重要保证"的指导思想，同时也指出建立住宅部品体系的具体工作目标是："到 2010 年初步形成系列的住宅建筑体系，基本实现住宅部品的通用化和生产、供应的社会化"。至此，"住宅部品"一词正式在国家文件中提出，发展住宅部品，建立我国的住宅体系便提上了议事日程。

住宅部品是由建筑材料或单个产品（制品）和零配件等，通过设计并按照标准和规范在现场或工厂装配而成，且能满足住宅建筑中该部位规定的功能要求，例如：整体屋面、复合墙体、组合门窗等。住宅部品主要由主体产品、配套产品、配套技术和专用设备四个部分构成。其中：

（1）主体产品指的是在住宅建筑中特定部位能够发挥主要功能的产品。主体产品应具有规定的功能和较高的技术集成度，具备生产制造模数化、尺寸规格系列化、施工安装标准化的程度。

（2）配套产品是指主体产品应用时所需的配套材料、配套件。配套产品要符合主体产品标准和模数要求，应具备接口标准化、材料设备专用化、配件产品通用化的程度。

（3）配套技术是指主体产品和配套产品的接口技术规范与质量标准，以及产品的设计、施工、维护、服务规程和技术要求等。配套技术要满足国家标准的要求，形成完善的技术体系和质量保障体系。

（4）专用设备指的是主体产品和配套产品在施工安装的过程中所采用的专用设备及工具。

6.3.2 住宅部品应具备的条件

住宅部品必须具备主体产品、配套产品、配套技术和专用设备等四部分技术内容，既是材料、配套构件产品的载体，也是技术的载体。住宅部品在功能上必须能够更加直接表达住宅某部位的一种或多种功能要求，具备内部构件、备件与外部相连的部件间具有良好的边界条件和界面接口技术，具备标准化设计、工业化生产、专业化施工和社会化供应的条件和能力。

住宅部品是建筑产品的特殊形式，住宅部品是特指，而建筑产品是泛指。住宅部品是针对住宅建筑某一特定的功能部位，而建筑产品则是针对各类建筑所采用的材料、构件、设备的统称。从技术角度讲，住宅部品在住宅建筑中具有一定的技术特性和规定的功能要求，也可说住宅部品是建筑产品技术集成和整合。住宅部品体系则是专门为量大的住宅所建立的技术体系。

在住宅部品发展的初期，为便于与建筑产品的区分，对于住宅部品本身需进一步强调和突出其特征：

（1）住宅部品是专门为建筑某一部位设计和生产并且符合该部位规定的功能要求，同时具备完整的使用功能。普通意义的建筑产品处于原材料阶段，如管线、板材、构配件等，但在住宅建筑中不具备完整的使用功能，则其不能界定为住宅部品。

（2）住宅部品具有明显的特征，它是通过技术集成与整合的成套设备或单元系统，如隔墙系统、成套橱柜、洗浴单元、排气系统等。

（3）住宅部品具有较高的工厂化程度和标准化安装条件，区别于建筑产品最大的特征是经过系统的工厂化安装制造，与住宅建筑空间形成标准的接口条件，如橱柜系列、卫浴设备等部品与传统的砖砌洗涤池或卫浴陶瓷制品的安装接口方面有明显的不同。

6.3.3 内装部品体系

中国的建筑方式在主体方面的装配工法和流程已经趋于成熟，如今很大一部分的重点转移到了工业化内装及部品方面。在目前这个阶段，内装部品发展的最大特点就是出台了对各类部品的质量认定体系，新技术不断涌现，很多旧部品被政府明文淘汰，也提出了部品集成的概念。随着国家住宅产业化的加速发展，住宅的内装部品向成套化、集成化和定型系列化的方向发展。

未来工作的重点应该是提高安装效率，内装部品要达到与建筑模数的协调统一，而且能够协调与各类结构体系的施工建造。在厨卫部品方面，应该提出整体设计概念，设计中综合考虑建筑物的平面布局、面积尺度、设备的配制、管道的布置以及装饰装修等环节。另外，对应的竖向管道井区和水平管线区以及管道墙，目前国内也进行了研发，不仅提高了住宅的厨卫设备、设施以及配管、布管的合理性，还提高了集成程度。

在室内装饰的过程中，实现工业一体化的不只是橱柜、家具等，而是包括顶棚、墙面、卫浴等在内的所有硬装软装产品。在设计生产墙体构件的时候，将机电管线和开关线盒在墙体预留预埋，由工厂生产运到现场直接拼装，定位准确，减少误差。各单位配合设计，将现场可能遇到的问题提前发现，提前解决，节约工期，减少损耗。在一体化的设计与生产下，装修不再是复杂的工程，家居产品只是一个个零件，把它们按图纸像搭积木一样就能装修完毕。把家居产品视为建筑内填充体，家居装修不再需要水泥和涂料粉刷，用三聚氰胺板墙板直接安装在毛坯房墙面上，再通过产品与顶地墙之间的关联，加上整体橱柜、家具、衣帽间和内门，为业主呈现出系统化全屋定制整体解决方案。

下面以批量化生产的工业化产品和装配化施工安装建造方式为主线介绍几种目前成型的住宅内装部品及其体系。

1. 隔墙体系

目前我国的隔墙制品大概可以分成三大类：轻质砌块墙体、轻质条板隔墙、有龙骨的隔墙，如图 6.3-1 所示。砌块类隔墙和轻钢龙骨隔墙的应用面目前还是比较广的。在 20 世纪90 年代产品的基础上，目前市场上还出现了高强度蜂窝状纸芯做填充的条板隔墙和以木塑复合材料制成的空心条板隔墙，但是这类隔墙在与设备管线的综合施工当中需要剔凿和湿作业，会带来施工精度不易控制、材料浪费的问题，剔凿以后也必然会导致隔声差。

龙骨类隔墙易于集成、维护、维修和安装，安装精度比较高，但因造价比较高，所以目前还主要应用于工业化的住宅和公建中。我们在对隔墙体系进行技术选型的时候应该注意考虑以下几点：

（1）安装装配过程中干作业占多大比例。

（2）维护和更替是否方便。

（3）是否能与其他部位（顶棚、地面、门套和窗套等）实现比较良好的配合。

（4）建造成本是否具有优势。

如果我们能较好地确定内装部品的模数协调原则，就更有条件实现通用性，实现部品的配套和通用接口的问题，但是这不仅取决于技术层面努力，还取决于政策的引导。

（a）　　　　　　　　　　（b）　　　　　　　　　（c）

图 6.3-1　隔墙制品分类

（a）龙骨隔墙；（b）轻质砌块墙；（c）轻质条板隔墙

2. 顶棚体系

在国内，顶棚一般用在公建当中，传统住宅在客厅和卧室当中不设顶棚，只在厨房和卫生间才设置。但是要实现内装的装配化施工，在住宅的室内设置顶棚是非常重要的环节之一，因为在工业化的住宅当中进行管线和主体的分离设计和施工时会有大量的水管和电管需要在顶棚的空间内进行排布。顶棚一般是采取龙骨类的材料加上覆面板的方式，但是一旦应用在居室当中，顶棚的高度和室内净高就存在一定的矛盾，因此就需要选择一种低空间的顶棚设置方式，尽量将顶棚的高度控制在 10cm 以内。

架空顶棚是一种能够实现干式装配作业的住宅内装部品体系，它的优势在于能够把各类的管线综合排布，并且集成采光、照明、通风等功能。其装配程度较高，而且材料是可以回收利用的，但是由于造价的原因目前只在工业化住宅中有所应用。

3. 地面体系

在地面体系中，架空地面体系在日本的集合住宅中应用得很普遍，这种地面体系有几个特点：第一，地面的水平调整可以通过一些支撑点来实施，不必为基层提前做找平的工作，比较容易实现；第二，施工比较快捷，省时省力，它是属于工厂化率比较高的产品，所有的螺栓、地板承压条、上层承压密度板都是标准规格的产品，现场能够实现完全的干法施工；第三，所有的管线在底下能够实现比较随意地穿行，布线排管比较方便；第四，即铺即用，比较方便。

因为架空地面，使地面有空气层，可以防止地板受潮变形，另外可以避免因为变形发生的声响。架空地面由可调节高度的螺栓支撑，另外可以根据工程设计的需要选择地板采暖，但是在地面和墙体连接处需要安装地板的承压条，并且调整架空的高度。架空地面可以和较为成熟的住宅卫生间同层排水技术配合，实现足够的架空高度，同时为实现住宅设备管线的集成排布以及后期的维护维修提供比较好的条件，避免为了维修剔凿楼板和墙体的做法。

在地面系统选择的时候，实际上应该关注的是设备选型、层高和造价等多方面的因素。架空地面体系目前在国内的一些示范工程已经有了应用，但是技术并不成熟，在我国到底应该如何应用，在什么范围内应用，还是值得去探讨的。

4. 整体卫浴

整体卫浴是一个整体的工业化产品，它与传统卫生间的最大区别就在于工厂化的生产。传统的施工需要预埋各种管线和现场安装各种设施，通过工厂化生产，这些都可以转变为在工厂里生产来实现卫生间功能的独立。另外，整体卫浴的科学设计与精致做工相辅相成，在结构设计上追求最有效地利用空间。

我国整体卫浴已基本上形成了比较成熟的技术体系和完善的规范标准，已广泛应用在酒店公寓还有交通运输等行业，但是在住宅建筑中的占有率还比较低。整体卫浴引入到我国的时间比较短，目前具有一定规模和品牌的整体卫浴企业只有远铃、海尔、科逸和有巢氏，在我国的卫浴市场没有形成很强的认知度。我国的住宅商品化时间比较短，住宅的个性化装修需求比较强烈，但整体卫浴产品种类比较少，它与个性化的装修之间还存在差距。

6.3.4 模数在内装设计中的应用

工业化标准体系中，内件为基准的结构采用组合模数，计作"m"，m＝10；外件为基准的结构采用分割模数，计作"M"，M＝100。在"M"已给定的情况下，"m"取"M"的整数分割值，实现内外件的尺寸协调关系。

内装部品设计前，首先要分析建筑设计的相关模数规律，其次内装部品设计时，应充分结合建筑模数，明确各内装部品的尺寸、位置、做法，要适应满足不同建筑设计模数，设计误差范围应控制在毫米级来满足装配式建筑精细化要求。

住宅设计中，空间尺寸作为外件，应有利于分割成部品通用规格尺寸，部品通用规格尺寸作为内件，应有利于组合成空间尺寸，两组尺寸应形成便于分割和组合的数列关系。相关的尺寸关联设计，便于在现有的空间里面合理地组合设计，同时几何比例与模数相结合来设计更加符合人的审美。

在模数尺寸的协调过程中，应满足空间与部品尺寸的相互协调要求，有利于内装部品形成通用标准系列，便于替换，有利于分解和组合。模数协调的方法如图6.3-2所示。

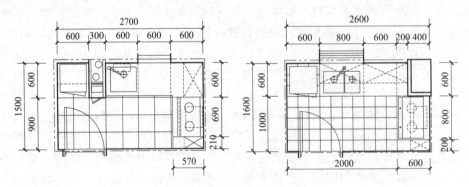

图 6.3-2 模数协调方法

（1）3nM＝300mm 或 1.5nM＝150mm 的特点：

1）现有瓷砖、顶棚等界面部品的通用规格。

2）多样化的组合关系，小空间更具优势。

（2）2nM＝200mm 或 1nM＝100mm 的特点：

1）在整体卫浴、装配式内饰面板的优势。

2）定位尺寸简便易行。

部品设计过程中遵循以基础模数（200mm 或 100mm）为基准来设计内装部品，将空间以及部品的形状进行组装设计，在固定的空间里面合理的组合摆放。

6.3.5 应用案例

2013年初，通过北京市公租房体验馆建设项目，组织国内26家部品生产企业进行公共租赁住房内装部品技术整合及集成装配技术实践，并共同协商统一各类部品的设计规则。图6.3-3是北京市公租房户型图以及局部内装部品。

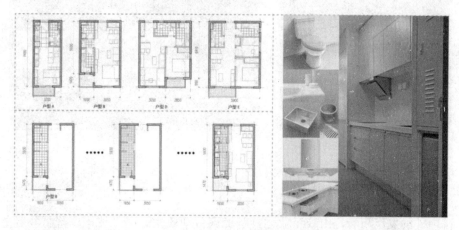

图6.3-3 北京市公租房户型图及局部内装部品

公租房的厨房与过道结合，形成开放式厨房，并采用开放式集成橱柜，形成模数化的橱柜尺寸，定制烟机灶台和收纳系统，如图6.3-4所示。

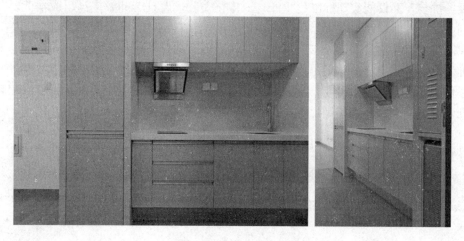

图6.3-4 开放式厨房

卫生间采用集成装配技术，如图6.3-5所示，墙面、地面、顶棚的装饰采用以下做法：墙面采用300mm×300mm瓷砖，干法粘贴；地面采用300mm×300mm瓷砖，湿法作业；顶棚采用300mm×300mm铝扣板，与照明、通风相结合。

图 6.3-5　卫生间装饰

6.3.6　总结

从国内外的发展来看，内装工业化具备提高劳动效率、降低成本、降低物耗等特点。将所有的产品装修成真实的样板房，从硬装到软装明码标价，让装修就像买家具一样。在内装部品与建筑本身模数相符合的情况下，将产品商品化，消费者可以按自己的喜好自由选择、组合来进行装修。从硬装到软装，能在工厂加工的配件都可以在工厂加工完成，最后到现场拼装，不仅能实现标准化生产，一体化安装，而且劳动效率高、成本低，效果也能得到保证。从而体现内装部品一体化生产的高质、高效、环保、节省工期的特点。

我国住宅部品的发展还处于初期，各类住宅部品的标准化程度参差不齐，很难形成一套标准的体系。住宅部品体系是住宅产业化工作的重要技术支撑，国内的相关专业人士需要加强住宅部品成套技术研究，积极开展住宅部品性能和工程应用的关键技术、配套技术的研究，形成一套完整的应用体系。

7 外围护系统设计

7.1 外围护系统设计概述

装配式混凝土建筑的外围护系统一般由外墙（幕墙）、屋面、门窗三大部分组成，每一部分都自成系统，各部分互相连接，构成建筑的外围护系统，满足结构、围护、保温隔热、防水、防火、隔声等性能要求，营造舒适宜人的室内环境并创造美观的建筑形象。

（1）外墙系统

混凝土装配式建筑外墙系统可以划分为预制外墙板类、现场组装骨架类和建筑幕墙类。

1）预制外墙板类：根据不同的主体结构体系，预制墙板又可分为预制承重外墙板系统和预制非承重外墙板系统。预制承重外墙板一般由混凝土制成，与主体结构多采用刚性连接，现浇节点，使预制承重外墙板之间、预制承重外墙板与现浇结构之间的节点或接缝的承载力、刚度和延性不低于现浇结构。预制非承重外墙板包括有预制混凝土外墙板、蒸压加气混凝土板、复合夹芯条板等，这类墙板与主体连接不需要骨架，可采用内嵌式、外挂式、嵌挂结合三种连接形式，分层悬挂或承托。当采用外挂式连接时，外挂墙板与主体结构多采用柔性连接，连接节点具有足够的承载力同时还能适应主体结构变形，对有抗震设防要求的地区，连接节点应进行抗震设计。

预制外墙板是装配式混凝土建筑最重要也是最常用的建筑外墙体系。设计时除应充分考虑预制墙板的安全性（结构、防火）、功能性（围护、防水、保温隔热及隔声）、耐久性技术性能要求外，还需考虑制作工艺、运输及施工安装的可行性，做到标准化、系列化，同时兼顾其经济性。

预制外墙板的节点和连接在保证结构整体受力性能的前提下，应受力明确、构造简单、连接方便，承载能力极限状态下，连接节点不应发生破坏。节点设计还应便于工厂加工、现场安装就位和调整；连接件的耐久性应满足使用年限要求。

预制外墙板的接缝一般采用结构防水、构造防水、材料防水等相结合的防排水系统及构造设计。外墙板部品间或外墙板部品与主体结构的板缝多采取性能匹配的弹性密封材料填塞、封堵，在接缝处以及与梁、板、柱的连接处设置防止形成热桥的构造措施。

2）现场组装骨架类：包括木骨架组合外墙体系；钢龙骨组合外墙体系等；这类外墙采用工厂生产的骨架和板材，在现场进行组装。

3）建筑幕墙类：此类外墙是指悬吊、挂于主体结构外侧的轻质围护墙，当前用于幕墙的材料有天然石材、金属板、玻璃、人造石材、复合板材等。

（2）屋面系统

装配式混凝土建筑的屋面系统和采用常规方法建造的建筑一样，主要由结构层、保温层、防水层、保护层构成，其中结构层可由预制叠合板构成，屋面女儿墙也可由预制女儿墙板建造。屋面系统应根据建筑的屋面防水等级进行防水设防，并应具有良好的排水功能。

（3）门窗系统

装配式混凝土建筑由于构件生产的工厂化，具有毫米级的精度，便于门窗安装和制作。装配式混凝土建筑的门窗安装一般采用先装法和后装法。

7.2 外围护结构分析与计算

7.2.1 作用与作用组合

外围护墙板属于自承重构件，外挂于主体结构之上，在进行墙板结构设计计算时，不考虑分担主体结构所承受的荷载和作用，只考虑承受直接施加于其上的荷载或作用，包括重力荷载、墙板平面外风荷载、平面内和平面外地震作用，以及温度效应。连接节点应能有效传递墙板荷载，并考虑荷载的偏心效应。

（1）施工阶段验算时，应计算重力荷载、脱模和吊运等动力作用的等效荷载效应；非抗震设计时，应计算重力荷载和风荷载效应；抗震设计时，应计算重力荷载、风荷载和地震作用效应；计算外挂墙板及连接节点的承载力时，荷载组合的效应设计值应符合现行国家标准《建筑结构荷载规范》GB 50009 和《建筑抗震设计规范》GB 50011 有关规定。

（2）在持久设计状况、地震设计状况下，进行外挂墙板和连接节点的承载力设计时，永久荷载分项系数 γ_G 应按下列规定取值：

1）进行外挂墙板平面外承载力设计时，γ_G 应取为 0；进行外挂墙板平面内承载力设计时，γ_G 应取为 1.2。

2）进行连接节点承载力设计时，在持久设计状况下，当风荷载效应起控制作用时，γ_G 应取 1.2，当永久荷载效应起控制作用时，γ_G 应取 1.35；在地震设计状况下，γ_G 应取 1.2。

（3）风荷载标准值应按现行国家标准《建筑结构荷载规范》GB 50009 有关围护结构的规定确定。

（4）计算水平地震作用标准值时，可采用等效侧力法，并应按下式计算：

$$F_{EhK} = \beta_E \alpha_{max} G_k \tag{7.2-1}$$

式中 F_{EhK}——施加于外挂墙板重心处的水平地震作用标准值；

β_E——动力放大系数，可取 5.0；

α_{max}——水平地震影响系数最大值，应按表 7.2-1 采用；

G_k——外挂墙板的重力荷载标准值。

水平地震影响系数最大值 α_{max}　　　　　　表 7.2-1

抗震设防烈度	6 度	7 度	8 度
α_{max}	0.04	0.08（0.12）	0.16（0.24）

注：抗震设防烈度 7、8 度时括号内数值分别用于设计基本地震加速度为 0.15g 和 0.30g 的地区。

（5）竖向地震作用标准值可取水平地震作用标准值的 65%。

7.2.2 构件及连接计算

1. 构件计算

（1）预制外挂墙板应根据现行国家标准《混凝土结构设计规范》GB 50010进行承载力极限状态和正常使用极限状态的验算，同时应对墙板在脱模、吊装、运输及安装等过程的各工况进行验算，计算简图应符合实际受力状态。

（2）预制外挂墙板挠度限值为1/200，裂缝控制等级为三级，最大裂缝宽度允许值为0.2mm。

2. 连接计算

（1）连接节点抗震性能应满足多遇地震和设防地震作用下连接节点保持弹性；罕遇地震作用下外挂墙板顶部剪力键不破坏，连接钢筋不屈服。

（2）连接节点可适应的最大层间位移角：主体结构为混凝土结构时不小于1/200，主体结构为钢结构时不小于1/100；连接节点应具有消除外挂墙板施工误差的三维调节能力；连接节点应具有适应外挂墙板的温度变形的能力。

（3）预制外挂墙板与主体结构的干式连接一般为点式支承，构造可选用转动型连接或滑动型连接，外露铁件应进行表面防腐处理。

（4）外挂墙板与主体结构点支承连接件的滑动孔尺寸，应根据穿孔螺栓直径、层间位移限值和施工误差等因素综合确定。

（5）外挂墙板连接节点中的预埋件、连接件、焊缝及螺栓的设计，应符合现行国家标准《混凝土结构设计规范》GB 50010和《钢结构设计规范》GB 50017的相关规定。

7.3 防水及保温节能设计

装配式混凝土建筑的外围护系统设计应满足防水、保温节能的性能要求。针对建筑围护的不同部位（墙面、屋面、门窗）需要有不同的设计，而同一部位选用不同的围护类型时也会有各自不同的构造做法。例如，对于建筑外墙，选用预制混凝土墙板与选用蒸压加气混凝土外墙板，墙板的保温和连接做法就各不相同，防水做法也不一样。

屋面和门窗的防水保温做法，装配式混凝土建筑和常规建造的混凝土建筑差别不大，本章节重点介绍装配式混凝土外墙系统的防水和保温做法。

7.3.1 防水设计

（1）建筑幕墙系统有完整成熟的防水做法，一般是采用密封胶封堵板材、玻璃之间的接缝，经过多年大量建设的实践，已经证明是行之有效的做法。

（2）木龙骨组合外墙的构造从室内到室外，主要由内墙面材料、木骨架、保温隔热、隔声填充材料、外墙面防水防潮材料、外墙饰面、密封材料和连接件组成。外墙防水主要依靠外墙防水材料和外墙饰面。外墙防水层是一种具有防水透气性能的油纸或薄膜，又称防水透气膜，可以防止雨水从外面渗透到木结构墙体中，同时使墙体内部积聚的水蒸气散失出去，保持墙体骨柱及保温层处于干燥状态。木龙骨组合外墙宜采用有排水通风功能的外饰面系统，通过阻隔毛细作用，提供良好的排水和通风途径，从而防潮、防水，提高外墙的耐久性。

(3) 预制外墙板自身是具有防水性能的，重要的是做好墙板之间接缝的防水，做法如下：

1) 接缝构造：预制外墙板接缝处应根据不同部位、不同条件采用结构自防水＋构造防水＋材料防水三道防水相结合的防排水系统。挑出外墙的阳台、雨篷等构件的周边应在板底设置滴水线。预制外墙板接缝采用构造防水时，水平缝宜采用企口缝或高低缝，少雨地区可采用平缝。竖缝宜采用双直槽缝，少雨地区可采用单斜槽缝。

2) 接缝宽度：外墙板接缝宽度设计应满足在热胀冷缩及风荷载、地震作用等外界环境的影响下，其尺寸变形不会导致密封胶的破裂或剥离破坏的要求。因此在设计时应考虑接缝的位移，确定接缝宽度，使其满足密封胶最大容许变形率的要求。外墙板接缝宽度不应小于 10mm，一般设计宜控制在 10～35mm 范围内；接缝胶深度一般在 8～15mm 范围内。

3) 防水材料：预制外墙板接缝采用材料防水时，必须用防水性能可靠的嵌缝材料。防水材料主要采用发泡芯棒与密封胶。外墙板接缝所用的密封材料应选用耐候性密封胶，耐候性密封胶与混凝土的相容性、低温柔性、最大伸缩变形量、剪切变形性、防霉性及耐水性等均应满足设计要求。

(4) 蒸压加气混凝土条板内部小孔均为独立的封闭孔，直径约为 1mm，能有效地阻止水分扩散。在蒸压加气混凝土条板装配时，外墙板设构造缝，外墙板的室外侧缝隙采用专用密封胶密封，可以进一步提高墙体整体防渗性，室内侧板缝采用嵌缝剂嵌缝。蒸压加气混凝土条板需要做饰面保护层，不仅可提高美观程度，同时也是保护加气混凝土制品耐久性的重要措施，一般采用防水涂料或面砖做外饰面，如外挂石材或金属饰面时，主龙骨应固定在主体结构受力构件上。

7.3.2 保温节能设计

如 7.1 所述，装配式混凝土建筑的外墙系统主要分为三类：预制墙板类、现场组装骨架类和建筑幕墙类，其保温做法各有不同。

(1) 建筑幕墙：玻璃幕墙根据建筑保温节能的要求选用适宜的 Low-E 玻璃和构造（中空或两层中空），使幕墙的热工性能指标达标即可；如建筑幕墙为石材幕墙或金属幕墙时，幕墙内侧一般还有一道围护墙体，利用幕墙和墙体之间幕墙骨架的空间，在围护墙体外侧设置适宜厚度的外保温即可。

(2) 现场组装骨架类：主要通过在墙骨柱空腔中填充保温层来形成保温、围护一体化的墙体，其保温效果好，耐久性长，美观并且便于在墙体表面附加内、外饰面。如在严寒地区，墙体自身厚度无法达到保温要求时，也可在墙体外层增加外保温层满足要求，保温厚度依据保温材料和保温要求确定。

(3) 预制墙板类：对于装配式混凝土建筑，预制外墙板具有工厂化生产的优势，保温做法更强调保温、围护一体化，保温性能好、耐久时间长。

预制混凝土外墙板一般有单叶墙板和夹心保温墙板（三明治板）两种类型，前者不附加保温层，后者在内、外叶墙板之间放置保温板，将围护结构和保温材料集成于一体，在工厂内一次生产完成，装配式一次吊装完成，不需另作保温工序。三明治墙板由于外叶墙板的存在，使得保温层与维护墙体具有同等寿命，同时还满足了防火要求，这两种墙板适合于承重和非承重的外墙板。

严寒、寒冷地区一般采用夹心保温墙板，夏热冬暖地区多采用在单叶墙板内附加内保温的做法来满足保温、隔热的需求。夹心保温板内保温材料应满足《装配式混凝土结构技术规程》JGJ 1—2014 的要求，可选用挤塑聚苯乙烯板（XPS）和发泡聚苯乙烯板，内保温选用材料与此类似，预制混凝土外墙板具体保温做法见表 7.3-1。外墙板的保温层厚度应根据节能设计要求计算确定，并采用主断面的平均传热阻值或传热系数作为其热工设计值，应尽量减少混凝土肋，金属件等热桥影响，避免内墙面或墙体内部结露。

预制混凝土外墙板保温做法　　　　　　　　　　　　　　表 7.3-1

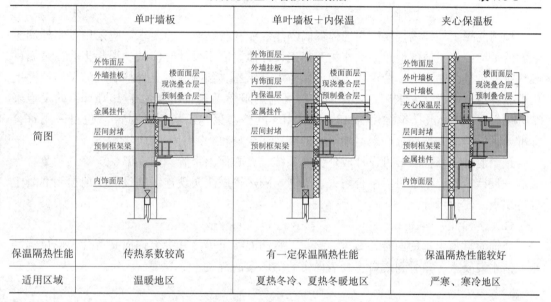

	单叶墙板	单叶墙板＋内保温	夹心保温板
简图			
保温隔热性能	传热系数较高	有一定保温隔热性能	保温隔热性能较好
适用区域	温暖地区	夏热冬冷、夏热冬暖地区	严寒、寒冷地区

蒸压加气混凝土条板属于非承重的外墙板材，与主体采用内嵌或外挂式连接，具有轻质高强的特性。由于其本身就是保温材料，因此也具有保温、围护一体化的集成特性，可以通过改变墙体的厚度来满足保温节能的要求（200mm 厚即能满足 65％节能要求，300mm 厚即能满足 75％节能要求），用 200mm 厚的产品做外墙，其保温隔热效果是普通混凝土的 12 倍。该产品的原料和产品本身为无机物，具有绝对不燃性，满足防火对保温材料的要求。

7.4　预制混凝土外挂墙板

随着近年来装配式混凝土建筑的大力推广，建筑物外墙采用预制混凝土外挂墙板日益增加。预制混凝土外挂墙板属于非承重墙体，并不参与结构整体受力，而是像幕墙一样附着在主体结构的外侧。预制混凝土外挂墙板是装配在钢结构或混凝土结构上的非承重外围护挂板。

7.4.1　预制混凝土外挂墙板特点

预制混凝土外挂墙板利用混凝土的可塑性强的特点，可充分表达建筑师的设计意愿，使大型公共建筑外墙具有独特的表现力。预制混凝土外挂墙板可采用反打成型工艺，带有装饰面层，在工厂采用工业化生产，具有施工速度快、质量好、安装方便、维修费用低的特点。根据工程需要，可设计成集外装饰、保温、墙体围护于一体的复合保温外挂墙板，也可以设计成复合墙体的外装饰挂板。目前国内可作为装配式外墙板使用的主要墙板种类有：混凝土岩棉复合外墙板、薄壁混凝土岩棉复合外墙板、混凝土聚苯乙烯复合外墙板、混凝土珍珠岩复合外墙板、钢丝网水泥保温材料夹心板、SP 预应力空心板、加气混凝土外墙板与真空挤压成型纤维水泥板（简称 ECP）等。

7.4.2 预制混凝土外挂墙板技术性能

（1）保温性、隔热性

预制混凝土外挂墙板要满足墙体保温隔热性能和防结露性能要求，应采用预制外墙主断面的平均传热阻值或传热系数作为其热工设计值。墙板设计时应减少混凝土肋、金属件等热桥的热量传递影响，避免内墙面或墙体内部结露。预制混凝土外挂墙板的保温层厚度可根据各地节能设计要求确定，保温材料可选用阻燃型表观密度大于 $16\mathrm{kg/m^3}$ 的发泡聚苯乙烯板（EPS）或压缩强度为 $150\sim250\mathrm{kPa}$ 的挤塑聚苯乙烯板（XPS），也可采用符合标准要求的岩棉、玻璃棉、聚氨酯等其他高效保温材料。

预制混凝土外挂墙板可设计成外保温系统、夹心保温系统、内保温系统等三种复合保温墙身设计，保温系统可以结合防火、隔声、隔热等做法实现连续铺设，实现预制混凝土外挂墙板一体化设计。

（2）装饰性

装饰面材料可选用面砖、石材、涂料、装饰混凝土等。其中装饰面又可分为彩色混凝土、清水混凝土、露骨料混凝土及表面带装饰图案的混凝土等类型。

（3）防水性

板缝防水用硅酮类、聚硫类、聚氨酯类、丙烯酸类等建筑密封胶。其技术性能应符合《混凝土建筑接缝用密封胶》JC/T881 要求。

（4）防火性

防火材料可选用玻璃棉、矿棉或岩棉等，其技术性能应符合《绝热用玻璃棉及其制品》GB/T 13350 和《绝热用岩棉、矿渣棉及其制品》GB/T 11835 要求。

7.4.3 预制混凝土外挂墙板的板型划分

预制混凝土外墙挂板按照建筑外墙功能定位可分为围护板系统和装饰板系统，其中围护板系统又可按建筑立面特征划分为整间板体系、横条板体系、竖条板体系、异形板体系等，见表 7.4-1。

（1）围护板系统

横条板体系：板高为上下两层窗间距离，宽度一般在 9.0m 以下，如图 7.4-1 所示。

竖条板体系：板高为一个层高，宽度为左右两窗间距离，如图 7.4-2 所示。

板型划分及设计参数要求
表 7.4-1

外墙立面划分		立面特征简图	挂板尺寸要求	适用范围
围护板系统	横条板体系		板宽 $B \leqslant 9.0$m 板高 $H \leqslant 2.5$m 板厚 $\delta = 140 \sim 300$mm	混凝土结构 钢框架结构
	竖条板体系		板宽 $B \leqslant 6.0$m 板高 $H \leqslant 5.4$m 板厚 $\delta = 140 \sim 240$mm	
	整间板体系		板宽 $B \leqslant 2.5$m 板高 $H \leqslant 6.0$m 板厚 $\delta = 140 \sim 300$mm	

图 7.4-1　横条板体系

图 7.4-2　竖条板体系

整间板体系：板高为一个层高，宽度一般在 6.0m 以下，如图 7.4-3 所示。

图 7.4-3　整间板体系

异形板体系：根据外立面造形进行模数化、标准化设计，如图 7.4-4、图 7.4-5。

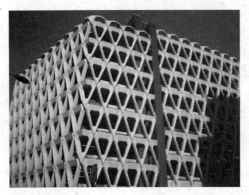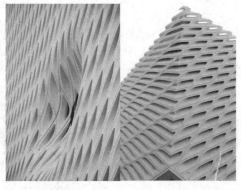

图 7.4-4　英国蒙台梭利小学　　　　　图 7.4-5　美国布罗德美术馆

（2）装饰板系统

装饰混凝土外挂墙板是在普通的混凝土表层，通过色彩、色调、质感、款式、纹理、肌理和不规则线条的创意设计、图案与颜色的有机组合，创造出各种天然大理石、花岗石、砖、瓦、木等天然材料的装饰效果。

面砖饰面：采用反打一次成型工艺制作，面砖的背面宜设置燕尾槽，其粘结性能应满足《建筑工程饰面砖粘结强度检验标准》JGJ/T 110—2017，如图 7.4-6 所示。

石材饰面：采用反打一次成型工艺制作，石材的厚度应不小于 25mm，石材背面应采用不锈钢卡件与混凝土实现机械锚固，石材的质量及连接件固定数量应满足设计要求，如图 7.4-7 所示。

涂料饰面：应采用装饰性强、耐久性好的涂料，宜优先选用聚氨酯、硅树脂、氟树脂等耐候性好的材料。

图 7.4-6 面砖饰面

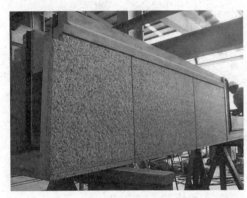
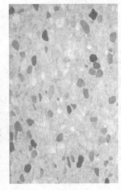
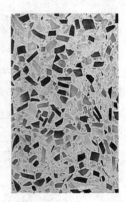

图 7.4-7 石材饰面

清水混凝土饰面：属于一次浇筑成型，不作任何外装饰，直接采用现浇混凝土的自然表面效果作为饰面，因此不同于普通混凝土，其表面平整光滑、色泽均匀、棱角分明、无碰损和污染，只是在表面涂一层或两层透明的保护剂，显得十分天然，质朴，庄重。材料本身所拥有的柔软感、刚硬感、温暖感、冷漠感不仅对人的感官及精神产生影响，而且可以表达出建筑情感，如图 7.4-8 所示。

图 7.4-8 清水混凝土饰面

7.4.4 预制混凝土外挂墙板的连接方式

在预制混凝土中,连接方式决定了结构整体的稳定性,所以连接部分的研究往往最为重要。由于各国各类规范不同,连接方式的分类也不同,从施工方式上,大都归于干式连接和湿式连接两种。

干式连接是干作业的连接方式,连接时不浇筑混凝土,而是通过在连接的构件内植入钢构件或其他连接部件,通过螺栓连接或焊接,从而达到连接的目的。而常用的干连接方法主要包括机械套筒连接、预应力压接、牛腿连接、焊接连接以及螺栓连接等,如图7.4-9所示。

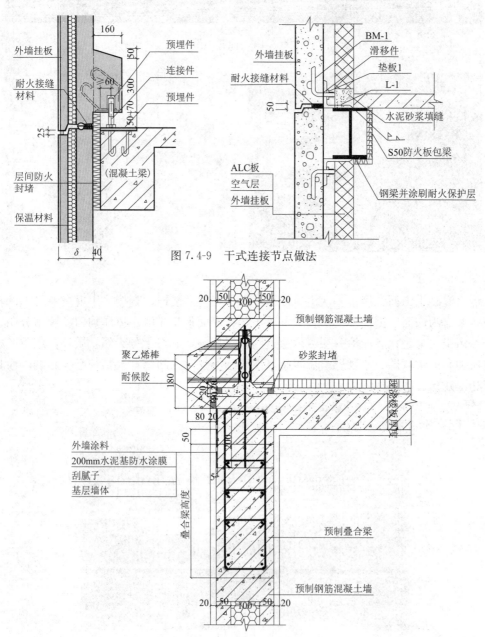

图 7.4-9　干式连接节点做法

图 7.4-10　湿式连接节点做法

湿式连接是湿作业的连接方式，连接时浇筑混凝土或水泥浆与其锚固，如图 7.4-10 所示。其中前者提前在工厂完成梁柱构件制作，然后运往现场后再拼装和吊装，并在梁柱节点上浇筑混凝土，完成后浇整体式结构。当前湿式连接的方法较多，如浆锚连接、普通后浇整体式连接、普通现浇连接、灌浆拼装等。湿式连接的整体性较好，几乎能实现与现浇节点抗震性能的等同。干式连接相较于湿式连接更具有施工便捷的特点，符合建筑工业化的发展趋势，其能够确保刚度和承载力类似于现浇结构，不过恢复性和延性较差，与现浇的装配式框架结构差距较大，更难以防止地震荷载作用下产生的破坏。因此，建筑和结构设计人员应对装配式混凝土结构不同的节点形式和构造方法进行深入的研究。

7.4.5 预制混凝土外挂墙板的板缝防水设计

传统建筑防水最主要的设计理念就是堵水，将水流可以进入室内的通道全部隔断，以起到防水的效果。然而对于预制装配式建筑，导水优于堵水，排水优于防水。简单地说，就是在设计时就要考虑水流可能会突破外侧防水层，除进行防水处理外，通过设计合理的排水路径将可能渗入的水引导到排水构造中，将其排出室外，才能有效避免水进一步渗透到室内，并根据当地气候条件合理选用结构防水、构造防水、材料防水相结合的防排水系统。

外挂墙板接缝主要分为垂直接缝和水平接缝两种，在板面的拼缝口处用发泡聚乙烯棒塞缝，并用密封胶嵌缝，以防水汽进入墙体内部。另外，在现浇楼面边缘设置企口，墙板的上下两端分别设有用于配套连接的企口，将墙板水平接缝设计成内高外低的企口缝，利用水流受重力作用自然垂流的原理，可有效防止水进一步渗入。墙板竖向接缝处设计减压空腔，能防止水流通过毛细作用渗入室内，其原理是让建筑内外侧等压，确保水密性和气密性，防止气压差造成接缝空间内出现气流，带入雨水，形成漏水。其操作过程是让建筑外侧处于开放或半开放状态，对建筑内侧进行气密处理，通过用发泡材料将外墙板接缝空间划分为小的区域，让接缝空间内与室外气压瞬间平衡。外墙板的水平接缝、水平企口缝、垂直接缝分别如图 7.4-11～图 7.4-13 所示。

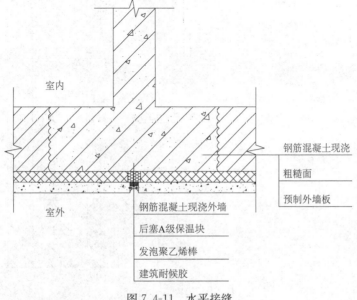

图 7.4-11　水平接缝

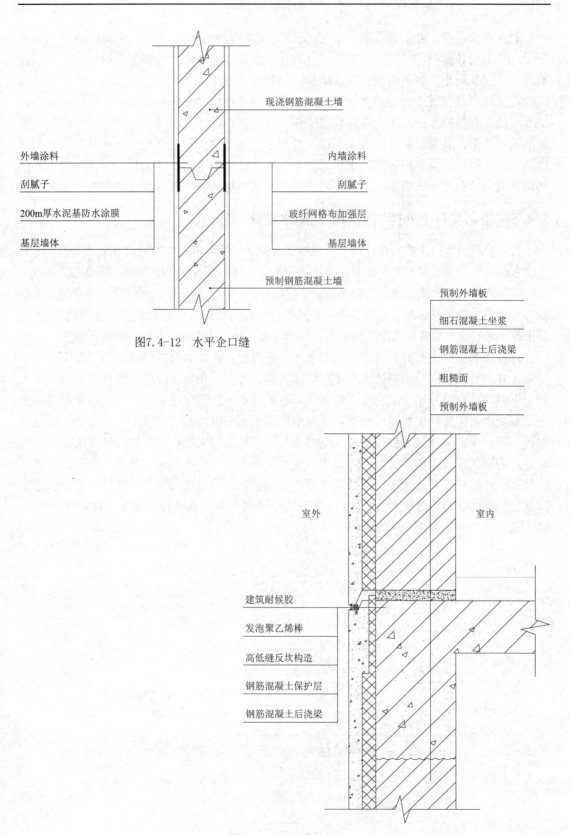

图7.4-12 水平企口缝

图 7.4-13 垂直接缝

对于门窗系统，因安装精度大幅提高，除了在门窗框与基层之间采取密封措施之外，其余构造措施还包括上沿设置滴水（鹰嘴）、窗户内外两侧窗台内高外低以利排水等，如图 7.4-14 所示。

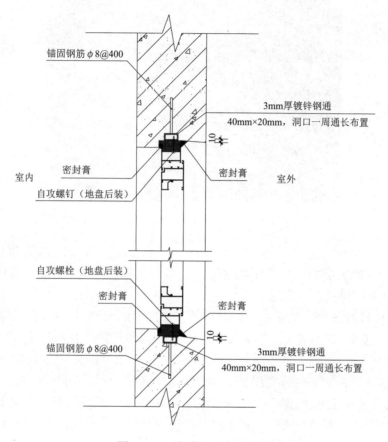

图 7.4-14　门窗防水节点做法

预制装配式建筑是目前建筑行业正在大力推广的新型技术，从技术层面上来讲，通过将外墙板的横向拼装接缝设计成企口缝，在竖向拼装接缝处设计空腔等一系列改良措施，外墙防水性能能够得到有效保障。

7.4.6　预制混凝土外挂墙板的配套（附）件

预制混凝土外挂墙板的配套（附）件由深化设计单位进行设计，厂家进行产品深化设计后，向施工单位提供结构主体预埋件和连接件详图、清单，外挂墙板上的预埋件由厂家提供。

7.5　蒸压加气混凝土板材类系统

蒸压加气混凝土板材又称 ALC 板材（图 7.5-1），是以水泥、硅砂、石灰为原料，铝粉为加气剂，采用经防锈、防腐处理的钢筋网片作为配筋，经高温、高压蒸汽养护制成的一种高性能多孔混凝土板材。

蒸压加气混凝土板材具有轻质高强、保温隔热、耐火抗震、隔声防渗、抗冻耐久、环保节材等优越性能，符合现行国家规范与标准的规定。

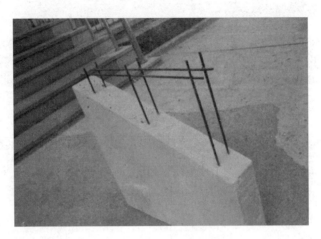

图 7.5-1　蒸压加气混凝土板

（1）ALC 板干密度为 $500\sim600\mathrm{kg/m^3}$，仅为普通混凝土的 1/5，陶粒混凝土的 7/10，砖的 1/3，可降低楼层荷载，减轻建筑物自重，减少结构材料用量，降低基础的成本，从而降低整个工程的造价。

（2）ALC 板内部有许多细小、互不连通的孔隙，能有效地吸收声音起到隔声的效果。

（3）ALC 板导热系数仅为 0.11W/（m·K），保温隔热性能为普通混凝土的 10 倍，厚度 125mm 板材的保温性能相当于厚度 370mm 的黏土砖；在保证受力的前提下作为围护结构的材料，墙体可以做得薄一些，若在寒冷地区建造建筑物，可优先考虑选用此种板材。

（4）ALC 板本身均为无机物，绝不燃烧，燃烧性能为 A 级，且在高温下不会产生有害气体，因而具有良好的耐火性能，是理想的防火材料。实验表明，100mm 厚墙体的耐火极限就能达到大于 4h，能有效地抵抗火灾。

（5）ALC 板精度高，误差小，施工装配全部采用干式工法，施工后的表面比砌体材料平整，不仅免除墙体两侧抹灰，节省用工，比传统砌体建筑工时缩短 1/3，而且 ALC 板材料具有可回收再利用特性，拆除后可回收重新生产加工成新成品继续使用。

7.5.1　蒸压加气混凝土板的工程应用

蒸压加气混凝土板材主要应用于钢结构和混凝土结构住宅、办公楼、学校、宾馆、医院、商场、超市、厂房、农业大棚、商业、工业等新建、改建及扩建的商用与民用建筑，不仅可以作为外围护墙、隔墙板、屋面板、防火墙等承重墙体以及非承重墙体，适用于非抗震及抗震设防烈度为 8 度及 8 度以下地区，尤其是保温隔热和变形要求较高的建筑外墙、内墙、屋面，也可作为饰面板、外墙保温板及隔声板等，主要包括以下三个方面：

（1）ALC 板在外墙中的应用（图 7.5-2）

主要应用于各种框架结构外围护体系，多用作外墙同时兼作保温材料，可利用 ALC 板的简单节点做出各种特殊造型，如斜外墙面、造型假柱等，亦可对板面进行各种花纹或图案的铣削加工，用于装饰墙面；安装时分竖装、横装、大板安装三类，可以从以下方面进行考虑：一般民用建筑层高有限，框架梁布置有规律，洞口较多且不规则的结构形式宜选用竖装板；工业建筑层高大、柱网整齐，而梁较少，采用横装板较方便；现场场地允许，为了加快施工进度，可以采用大板安装。

图 7.5-2 蒸压加气混凝土外墙板

（2）ALC 板在内墙中的应用（图 7.5-3）

ALC 板主要应用于框架结构的非承重内隔断填充墙板（包括分户墙及户内隔墙），一般采用竖装板（除门洞外），有门洞口的内墙安装顺序应从门洞处向两侧依次安装，无门洞口的隔墙安装应从一端到另外一端顺序排列，当隔墙的宽度尺寸不够 600mm 时，宜将"余量"安排在靠柱或靠墙的一侧，不宜设置在门洞口附近，且门洞两侧应采用角钢进行加固。

图 7.5-3 蒸压加气混凝土内墙板

（3）ALC 板在楼板（屋面板）中的应用（图 7.5-4）

ALC 板可用于各种框架体系的小跨度楼板，屋面包括上人屋面、非上人屋面、平屋面和坡屋面，集承重与保温隔热为一体；由于材料自带钢筋，自身可作承重结构，在板材设计跨度范围内不需在主体结构上增加过梁；拼装时必须长边顶紧，保证纵向槽口和横向间隔缝平直、宽度一致，否则将会影响楼板（屋面板）加强钢筋的放置，同时应加强对屋面板在主体结构梁上搁置长度的检查验收，确保符合设计和规范要求。

图 7.5-4　蒸压加气混凝土楼板（屋面板）

7.5.2　蒸压加气混凝土板的常用规格与分类级别

（1）常用墙板尺寸规格

蒸压加气混凝土板规格设计应遵循"模数协调、少规格、多组合变化"的原则，进行标准化、规格化设计，基本单元模块的高度与宽度尽可能按照板材的常用规格尺寸组合设计，避免出现非模数及非标准的特殊规格板材。

ALC 板厚度主要是根据热工计算要求，结合实际工程做法的需要来设计决定墙体厚度；ALC 板宽度根据目前生产工艺的水平，仅能生产 600mm 宽度一种，然后根据墙体尺寸及拼装方式来组合排列；ALC 板长度主要是根据切割机的特点而定，最大尺寸为 6m，一般情况下可按厘米级进位生产，但是为了实现墙板的标准商品化，节省造价，提高施工装配效率，生产规格不能过多，应尽量选用常用规格板材。同时，在设计时应考虑建筑功能的合理性，以及其他构配件、建筑层高、建筑柱间距等参数的协调，蒸压加气混凝土板的常用规格见表 7.5-1。

蒸压加气混凝土板常用规格表　　　　　　　　　　表 7.5-1

品种	长度（mm）	宽度（mm）	厚度（mm）
屋面板	≤6000	600	250
	≤6000		300
	≤6000		350
外墙板	≤3500	600	100
	≤4500		125
	≤5500		150
	≤6000		175
	≤6000		200
	≤6000		250
	≤6000		300

续表

品种	长度（mm）	宽度（mm）	厚度（mm）
内墙板	≤1400		50
	≤3000		75
	≤4000		100
	≤5000	600	125
	≤6000		150
	≤6000		175
	≤6000		200
	≤6000		250

蒸压加气混凝土板均为配筋规格条板，板材墙体按照建筑结构构造特点可选用横板、竖板、拼装大板三种布置形式。采用竖向安装墙板时，决定墙板长度的关键因素为建筑的层高，主要通过槽板中上下留出的钢筋，或用钻孔埋筋等方法，使板与层间梁或楼板的叠合梁连接。采用横向安装时，决定墙板长度的关键因素为结构柱间距，使板的两端与结构柱连接。蒸压加气混凝土板由于生产工艺的局限，宽度仅为 600mm，板窄，吊装次数多，可将其拼装成大板，其构造连接与竖向布置方式类似。

（2）常用墙板分类级别

蒸压加气混凝土板按蒸压加气混凝土强度分 A2.5、A3.5、A5.0、A7.5 四个强度级别，蒸压加气混凝土外墙板的强度级别应至少为 A3.5，蒸压加气混凝土内墙板的强度级别应至少为 A2.5；蒸压加气混凝土板按蒸压加气混凝土干密度分为 B04、B05、B06、B07 四个干密度级别，蒸压加气混凝土外墙板的干密度级别应至少为 B05，蒸压加气混凝土内墙板的干密度级别应至少为 B04。

7.5.3 蒸压加气混凝土板的洞口设计

在 ALC 板的安装过程中，洞口的设计与加固技术是影响外墙使用寿命的一道关键环节，在实际施工中有重要意义。ALC 板的现场加工简易方便，板块切割、开洞、刻缝都可以人工轻松完成，但板材的切割开口等加工会使板材强度降低，因此现场加工时一定要按规定进行。锚固件开口距离切口位置一般应大于 200mm，切割的部位和尺寸均有一定的限制。

绝对不能在锚件旁切割，否则会破坏锚件的锚固强度，影响板块的固定。合理的洞口设计中，尽量避免洞口在两个板块之间，否则会影响洞口的防水性能，如图 7.5-5 所示。

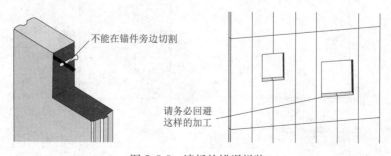

不能在锚件旁边切割

请务必回避这样的加工

图 7.5-5　墙板的错误拼装

以标准宽度 600mm 的板块为例，阴影部分代表板块的切割与开洞，侧边切割和顶部切割时，切割宽度小于等于 300mm，切割边缘应大于板块锚件点 200mm，如图 7.5-6 所示。

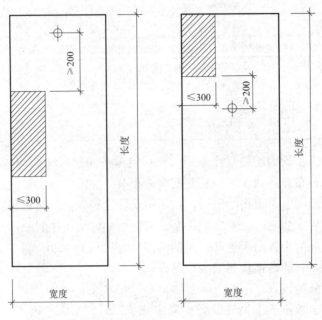

图 7.5-6　墙板切割示意

板块开洞时，洞口宽度小于等于 300mm，洞口边缘应大于板块锚件点 200mm。宽度大于 300mm 时要采取一定的加固措施。板块刻缝深度均小于等于 50mm，缝宽小于等于 30mm，如图 7.5-7 所示。

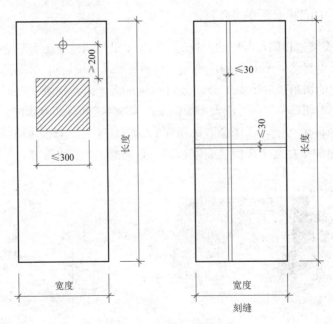

图 7.5-7　开洞与刻缝示意

门窗洞口应满足建筑构造、结构设计及节能设计要求，门窗安装应满足气密性以及防水、保温的要求，外门、窗框或附框与墙体之间应采取保温及防水措施。门窗口上端可采用聚合物砂浆抹滴水线或鹰嘴，也可采用成品滴水槽，窗台外侧聚合物砂浆抹面做坡度。

7.5.4　蒸压加气混凝土板的缝处理及墙面做法

蒸压加气混凝土板在建筑上使用时，需适应主体结构、与其他材料相接处及自身的变形，板材在与其他墙体、梁、柱、顶板接触连接时，应采用柔性连接，端部预留 10～20mm 的缝隙，可用聚合物或 PU 发泡剂填充，有防火要求时应用防火材料（岩棉、玻璃棉等）进行填塞。

当外围护墙体采用内嵌方式时，在严寒、寒冷和夏热冬冷地区，外墙中的钢筋混凝土及钢结构梁、柱等热桥部位外侧应作保温处理；同时蒸压加气混凝土外墙板应设置构造缝，完成墙面安装后在室外侧缝隙处采用专用密封胶密封，防止板缝进水，室内侧及内墙板板缝应采用嵌缝剂嵌缝。墙板与墙板间缝隙、墙板顶部与主体结构间缝隙、墙板底部与楼地面间缝隙常用的板缝做法详见表 7.5-2。

内外墙板缝做法表　　　　　　　　　　　　　　表 7.5-2

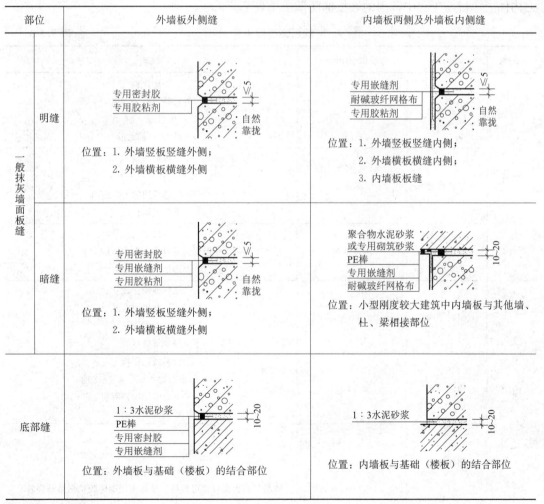

部位	外墙板外侧缝	内墙板两侧及外墙板内侧缝
变形缝	PU发泡剂或岩棉（有防火要求时） PE棒 专用密封胶 专用嵌缝剂 10～20 位置：1. 外墙板与其他墙、梁、柱相连时的结合部位； 2. 外墙横板竖缝； 3. 墙板转角处竖缝； 4. 外挂式外墙板竖板的横缝	PU发泡剂或岩棉（有防火要求时） 专用嵌缝剂 10～20 位置：内墙板与其他墙、梁、柱相连时的结合部位

　　蒸压加气混凝土板外墙宜采用防水涂料、面砖做外饰面，外饰面不仅是美观要求，也是保护加气混凝土制品耐久性必不可少的重要措施，良好的饰面是提高抗冻、抗干湿循环和抗自然碳化的有效方法。当采用石材或金属外饰面时，主龙骨通常应固定在主体结构受力构件上。目前工程中常用的墙板饰面做法见表 7.5-3。

墙板饰面做法表 表 7.5-3

品种	名称	厚度（mm）	做法
外墙	涂料墙面	≤6	外墙涂料 外墙防水腻子 2 遍 丙乳液一遍 砂加气墙板面
	涂料墙面	≤20	外墙涂料 6mm 厚聚合物水泥砂浆 1～2 遍 2～3mm 厚专用防水界面剂 砂加气墙板面
	挂板饰面	由设计定	干挂饰面板 专用型钢龙骨固定在主体结构上 砂加气墙板面
内墙	涂料墙面	3～5	涂料或贴壁纸 1～2mm 专用面层腻子 2～3mm 专用底层腻子 砂加气墙板面
	粉刷墙面	≤15	涂料或贴壁纸 6mm 厚聚合物水泥砂浆 1～2 遍 2～3mm 厚专用界面剂 砂加气墙板面
	面砖墙面	≤20	面砖 6mm 厚聚合物水泥砂浆 1～2 遍 2～3mm 厚防水界面剂 砂加气墙板面（也可直接在墙体上用陶瓷胶粘剂粘贴瓷砖）

7.5.5 蒸压加气混凝土板的节点设计

ALC板作为墙板时，与主体结构的连接构造应考虑在确保节点强度可靠性、安全性的基础上，同时保证墙板连接节点在平面内的可转动性及延性，以确保墙体能适应主体结构不同方向的层间位移，满足在抗震设防烈度下主体结构层间变形的要求。

目前墙板与主体结构之间连接件的形式主要有钩头螺栓连接法、钢管锚连接法、内置锚连接法、滑动螺栓连接法、斜柄连接件法、方形连接件法和插入钢筋法。其中钢管锚和内置锚连接法的节点承载能力最强，钩头螺栓和滑动螺栓连接法次之，斜柄连接件、方形连接件法和插入钢筋法的节点承载力最弱，其中斜柄连接件法只适用于小型工程，而现有相关标准及图集对小型工程的定义并不明确，插入钢筋法则只用于C形板中，钢筋需穿过支承件与下部墙板连接，并需用细石混凝土灌缝，施工现场工作量大，且当板尺寸较大、自重较大时，插入钢筋法实现较困难。以下主要为针对实际工程适用性较强及节点承载能力较高的三种节点：

（1）钢管锚法

钢管锚节点主要由钢管锚、专用螺栓、S板和连接角钢组成，专用螺栓一端与埋入板内的钢管锚连接（钢管锚可沿纵向或横向埋入），另一端与S板连接，S板与连接角钢焊接，典型节点见表7.5-4。

钢管锚法节点列表　　　　　　　　　　　　　　　　　表7.5-4

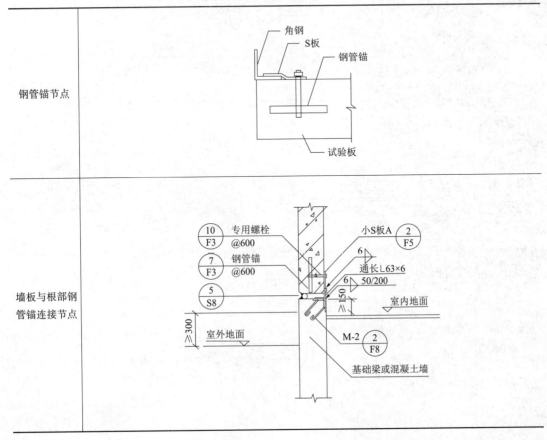

续表

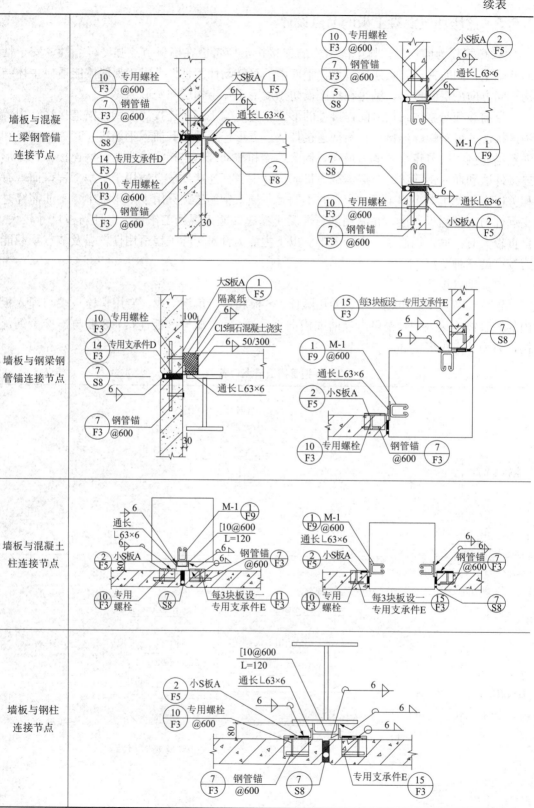

墙板与混凝土梁钢管锚连接节点

墙板与钢梁钢管锚连接节点

墙板与混凝土柱连接节点

墙板与钢柱连接节点

（2）钩头螺栓法

钩头螺栓节点主要由钩头螺栓、圆垫片和连接角钢组成，钩头螺栓穿过墙板。弯钩部分悬挂在角钢上并与角钢焊接，墙板的安装方式有横向安装和竖向安装两种方式，横向安装时墙板通过连接件与主体结构柱连接，而竖向布置时墙板则与主体结构梁连接，不同位置墙板与主体结构用钩头螺栓连接的典型节点设计见表 7.5-5。

钩头螺栓法节点列表　　　　　　　　　　　　　　表 7.5-5

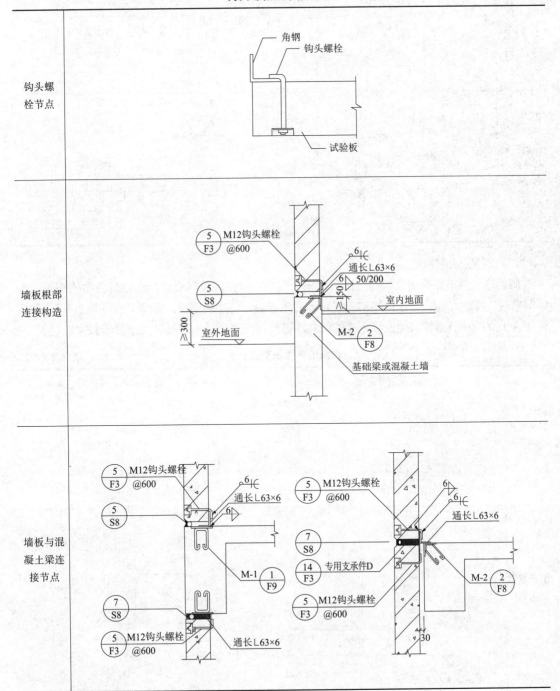

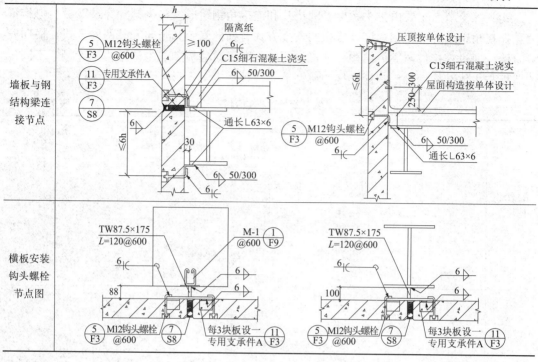

（3）斜柄连接件法

斜柄连接件节点的组成构件包括C型槽、斜柄连接件以及空心钉，通常是将斜柄端头卡入C型槽内，再将C型槽与主体结构连接，最后用空心钉与墙板固定，典型节点见表7.5-6，斜柄连接件节点的承载力较其他连接方式的低，不适宜用于对于结构刚度和变形要求较大的建筑。

斜柄连接件法节点列表　　表 7.5-6

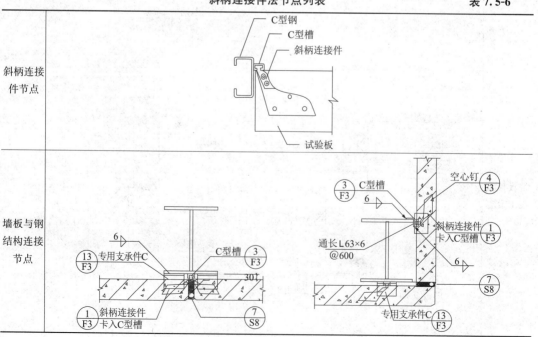

7.6 组装骨架外墙系统

骨架是现场组装骨架外墙中承载并传递荷载作用的主要材料，与主体结构有可靠、正确的连接，才能保证墙体正常、安全地工作。骨架整体验算及连接节点是保证现场组装骨架外墙安全性的重点环节。现场组装骨架根据材料构造的不同，分为非承重木骨架外墙和轻钢龙骨外墙。

7.6.1 非承重木骨架外墙

1. 非承重木骨架外墙的特点

木骨架组合墙体适用于主体结构为钢筋混凝土结构、砌体结构、钢结构的住宅建筑、公共建筑和丁、戊类厂房（库房）的非承重外墙和房间隔墙。木骨架组合墙体满足难燃性墙体的相关性能，因此规范对采用该墙体的建筑功能、建筑高度和层数作了规定。木骨架组合墙体可用作 6 层及 6 层以下住宅建筑和办公楼的非承重外墙和房间隔墙，以及房间面积不超过 100m² 的 7～18 层普通住宅和高度为 50m 以下的办公楼的房间隔墙。非承重木骨架组合外墙的构造从室内到室外，主要由内墙面材料、木骨架、保温隔热、隔声材料、外墙面材料、外墙面防水防潮材料、外墙饰面材料、密封材料和连接件组成。外墙内侧石膏板通常采用厚度为 12mm 的耐火石膏板，主要满足防火要求，并作为墙体的内饰面。隔气层在严寒和寒冷地区可采用 0.15mm 厚塑料薄膜（设在墙骨柱内侧）；在夏热冬冷地区不设隔气层；在夏热冬暖地区和温和地区，可采用防水透气膜兼作隔气层（设在墙面板外侧）。塑料薄膜主要技术参数参见《木结构建筑》国家标准图集 14J924。木骨架内填保温棉起结构支撑和保温隔热的作用。墙骨柱通常采用 38mm×140mm 或 38mm×184mm 规格材。有些情况下只要满足结构、保温隔热等方面要求也可采用 38mm×89mm 规格材。墙骨柱间距为 400mm 或 600mm。墙体保温隔热材料一般为岩棉、矿棉和玻璃棉，其物理性能指标应符合相关现行国家标准的规定。外墙外侧墙面板用来支撑外墙防水层以及安装外饰面等。通常采用厚度为 12mm 的防潮型石膏板，也可采用类似厚度的水泥纤维板，以加强墙体构件的防火性能。用作外墙饰面下的防潮层，是一种具有防水透气性能的油纸或薄膜。它可以防止雨水从外面渗透到木结构墙体中，同时使墙体内部积聚的水蒸气散失出去，以保持外墙墙骨柱及保温层处于干燥状态。木骨架组合外墙（图 7.6-1）的外饰面可以选择不同材料和体系，例如：抹灰饰面、砌砖饰面、面砖饰面、挂板饰面（水泥纤维挂板、聚乙烯挂板以及木质挂板等）。

图 7.6-1 非承重木骨架外墙

2. 非承重木骨架外墙的构造设计

（1）基本构造

非承重木骨架组合外墙采用规格材作为墙骨柱、底梁板、顶梁板，根据不同的设计要求，可以采用38mm×140mm、38mm×184mm等不同截面尺寸的规格材。墙骨柱间距一般为400mm或600mm。通常情况下，为了满足防火要求，墙体内侧和外侧覆面板（墙面板）均采用耐火石膏板包覆，外墙面板有时也可采用水泥纤维板或其他不燃材料面板。墙骨柱之间采用岩棉或玻璃棉进行填充。

（2）组合方式

木骨架组合墙体的墙面板应采用钉固定在墙骨柱上。当墙面板为纸面石膏板时，一般采用螺纹钉固定。钉的直径不应小于2.5mm，钉入墙骨柱的深度不小于20mm，钉的布置及固定应符合下列规定：①当墙体采用双面单层墙面板时，两侧墙面板的接缝位置应错开一个墙骨柱的间距。②当墙体采用双层墙面板时，外层墙面板接缝的位置应与内层墙面板接缝的位置错开一个墙骨柱间距，用于固定内层墙面板的钉间距不应大于600mm。固定外层墙面板的钉间距应符合下述要求：外层墙面板边缘钉间距，在内墙上不得大于200mm，在外墙上不得大于150mm；外层墙面板中间钉间距，在内墙上不得大于300mm，在外墙上不得大于200mm；钉头中心距离墙面板边缘不小于15mm。

（3）与主体连接方式

把木框架顶部固定在混凝土楼板上时，如果使用90°的角钢连接，角钢一侧固定在木框架的顶梁板，另一侧固定在混凝土楼板上。如果角钢朝向室外侧，可以隐藏角钢，避免其暴露在室内。必要时，使用一些有上下移动槽的角钢可以更好地适应上部混凝土楼板的变形。通常可以用矿物棉或其他合适的材料填入缝隙进行密封。这些密封材料的选择应满足防火安全的要求。考虑钢筋混凝土框架的施工误差和混凝土楼板的变形，以及为了便于安装木骨架外墙框架，应在木框架与上部及两侧的钢筋混凝土框架之间留出适当的缝隙，缝隙一般为15～20mm。当钢筋混凝土表面（基础顶面或楼板表面）高于室外地坪300mm以上，木骨架组合外墙可以直接安装在混凝土基层上。在混凝土和木骨架墙体之间放置一层防潮层可以更好地起到防水防潮的作用。常见的非承重木骨架外墙连接方式如图7.6-2所示。

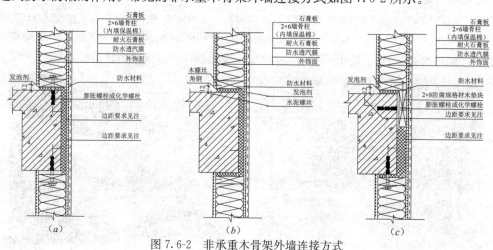

图 7.6-2 非承重木骨架外墙连接方式

（a）螺栓连接；（b）角钢（钢板连接件）连接；（c）规格材木垫块连接

（4）防火设计

非承重木骨架组合外墙的消防安全要求应遵循现行国家标准《建筑设计防火规范》GB 50016 以及《木骨架组合墙体技术规范》GB/T 50361 中的规定：墙体填充材料的燃烧性能应为 A 级，木骨架组合墙体的燃烧性能和耐火极限应符合表 7.6-1 的规定。

木骨架组合墙体的燃烧性能和耐火极限（h）　　　　　　　表 7.6-1

构件名称	建筑物的耐火等级或类型			
	一级耐火等级	二级耐火等级	三级耐火等级	四级耐火等级
非承重外墙	不允许	难燃性 1.25	难燃性 0.75	无要求

（5）防水防潮设计

木骨架墙体周围放置防潮垫有助于将木材和四周的钢筋混凝土框架隔绝开来，从而防止混凝土中的水汽向木材扩散。墙体上的其他洞口，如窗洞口、设备管线穿孔等与普通轻型木结构一样，均需要按照设计要求仔细处理节点部位，防止雨水进入墙体或室内。窗户四周必须具有连续的防潮层和气密层。整个外墙面（包括外墙覆面板和混凝土楼板外侧的保温层）上应安装连续的防水透气膜，避免雨水向墙内渗透。防水透气膜水平方向搭接处，上方的薄膜要盖住下方的薄膜，最小搭接尺寸为 150mm；竖向搭接处，左右两侧薄膜的最小搭接尺寸为 300mm，所有接缝都应使用耐久性胶带密封。外墙洞口处节点处理要特别注意，以保证外墙防水层的整体连续性。

防雨幕墙的顺水条应安装在防水层的外侧，顺水条一般由经过防腐处理的胶合板切割而成，厚度不小于 10mm，宽度在 50～75mm 之间。顺水条的安装位置和间距与墙骨柱相同，每根顺水条都应直接固定在墙骨柱上，以保证整体的结构性能。金属连接件应经过热浸镀锌处理避免生锈，与防腐木材接触的金属连接件尤为如此。为确保外饰面系统在墙体的顶部和底部与外部透气，至少每两层楼需在外饰面处设置泛水板。泛水板的安装要保证任何进入防雨幕墙空腔的雨水不会进入内部墙骨柱空间，并确保这些水可以随着泛水板排放到室外。泛水板的安装位置应位于外饰面的水平交接处，两片墙体的水平接缝处以及木骨架墙和基础顶面的连接处。防雨幕墙上的泛水板应安装在墙上洞口的周围（如窗洞口），帮助排水以及防止水分进入墙体框架。常用泛水板的材料及最小厚度包括：0.7mm 厚镀锌钢板，0.6mm 不锈钢板和 0.6mm 铝板。泛水板的坡度应朝向室外，设计和施工过程中应考虑到框架收缩和其他变形因素，最小坡度应为 5%。泛水收边以及导水板应设置在泛水板的末端，以便将水引导至建筑外。

3. 非承重木骨架外墙的结构设计

（1）水平作用

一般需考虑风荷载、地震作用以及室内的冲击荷载，其中风荷载应根据现行国家标准《建筑结构荷载规范》GB 50009 的要求进行设计。地震作用应根据现行国家标准《建筑抗震设计规范》GB 50011 和《木骨架组合墙体技术规范》GB/T 50361 的要求进行设计。室内冲击荷载，虽然现行规范并没有强制要求验算，但考虑实际工程应用的情况，建议按 1.0kN 的集中荷载进行验算。在水平作用下，对墙骨柱的挠度变形也需进行验算，可参考上海市工程建设规范《轻型木结构建筑技术规程》DG/TJ 08-2059 的要求进行设计。

（2）竖向作用

一般需考虑墙体的自重，因为不同的外墙外饰面的做法，其墙体的自重差别比较大。另外根据不同的墙体构造，还可能出现偏心作用，这些因素在进行结构设计时，都应考虑在内。

（3）悬挑与抗风设计

当墙体底梁板悬挑出下部混凝土结构时，根据现行《木结构设计规范》GB 50005 的要求，底梁板的挑出部分不得大于墙骨柱截面高度的 1/3。另外，当底梁板挑出时，应避免底梁板的挑出部分传递竖向荷载。除了上述木骨架组合非承重外墙本身构件的验算，如外墙饰面采用挂板，则挂板与墙骨柱的连接要可靠安全，尤其在强风地区，要充分考虑外墙挂板的抗拔连接强度。非承重木骨架外墙采用不同连接方式时的抗风设计见表 7.6-2。

非承重木骨架外墙的抗风设计 表 7.6-2

连接方式	基本风压（kN/m²）		
	0.3～0.5	0.55～0.75	0.80～1.0
螺栓连接	$\phi12@1200$	$\phi12@1200$	$\phi12@1000$
钢板连接件连接	4 块 80mm×60mm×2mm 钉板，间距为 1.2m，详图：	4 块 100mm×80mm×2mm 钉板，间距为 1.2m，详图：	4 块 130mm×80mm×2mm 钉板，间距为 1.2m，详图：
木垫块连接	水泥钉 $\phi5@450$ 锚栓 $\phi12@1200$	水泥钉 $\phi5@250$ 锚栓 $\phi12@1200$	水泥钉 $\phi5@200$ 锚栓 $\phi12@1200$

备注：

1. 上述连接方式选用表以 4.88m×3.3m 非承重轻型木结构墙体为参考尺寸，适用于基本风压 0.3～1.0kN/m² 的地区，强风地区需结合实际工程进行计算。

2. 非承重木骨架组合外墙与混凝土结构的连接可根据实际情况选择螺栓连接或角钢（钢板连接件）连接，见下图。

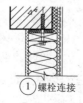

① 螺栓连接

② 角钢（钢板连接件）连接

4. 非承重木骨架外墙的物理性能

（1）热工和节能设计

木骨架组合外墙的保温性能主要取决于墙骨柱空腔的尺寸、空腔内保温材料的厚度和性能、混凝土楼板的冷桥特性、整个建筑物外墙是否再增加外保温层、所用门窗的保温特性、墙体的气密性等。为方便施工及降低建造成本，应该尽量通过在墙骨柱空腔中填充的保温层和混凝土楼板外的局部外保温层来达到保温要求。当这些措施都无法达到保温要求时（例如在极其寒冷地区），可在整个墙体外再安装外保温层以满足规范要求，外保温层的厚度根据保温要求和保温材料的种类确定。

热工设计的关键是考虑木骨架墙体和混凝土结构连接节点处的保温构造。设计师应根据具体情况按照规范要求对墙体等进行热工计算，确保满足规范要求。木骨架组合外墙的建筑热工和节能设计应按照《木骨架组合墙体技术规范》GB/T 50361—2005 中第 5.4 节的规定执行。本节未规定的应按照现行国家标准《民用建筑热工设计规范》GB 50176、《严寒和寒冷地区居住建筑节能设计标准》JGJ 26、《夏热冬冷地区居住建筑节能设计标准》JGJ 134、《夏热冬暖地区居住建筑节能设计标准》JGJ 75 等的规定执行。

实际应用中，墙体的气密性，尤其是木骨架组合外墙和钢筋混凝土楼板连接处的气密性对整个墙体的保温性能影响很大。木骨架组合外墙与钢筋混凝土框架之间的连接接缝处以及木骨架外墙之间的连接接缝处必须作好密封处理，以实现整个建筑物外墙的气密层和保温层的连续性。围护结构的其他构件，例如门窗等也应考虑在木骨架组合外墙的设计中，如窗墙比和门窗材料的保温性能应满足相关规范的要求，不同木骨架组合外墙的热工性能参数应满足表 7.6-3 的要求。

不同木骨架组合外墙的热工性能参数 表 7.6-3

序号	木骨架组合外墙	木骨架组合外墙和混凝土楼板的连接节点	墙体热阻值 [（m²·K）/W]	墙体传热系数 [W/（m²·K）]
1	38mm×140mm 墙骨柱间距 400mm	"悬挑式"，混凝土楼板外设局部保温，外墙不设外保温	3.17	0.32
2	38mm×140mm 墙骨柱间距 400mm	"悬挑式"，混凝土楼板外设局部保温，外墙设 60mm 厚外保温	4.80	0.21
3	38mm×140mm 墙骨柱间距 600mm	"悬挑式"，混凝土楼板外设局部保温，外墙不设保温	3.30	0.30
4	38mm×140mm 墙骨柱间距 600 mm	"悬挑式"，混凝土楼板外设局部保温，外墙设 60mm 厚外保温	4.95	0.20
5	38mm×184mm 墙骨柱间距 600mm	"悬挑式"，混凝土楼板外设局部保温，外墙不设外保温	4.09	0.24
6	38mm×184mm 墙骨柱间距 600mm	"悬挑式"，混凝土楼板外设局部保温，外墙设 60mm 厚外保温	5.79	0.17

序号	木骨架组合外墙	木骨架组合外墙和混凝土楼板的连接节点	墙体热阻值 [（m²·K）/W]	墙体传热系数 [W/（m²·K）]
7	38mm×89mm 墙骨柱间距400mm	"平齐式"，外墙不设外保温	1.26	0.79
8	38mm×89mm 墙骨柱间距400mm	"平齐式"，外墙设60mm厚外保温	3.52	0.28
9	38mm×89mm 墙骨柱间距600mm	"平齐式"，外墙不设外保温	1.29	0.78
10	38mm×89 mm 墙骨柱间距600mm	"平齐式"，外墙设60mm厚外保温	3.59	0.28

（2）隔声设计

非承重木骨架组合外墙的隔声设计应遵循现行国家标准《木骨架组合墙体技术规范》GB/T 50361和《民用建筑隔声设计规范》GB 50118中的规定。设备管道穿越墙体或布置有设备管道、安装电源盒、通风换气等设备开孔时，会使墙体出现施工所产生的间隙、孔洞、管道运行所产生的噪声，将直接影响墙体的隔声性能，为了保证建筑的声环境质量，使墙体的隔声指标真正达到国家标准的要求，必须对管道穿越空隙以及墙与墙连接部位的接缝间隙进行建筑隔声处理，对设备管道应设有相应的防振、隔噪声措施。不同隔声级别的木骨架外墙构造措施见表7.6-4。

不同隔声级别的木骨架外墙构造措施　　　　　　　　　　　　　　表7.6-4

隔声级别	计权隔声量指标（dB）	构造措施
Ⅰn	≥55dB	1. M140双面双层板（填充保温材料140mm）； 2. 双排M65墙骨柱（每侧墙骨柱之间填充保温材料65mm），两排墙骨柱间距25mm，双面双层板
Ⅱn	≥50dB	M115双面双层板（填充保温材料115mm）
Ⅲn	≥45dB	M115双面单层板（填充保温材料115mm）
Ⅳn	≥40dB	M90双面双层板（填充保温材料90mm）
Ⅴn	≥35dB	1. M65双面单层板（填充保温材料65mm）； 2. M45双面双层板（填充保温材料45mm）
Ⅵn	≥30dB	1. M45双面单层板（填充保温材料45mm）； 2. M45双面双层板
Ⅶn	≥25dB	M45双面单层板

注：表中M表示木骨架立柱高度（mm）。

7.6.2 金属骨架复合外墙

1. 金属骨架复合外墙的特点

如图 7.6-3 所示，以厚度为 0.8～1.5mm 的镀锌轻钢龙骨为骨架，由外面层、填充层和内面层所组成的复合墙体，是北美洲、澳洲等地多高层建筑的主流外墙之一。一般是在现场安装密肋布置的龙骨后安装各层次，也有在工厂预制成条板或大板后在现场整体装配的案例。外面层一般砌筑有拉结措施的烧结砖，砌筑有拉结措施的薄型砌块，钉 OSB 板或水泥纤维板后做滑移型挂网抹灰，钉水泥纤维板（可鱼鳞状布置），钉乙烯条板，钉金属面板等组成，中间填充层一般为铝箔玻璃棉毡，岩棉，喷聚苯颗粒，石膏砂浆等；内面层经常钉 OSB 板，钉石膏板。同时，根据不同的气候条件，常在不同的位置设置功能膜材料，如防水膜、防水透气膜、反射膜、隔汽膜等，寒冷或严寒地区为减少热桥效应和避免发生冷凝，还应采取隔离措施，如选用断桥龙骨，在特定部位绝缘隔离等。与传统的混凝土和砌体结构相比，金属骨架复合外墙具有施工方便、轻质高强、延性好、易于拆卸和搬迁、可回收利用等优势，从而赢得人们的广泛青睐。

图 7.6-3　金属骨架复合外墙

2. 金属骨架复合外墙的构造设计

（1）基本构造

金属骨架复合外墙采用夹心墙构造，中间层是钢龙骨，在钢龙骨格架内填充保温材料，同时也起到隔声作用，两侧封挂结构板材和耐火、防水等覆盖材料，然后再根据需要加设装饰面层。墙体钢龙骨构架以形成最少基本标准件的原则进行分割，形成墙体钢龙骨构架标准件，标准件在工厂预制完成，然后通过螺钉跟支撑体系相拼合，钢龙骨构架上的龙骨数量和间距根据设计需要而定（采用轻型钢的竖向龙骨间距一般为 400～600mm）。这些龙骨除了是墙体骨架也是铺设墙面板材的支撑构架，因此龙骨的间距也应和板材的规格相协调：以钢龙骨构架外铺设 OSB 结构板为例子，OSB 结构板对结构起到增强作用同时也是握螺钉的基层，考虑到 OSB 板的标准规格是 2440mm×1220mm，所以龙骨的间距采用 1200mm 以内的尺寸，这样保证了 OSB 板的四边都有受力点，不会出现有一边不落在龙骨构架上的情况，保证受力、传力的均匀合理。横向龙骨间距 600mm，竖向钢龙骨间距 1200mm；外墙门窗洞口处的龙骨构架要有相应的加固措施。外墙龙骨构架装配好后，开始根据具体的墙体设计安装各种覆盖材料和饰面层。金属骨架复合外墙基本构造如图 7.6-4 所示。

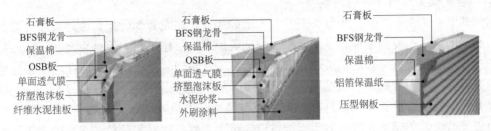

石膏板
BFS钢龙骨
保温棉
OSB板
单面透气膜
挤塑泡沫板
纤维水泥挂板

石膏板
BFS钢龙骨
保温棉
OSB板
单面透气膜
挤塑泡沫板
水泥砂浆
外刷涂料

石膏板
BFS钢龙骨
保温棉
铝箔保温纸
压型钢板

图 7.6-4　金属骨架复合外墙基本构造

（2）组合方式

墙体覆盖材料的安装可以采用先安装完外墙面覆盖材料，再安装内墙面覆盖材料的做法。首先是安装外墙面紧贴着钢龙骨的 OSB 板，在 OSB 板和墙体龙骨间距之间的协调设计的基础上，OSB 板和龙骨之间有着很好的接合点供打螺栓用，在相应的位置打上自钻自攻螺栓，OSB 板就能牢靠地固定在墙体龙骨上；固定后的 OSB 板就成了其他墙体覆盖材料的握钉基层，其他覆盖材料（透气膜、挤塑泡沫板等）都通过螺钉固定在 OSB 板上。外墙面材料安装完成后，内墙面的做法是先往龙骨格架里铺填保温材料，注意要使保温材料完全填充龙骨格架，完成后，再铺一层 OSB 板，紧接着固定其他材料；这样就形成了统一牢固的墙体。

（3）与主体连接方式

金属骨架复合外墙与建筑主体连接方式是选用长 80mm 的等边角钢，沿框架梁长度方向间距 600mm 布置（每根角钢位于墙体竖龙骨翼缘宽度中心位置），除长螺栓连接中与上框架梁连接的角钢中部开设外缘长度为 3D（D 为螺栓直径）的横向长圆孔外，其余连接角钢不开孔；钻尾钉取公称直径 6.3mm、长 50mm 的六角法兰面自攻自钻螺钉；长螺栓为 M16 外六角形普通螺栓；Z 形钢卡（185mm×70mm）选用 6mm 厚 Q235 钢，条件允许时也可选用 65Mn 弹簧钢，在与长螺栓连接位置开设外缘长度为 3D（D 为螺栓直径）的竖向长圆孔；墙体间净距 30mm，内填 6 根 PE 棒，使用发泡剂将空隙部分填满，墙体内侧水泥压力板各外伸 10mm，以便于施工人员打入结构密封胶。

（4）防火设计

金属骨架复合外墙的消防安全要求应遵循现行国家标准《建筑设计防火规范》GB50016 的规定。龙骨腹板开设孔洞能有效延长火灾下龙骨腹板上热量的传递路径，延长墙体的耐火时间，提高墙体的抗火能力。由于岩棉属于不燃材料，并且自身保温性能较为优越，在轻钢龙骨墙体内填充岩棉，既能有效提高墙体的耐火能力，又能有效地保护墙体火灾下的完整性。耐火石膏板强度高、韧性好、握钉力强，并且板芯加入玻璃纤维和特殊添加剂，遇火稳定性达到 45min。在墙体的受火面铺装耐火石膏板会有效地增加墙体的抗火性能。

（5）防腐蚀设计

复合墙体用轻钢龙骨防腐性能应符合现行国家标准《建筑用轻钢龙骨》GB/T 11981 的规定。复合外墙用轻钢龙骨及龙骨组件的耐盐雾性能应小于 1000h。复合墙体用轻钢龙骨及龙骨组件的双面镀锌量和双面镀层厚度应符合表 7.6-5 的规定。复合外墙用的固定件及连接件的材质均为不锈钢材质，或采用等效防腐蚀措施。

轻钢龙骨及龙骨组件的双面镀锌量和双面镀层厚度　　　　　表 7.6-5

用　途		双面镀锌量（g/m²）	双面镀层厚度（μm）
外墙用		≥180	≥27
隔墙用	一般	≥100	≥14
	潮湿	≥120	≥18

3. 金属骨架复合外墙的结构设计

轻钢龙骨墙体在风荷载作用下产生弯曲变形，墙体同时承受弯矩和剪力。由轻钢龙骨的骨架构成可以看出，主要受力构件为轻钢龙骨墙体内刚度较大的 C 形冷弯薄壁型钢构件。冷弯薄壁型钢构件力学性能方面主要有以下几个特点：①冷弯薄壁型钢构件的强度一般较高，而组成板件的厚度较薄，导致各部分板件的宽厚比较大，同时构件的截面构成较为复杂。②由于构件截面的组成板件宽厚比较大，一般在构件整体屈曲前先发生板件的局部屈曲，从而导致构件的承载力较低。③由于构件截面的构成复杂，特别是在板件开洞的情况下，板件发生畸变屈曲的概率增加。

受到这些特点的影响，冷弯薄壁型构件存在三种基本的屈曲模式，分别为局部屈曲、畸变屈曲和整体屈曲。局部屈曲的半波长度最短，构件发生局部屈曲时，腹板与翼缘以及翼缘与卷边之间的连接角保持不变，板件的交线保持直线，而各部分板件围绕交线发生转动，因此局部屈曲模式下，构件的截面轮廓基本保持不变，由于薄膜效应，构件在局部屈曲后仍有较为明显的屈曲后强度，可以提高构件的极限承载能力。畸变屈曲的半波长度中等，构件发生畸变屈曲时，腹板与翼缘的交线保持直线，但是翼缘与卷边的交线不再保持直线，此时截面的轮廓和形状均发生变化，一般畸变屈曲不考虑屈曲后强度。整体屈曲的半波长度三者之中最长，在发生整体屈曲时，构件的整个截面一起发生移动或者转动，而截面形状和轮廓保持不变，整体屈曲不考虑屈曲后强度。在风荷载作用下，腹板开孔的冷弯薄壁型钢构件可能会发生上述的三种屈曲模式，从而导致构件最终失稳破坏。实际工程应用中，由于 C 形龙骨两侧存在墙板，在保证两者的连接可靠性下，墙板会对轻钢龙骨墙体中的 C 形龙骨起到一个有利的侧向约束作用，从而限制 C 形龙骨发生整体屈曲，提高其稳定承载力。

4. 金属骨架复合外墙的物理性能

（1）热工和节能设计

金属骨架复合外墙的热工性能应按《民用建筑热工设计规范》GB 50176 进行计算，满足《严寒和寒冷地区居住建筑节能设计标准》JGJ 26 的要求。

虽然轻钢龙骨墙体具有施工便捷、节能环保等优点，但冷弯薄壁型钢的导热系数远大于保温材料（岩棉）的导热系数，致使墙体在钢龙骨处形成热桥，大大增加了建筑能耗。同时，热桥处室内侧墙体表面温度较低，可能造成墙体结露，引发墙体受潮和发霉，影响建筑的使用，并劣化了保温材料的保温隔热性能。此外，热桥的存在亦将导致墙体内表面温度过低，对人体形成冷辐射，影响居住的舒适性。为改善轻钢龙骨墙体热桥的影响，常见的方式有墙体外保温、腹板开孔及龙骨外包覆保温材料等三种。其中外墙外保温体系指在墙体外侧全部覆盖一层保温隔热材料，阻断热桥的传热路径，可有效降低热桥效应。但由于轻钢龙骨墙体常用龙骨间距为 600mm，造成热桥的龙骨所占面积较小，墙体外侧全部覆盖保温材料增加了维护结构厚度和施工工序，且龙骨连接及防潮处理较为烦琐，进而增加了墙体造价。龙骨外包覆保温材料这种措施的出发点，是通过在龙骨外包覆一层保温材料以直接隔离龙骨热桥，这种措施可有效降低龙骨热桥效应，但是这样不仅增大了墙体厚度，而且在龙骨和石膏板之间增加了柔软薄弱的保温材料，减弱了龙骨和石膏板的连接强度。

龙骨腹板开孔这种降低热桥效应的方法是加拿大学者于 20 世纪 60 年代最早提出的。腹板开孔轻钢龙骨墙体是在传统冷弯薄壁型钢龙骨墙体的龙骨腹板上按照一定的尺寸和间距开设狭长的孔缝，从而使热量传递的路径增长（图 7.6-5），墙体热阻增大，进而降低墙体的传热系数，减小热桥处能量消耗。从抗弯和传热两方面综合考虑，得到合理孔洞布置形式及尺寸，由于腹板开孔，轻钢龙骨墙体的隔热性能可提高 30%～40%，而其承载能力仅降低 10%左右。由此可见，对轻钢龙骨墙体的钢龙骨腹板开孔是削弱钢龙骨热桥效应的行之有效的方法，并可通过不同的孔洞设置来满足不同的节能要求。

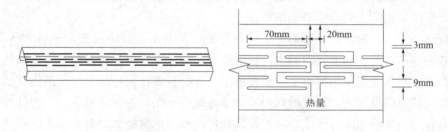

图 7.6-5　腹板开孔轻钢龙骨墙体热量传递路径示意

（2）隔声设计

金属骨架复合外墙在单频下的隔声量随着测试频率的增加而增加，但在临界吻合频率附近出现降低。在墙体一侧设置砂浆保护层后，会提高墙体在低频范围的隔声量，从而提高墙体的隔声性能。此外，设置砂浆保护层后，墙体的临界吻合频率降低。经测定，龙骨截面高度为 100mm 且一侧带有砂浆保护层的腹板开孔轻钢龙骨围护墙体满足相关现行规范对建筑外墙的隔声性能要求。

7.7　幕墙系统

7.7.1　幕墙特点及分类

建筑幕墙是建筑外围护结构的一种新形式。幕墙不承重，吊挂于主体结构外侧，由支承结构体系与各种板材组成，不承担主体的结构荷载与作用，是具有防水、保温隔热、防火、隔声等性能的与建筑装饰功能集成一体的建筑外围护系统。

建筑幕墙主要由型材和各种板材组成，用材标准化程度高，在工厂生产，现场装配，施工简单，操作工序少，无湿作业，具有施工速度快，完成质量好的特点，是一种典型的装配式建筑的外围护结构。特别是单元式幕墙，每个独立单元组件内部所有板块安装、板块接缝密封均在工厂内加工完成，分类编号按工程安装顺序运往工地吊装，安装可与主体结构施工同步进行。单元式幕墙大量的加工制作工作都是在工厂里完成的，既提高了产品质量，又缩短了工程的工期。

建筑幕墙具有如下特点：

（1）建筑幕墙是完整的结构体系，直接承受施加于其上的荷载和作用，并通过耐腐蚀、柔性连接件传递到主体结构上。有框幕墙多数情况下由面板、横梁和立柱构成；点支式玻璃幕墙出面板玻璃和支承不锈钢结构组成。

（2）建筑幕墙通常与主体结构采用可动连接，幕墙通常悬挂在主体结构上。当主体结构有位移时，幕墙相对于主体结构可以运动。

建筑幕墙可以按如下方式分类：

（1）按面板所用材料分为玻璃幕墙、金属幕墙、石材幕墙、人造板材幕墙等，如图7.7-1～图7.7-4所示。

图 7.7-1　玻璃幕墙　　　　　　　　　图 7.7-2　金属幕墙

图 7.7-3　石材幕墙　　　　　　　　　图 7.7-4　人造板材幕墙

（2）按施工方法分为单元式幕墙、半单元式幕墙和构件式幕墙。装配式混凝土建筑可以根据建筑物的使用要求、建筑造型合理选择幕墙形式，当条件许可时，优先选择单元式幕墙系统（图7.7-5）。

图 7.7-5　单元式幕墙

（3）建筑幕墙还可以按幕墙的结构形式进行分类（图 7.7-6、图 7.7-7）：有框幕墙包括明框幕墙、半隐框幕墙和全隐框幕墙；无框幕墙包括全玻璃幕墙和点支式玻璃幕墙。

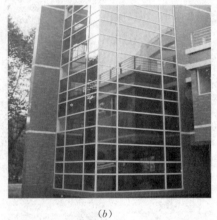

（a）　　　　　　　　　　　　　　　　　（b）

图 7.7-6　有框幕墙

（a）隐框幕墙；（b）明框幕墙

（a）　　　　　　　　　　　　　　　　　（b）

图 7.7-7　无框幕墙

（a）全玻璃幕墙；（b）点支式幕墙

7.7.2 幕墙设计

幕墙设计时应注意以下事项：

(1) 应进行抗风、抗震设计，并考虑温度变形的影响，具有适应主体结构位移的能力。

(2) 主体结构中连接幕墙的预埋件、锚固件部件应能承受幕墙传递的荷载和作用。

(3) 幕墙应与主体结构可靠连接。连接件与主体结构的锚固承载力设计值应大于连接件本身的承载力设计值。

(4) 幕墙的主要受力构件与主体结构预制部件应通过预埋件连接，预埋件位置应准确。

(5) 幕墙支承结构与主体结构的连接可采用螺栓连接或焊接。全部焊接时，应考虑温度应力对主体结构和幕墙结构的不利影响。连接钢板厚度不宜小于 6mm；采用螺栓连接时，螺栓直径不宜小于 10mm，螺栓的数量不宜少于 2 个。

1. 面板设计

幕墙的面板材料可采用玻璃、金属、石材或不同材料面板的组合。面板材料力学性能应按现行国家标准《玻璃幕墙工程技术规范》JGJ 102、《金属与石材幕墙工程技术规范》JGJ 133 的规定采用。当面板相对于横梁有偏心时，横梁和立柱设计时应考虑重力荷载偏心产生的不利影响。面板应与支承结构可靠连接，对采用非花岗石面板和幕墙高度超过 100m 的花岗石面板宜采用背栓连接。挂件与石材槽口之间的间隙应采用胶粘剂填充。

采用开放式板缝时，应符合下列要求：

(1) 面板内层板应进行抗风强度设计。

(2) 石材面板宜采取背面加强措施。

(3) 石材面板宜进行六面防水处理，当面板材质疏松或多孔时，应进行六面防水处理。

(4) 挂件应采用铝合金型材或不锈钢材，不锈钢材质宜为 06Cr17Ni12Mo2 (S31608)。

(5) 支承面板的金属结构及其连接件应采取防腐措施。

封闭式注胶板缝应符合下列要求：

(1) 应采用无污染、无渗油的密封胶。

(2) 密封胶板缝的底部宜采用泡沫条充填，胶缝厚度不应小于 3.5mm，宽度不宜小于厚度的 2 倍，并应采取措施避免三面粘结。

(3) 挂件应采用铝合金型材或不锈钢材，不锈钢材质可采用 06Cr17Ni12Mo2 (S31608) 或 06Cr19Ni10 (S30408)。

附加于石材面板表面的石材装饰条宜采用金属连接件与面板连接，并应满足承载力、耐久性要求，如图 7.7-8 所示。烧毛石、天然粗糙表面等厚度较均匀的石材面板，其计算厚度宜按板厚扣减 3mm 采用。石材面板厚度有变化时，其计算厚度宜取计算截面的最小厚度。

通过短槽、通槽和挂件与支承结构体系连接的石材面板，挂件应符合下列要求：

(1) 不应采用 T 形挂件。

图 7.7-8　石材面板干挂节点

（2）不锈钢挂件的截面厚度不宜小于 3mm。

（3）铝挂件截面厚度不宜小于 4mm。

（4）在石材面板重力荷载作用下，挂件挠度不宜大于 1.0mm。

石板的尺寸、形状、花纹图案、色泽等均应符合设计要求，花纹图案和色泽应按样板检查，板四周不宜有明显的色差。

较大尺寸的转角组拼除采用上述方法进行连接以外，还应在组拼的石材背面阴角或阳角处加设不锈钢或铝合金型材支承件组装固定，并应符合下列规定：

（1）不锈钢、铝合金型材支承件的截面尺寸应符合设计要求。

（2）不锈钢支撑件的截面厚度不应小于 2mm；铝合金型材截面厚度不应小于 3mm。

（3）支撑组件的间距不宜大于 500mm，支撑组件的数量不宜少于 3 个。

2. 支承结构设计

支承结构是幕墙系统中，直接支承或通过点支承装置支承面板的结构系统。幕墙的支承结构根据材料的不同，可分为钢材、铝合金、玻璃支承。幕墙的金属支承结构及金属面板设计应符合现行国家标准《金属与石材幕墙工程技术规范》JGJ 133、《钢结构设计规范》GB 50017、《冷弯薄壁型钢结构技术规范》GB 50018、《耐候结构钢》GB/T 4171 和《铝合金结构设计规范》GB 50429 的有关规定。结构构件的受拉承载力应按净截面计算；受压承载力应按有效净截面计算；稳定性应按有效截面计算。构件的变形和稳定系数可按毛截面计算。

幕墙的支承结构根据支承形式的不同，分为框支承、点支承、索支承和单元式幕墙（图 7.7-9）。框支承是面板通过横梁、立柱与支承结构连接的玻璃幕墙。点支承是面板通过点支承装置与支承结构连接的玻璃幕墙。索支承是索网结构作为点支式幕墙的支承结构，可达到通透、美观的建筑效果。由双向钢索所组成的柔性钢结构称为索网。在高度较小的情况下，也可以只在竖向单方向布索，演变为单向拉索结构。拉索是只承受拉力的单向受力构件并向拉索结构，并且只在有初拉力时才能发挥其结构支承作用。拉索固定在周边的刚性支承构件上，周边构件应能承受拉索拉力产生的作用。

单元式建筑幕墙是将面板和金属框架（横梁、立柱）在工厂组装为幕墙单元，以幕墙单元形式在现场完成安装施工的建筑幕墙，简称为单元式幕墙。

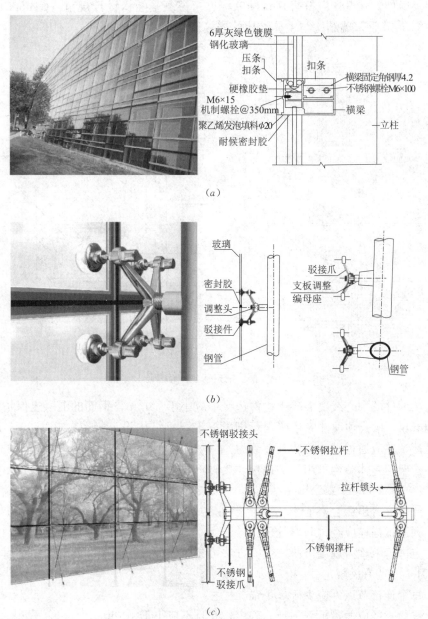

图 7.7-9 幕墙支承形式

（a）框支承节点；（b）点支承节点；（c）索支承节点

3. 连接设计

建筑幕墙应与主体结构可靠连接；支承幕墙的主体结构、结构构件，应能够承受幕墙传递的作用。幕墙构件间的连接件、焊缝、连接螺栓、螺钉设计，应符合国家现行标准《钢结构设计规范》GB 50017、《冷弯薄壁型钢结构技术规范》GB 50018 和《铝合金结构设计规范》GB 50429 的有关规定。

幕墙立柱与主体混凝土结构应通过预埋件连接，当没有条件采用预埋件连接时，应采用其他可靠的连接措施，并应通过试验检验其可靠性。由锚板和对称配置的锚固钢筋所组成的受力预埋件，其设计应符合现行国家标准《混凝土结构设计规范》GB 50010 的有关规定。图 7.7-10 是幕墙结构与主体结构的连接节点。

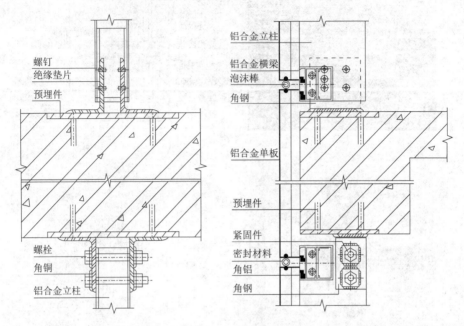

图 7.7-10　幕墙结构与主体结构连接节点

　　槽式预埋件的中心线离混凝土构件边缘不应小于 75mm，钢筋的混凝土保护层厚度不应小于 30mm。槽式预埋件应按照现行国家标准《钢结构设计规范》GB 50017 的有关规定进行设计，并应通过试验检验其承载力。

　　幕墙构架与主体结构采用后加锚栓连接时，应采取措施保证连接的可靠性，并应符合下列规定：

　　（1）产品应有出厂合格证。

　　（2）碳素钢锚栓应经过防腐处理。

　　（3）应进行承载力现场检验，检验方法可参照现行行业标准《混凝土结构后锚固技术规程》JGJ 145 的有关规定。

　　（4）每个连接节点不应少于 2 个锚栓。

　　（5）锚栓直径应通过承载力计算确定，并且不应小于 10mm。

　　（6）与化学锚栓接触的连接件，在其热影响区范围内不宜进行连续焊缝的焊接操作。

　　（7）锚栓承载力设计值应按其极限承载力除以材料性能分项系数后采用。锚栓材料性能分项系数，对可变作用不应小于 2.15；对永久作用不应小于 2.50。

　　幕墙的立柱、横梁与砌体结构连接时，宜在连接部位的主体结构上增设钢筋混凝土或钢结构梁、柱。轻质填充墙不得作为幕墙的支承结构。当连接件与所接触材料可能产生双金属腐蚀时，应采用绝缘垫片分隔或采取其他有效措施。

　　幕墙支承结构与主体结构的连接可采用螺栓连接或焊接，并不宜全部采用焊接。连接件钢板厚度不宜小于 5mm；采用螺栓连接时，螺栓直径不宜小于 10mm，螺栓数量不应少于 2 个。单元板块的吊挂件、支承件应具备可调整范围，并应采用不锈钢螺栓将吊挂件固定牢固,每处固定螺栓不应少于 2 个。采用螺栓连接、挂接或插接的幕墙构件,应采取可靠的防松动、防滑移、防脱离措施。

4. 硅酮结构密封胶设计

硅酮结构密封胶是幕墙中用于面板与面板、面板与金属构架、面板与玻璃肋之间的结构用硅酮粘结材料,简称硅酮结构胶。石材幕墙面板不应采用硅酮结构密封胶粘结的结构装配方式。硅酮结构密封胶应根据不同的受力情况进行承载力极限状态验算。在风荷载、水平地震作用下,硅酮结构密封胶的拉应力或剪应力设计值不应大于其强度设计值 f_1,f_1 应取为 $0.2N/mm^2$;在永久荷载作用下,硅酮结构密封胶的拉应力或剪应力设计值不应大于其强度设计值 f_2,f_2 应取为 $0.01N/mm^2$。在短期荷载作用下,硅酮结构密封胶的粘结宽度 c_{s1} 可按式(7.7-1)计算。

$$c_{s1} = \frac{q_1}{f_1} \tag{7.7-1}$$

式中　c_{s1}——短期荷载作用下的胶缝宽度(mm);

　　　q_1——在胶缝长度上,单位长度上短期荷载最大值(N/mm);

　　　f_1——硅酮结构胶短期强度设计值(N/mm^2)。

在自重等长期荷载作用下,硅酮结构胶的粘接宽度 c_{s2} 可按式(7.7-2)计算。

$$c_{s2} = \frac{q_2}{f_2} \tag{7.7-2}$$

式中　c_{s2}——长期荷载作用下的胶缝宽度(mm);

　　　q_2——在胶缝长度上,单位长度上长期荷载最大值(N/mm);

　　　f_2——硅酮结构胶长期强度设计值(N/mm^2)。

硅酮结构密封胶的粘结厚度 t_s(图 7.7-11)应符合公式(7.7-3)的要求。

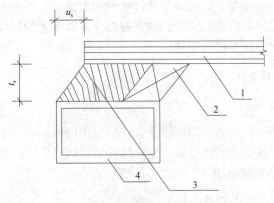

图 7.7-11　结构硅酮密封胶变形示意
1—面板;2—双面胶条;3—结构硅酮密封胶;4—铝框

$$t_s \geqslant \frac{u_s}{3\delta} \tag{7.7-3}$$

$$u_s = \eta[\theta]h_g \tag{7.7-4}$$

式中　t_s——硅酮结构密封胶的粘结厚度（mm）；

u_s——主体结构侧移影响下，硅酮结构密封胶沿厚度方向产生的剪切位移值（mm）；

η——硅酮结构胶厚度方向剪切位移影响系数，取 0.6；

$[\theta]$——风荷载或多遇烈度地震标准值作用下主体结构的楼层弹性层间位移角限值（rad）；

h_g——面板高度（mm），取其边长 a 或 b；

δ——硅酮结构密封胶拉伸粘结性能试验中受拉应力为 0.14N/mm² 时的伸长率。

7.8　门窗系统

7.8.1　门窗系统的功能

门的主要功能是供交通出入，分隔、联系建筑空间；窗的主要功能是采光和通风，同时还有眺望作用。

门和窗是在墙体上开洞后设置的，在门和窗所在的墙体功能中，承载功能由门窗洞口周围的结构墙体或柱、梁组成的框架来承担，而围护功能则要由门和窗本身来承担。因此，装配式混凝土建筑的门窗系统设计应满足建筑的使用功能、经济美观、采光、通风、防火、保温、隔热、隔声等要求。在寒冷地区和严寒地区的供热采暖期内，由门窗缝隙渗透而损失的热量约占全部采暖耗热量的 25% 左右，所以门窗密闭性的要求是这些地区建筑保温节能设计中极其重要的内容。而在夏热冬暖地区，由门窗通过热辐射向室内传递的热量占有很大比例，应主要解决外门窗的隔热问题。

在保证门和窗的主要功能，以及满足经济要求的前提下，还要求门窗坚固、耐久、开启灵活、方便、便于维修和清洗。同时，应重视门窗洞口布置的结构设计原则，在满足结构安全的基础上，实现立面多样化设计。

7.8.2　门窗的类型及洞口尺寸

（1）按门窗的材料分类

门和窗按制造材料分有：木、钢、铝合金、塑料、玻璃钢等。新型节能门窗主要类型分为断桥式节能门窗、被动式节能门窗、复合材料节能门窗、光伏发电门窗等，一般配合Low-E 玻璃、真空玻璃集成使用。

（2）按门窗的开启方式分类

窗的开启方式有：固定窗、平开窗、悬窗（分为上悬窗、中悬窗、下悬窗）、立转窗、推拉窗等；门的开启方式有：平开门、推拉门、折叠门、转门、上翻门、升降门、卷帘门等。门和窗最常见的开启方式为平开式和推拉式。

门窗洞口尺寸应满足功能要求并符合模数协调标准，宜采用优先尺寸，符合《建筑门窗洞口尺寸系列》GB/T 5824 的规定，门窗洞口的优选尺寸见表 7.8-1。在建筑方案设计阶段，应尽量减少门窗的类型，利于减少预制构件种类，降低工厂生产和现场装配的复杂程度，保证质量并提高效率。

门窗洞口的优选尺寸（M）　　　　　　　　　　表 7.8-1

洞口	最小洞宽	最小洞高	最大洞宽	最大洞高	基本模数	扩大模数
门洞口	7M	15M	24M	23（22）M	3M	1M
窗洞口	6M	6M	24M	23（22）M	3M	1M

7.8.3　门窗系统的安装

装配式混凝土建筑门窗系统安装时要注意以下几点：

（1）预制外墙板上的门窗安装应确保连接的安全性、可靠性及密闭性。应在预埋窗框周边的缝打胶，避免雨水渗漏，确保门窗洞口的密闭性，宜采用材料防水、构造防水及结构防水相结合的做法。应选用硅酮、聚氨酯、聚硫建筑密封胶，并应符合国家现行标准《硅酮建筑密封胶》GB/T 14683、《聚氨酯建筑密封胶》JC/T 482、《聚硫建筑密封胶》JC/T 483 的规定。

（2）门窗洞口应在工厂预制定型，其尺寸偏差宜控制在 ±2mm 以内，外门窗应按此误差缩尺加工并做到精确安装；预制夹心外墙板采用后装法安装门窗框，在预制夹心外墙板的门窗洞口处应预埋经防火防腐处理的木砖连接件；预制外墙板的外门窗，其门窗洞口与门窗框间的密封性不应低于门窗的密闭性；预制遮阳板：为满足东西向外窗的遮阳及隔热要求，可在窗口部位设置遮阳构件，以满足东西向热工性能要求。遮阳构件的材料可以选用金属或其他材料。遮阳构件的宽度一般不宜小于 600mm。

（3）门窗、防护栏杆、空调百叶等外围护墙上的建筑部品，应采用符合模数的工业产品，并与门窗洞口、预埋节点等协调；建筑外门窗宜采用预埋窗框或副框的方式与预制外墙板进行集成，提高气密性，减少渗漏；机电设备管线及相关点位接口应避开边缘构件钢筋密集范围，不宜布置在预制墙板的门窗过梁及锚固区节点。

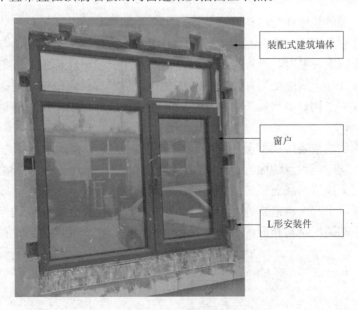

装配式建筑墙体

窗户

L形安装件

图 7.8-1　窗安装示意

装配式混凝土建筑门窗洞口的布置，应与其配套的外墙板进行集成设计。应满足结构受力的要求，便于预制构件的加工与吊装。因转角窗的设计不利于结构抗震，且加工及连接比较困难，装配式混凝土建筑不宜采用转角窗设计。对于框架结构预制外挂墙板上的门窗，要考虑外挂墙板的规格尺寸、安装方便和墙板组合的合理性。

门窗洞口宜上下对齐、成列布置，预制剪力墙宜采用一字形，也可采用 L 形、T 形或者 U 形。开洞预制剪力墙洞口宜居中布置，洞口两侧的墙肢宽度不应小于 200mm，洞口上方连梁高度不宜小于 250mm。图 7.8-1 是窗安装示意。

7.9　屋面系统

（1）屋面的类型：

1）装配式混凝土建筑屋顶的类型分为平屋顶和特殊形式的屋顶（如网架、悬索、壳体、折板、膜结构等）。

2）平屋顶按防水材料和防水构造的不同分为：卷材防水屋面、涂膜防水屋面、复合防水屋面、保温隔热屋面（保温屋面是具有保温层的屋面；隔热屋面是以通风、散热为主的屋面，包含蓄水屋面、架空屋面、种植屋面三种做法）。

（2）屋顶应满足下列要求：

1）承重要求

屋顶应能够承受雨雪、积灰、设备和上人所产生的荷载并顺利地将这些荷载传递给墙或柱。

2）保温要求

屋面是建筑最上层的围护结构，它应具有一定的热阻能力，以防止热量从屋面过分流失。

3）防水要求

屋面的防水层的整体性受结构变形与温度变形叠加的影响，变形超过防水层的延伸极限时就会造成开裂及漏水。叠合板屋盖，应采取增强结构整体刚度的措施，采用细石混凝土找平层；基层刚度较差时，宜在混凝土内加钢筋网片。屋面应形成连续的完全封闭的防水层；选用耐候性好、适应变形能力强的防水材料；防水材料应能够承受因气候条件等外部因素作用引起的老化；防水层不会因基层的开裂和接缝的移动而损坏破裂。

4）美观要求

屋顶是建筑物的重要组成部分。屋顶的设计应兼顾技术和艺术两大方面。屋顶的形式、材料、颜色均应是重点的内容。

装配式混凝土建筑的屋面系统应重点解决屋面的防水、防火、保温、隔热等问题；预制女儿墙应设置泛水收头构造措施，保证屋面防水系统的完整性与防水的严密性。预制女儿墙应采用与下部墙板结构相同的分块方式和节点做法，在女儿墙顶部设置预制混凝土压顶或金属盖板。

8 BIM协同设计平台构建及信息化集成设计

8.1 BIM简述

BIM，即建筑信息化模型，从狭义上来说是附加了建筑信息的三维模型，模型包括了建筑的几何信息和属性信息，从广义上讲，BIM是建筑生产过程中各环节和参与方进行信息共享，工作协同的平台，是建筑行业进行信息化升级的必要条件之一。

设计、生产、施工各个阶段的模型需要基于同一平台，统一标准来传递信息。设计阶段可以通过BIM进行方案设计的模拟分析，将生产、施工和运维阶段的信息提前考虑，通过将后期阶段的信息前置以实现综合的设计协调，提升设计质量和附加值。生产和施工阶段在设计阶段的工作基础上进行本环节各要素信息的丰富和完善，通过BIM平台实现项目过程中的综合管控。因此通过BIM打造建筑业一体化信息平台，建设单位、设计单位、施工单位、运维单位、供应厂商等在同一平台上协同作业，实现资源优化配置，各个环节基于平台充分协作，打破企业边界和地域边界的限制，实现信息有效共享，最终形成建筑产业现代化新的生态圈。

本章内容主要包括装配式建筑方案设计前期阶段、方案设计阶段、初步设计阶段、施工图设计阶段、预制构件深化设计阶段、精装设计阶段的BIM设计相关工作，可用于指导装配式建筑全生命周期的BIM相关工作。装配式建筑设计的BIM应用需要首先明确BIM的一般定义、BIM的应用目标，制定企业的BIM标准构件资源库，项目开始前应该确定好BIM应用软件、BIM协同规则、BIM模型深度、模型交付标准、项目BIM质量管理标准等。

（1）一般定义

我国《建筑对象数字化定义》JG/T 198—2007将建筑信息模型定义为："建筑信息完整协调的数据组织，便于计算机应用程序进行访问、修改和添加，这些信息包括按照开放工业标准表达的建筑设施的物理和功能特点以及其相关的项目或生命周期信息。"美国国家标准NBIMS对BIM的定义是："①BIM是一个设施（建设项目）物理和功能特性的数字表达；②BIM是一个共享的知识资源，是一个分享有关这个设施的信息，为该设施从概念到拆除的全生命周期中的所有决策提供可靠依据的过程；③在项目不同的阶段，不同利益相关方通过在BIM中插入、提取、更新和修改信息，以支持和反映其各自职责的协同作业。"这两个定义都明确了建筑信息模型中信息的重要性，也明确了这些信息要用于实现建筑的全生命周期的应用。BIM模型构件的信息主要分为两部分：一是几何信息，包括尺寸、位置、形状；另一类是非几何信息，包括产品信息（如生产日期、生产厂商、规格型号等）、建造信息（如安装时间、安装人员、质检人员等）、运维信息（如质保日期、维修日期、维修人员等）。BIM模型具有信息完备性、信息关联性、信息一致性、可视化、协调性、模拟性、优化性和可出图性等八个特点。

（2）应用目标

装配式混凝土建筑设计的 BIM 应用的总体目标是通过 BIM 实现装配式建筑的一体化集成设计管理，将后续各个环节的部分工作提前至设计阶段，在设计阶段统筹考虑后续工作的要求和需求，有效避免生产、施工阶段的"错漏碰缺"问题，提升装配式建筑的整体设计质量。

在设计过程中各专业在集成的 BIM 模型上进行协同作业，充分实现信息的实时共享，区别于传统基于二维图纸离散的作业模式，避免人为的绘图错误，提升设计精准度。在同一模型上实现算量汇总，避免重新在算量软件中二次建模带来的重复劳动。同时通过 BIM 模型的集成优势进行建筑的性能化分析模拟，在生态及绿色分析方面实现建筑产品的品质提升。

（3）BIM 协同

协同工作是 BIM 的一大优势，各个专业可以基于同一个模型共同设计，实现实时协同作业，区别于传统二维离散的、点对点的协同模式。传统模式下，一位设计师只需要为自己的图纸负责，同时兼顾好与其他设计师图纸的匹配性，产生的成果是一个独立的设计文件。在 BIM 协同作业模式下，每一位设计师的工作内容变为整体模型的一部分，各个参与者基于共同的建模设计标准，完成整体设计模型。清华大学 BIM 课题组在《中国建筑信息模型标准框架研究》中将 BIM 标准分为资源标准、行为标准、交付标准。在协同管理方面将协同管理分为：协作资源配置、协作行为沟通、协作交付管理三部分。其中，资源协同管理包括目录和构件库的读写权限、工程目录的设置等；行为协同管理包括 BIM 设计目标和内容、BIM 设计协同策划、BIM 工作内容分解和 BIM 过程的记录等；交付的协同管理包括交付设计内容的审核、模型构建文件的审核等。

目前的工作的协同方式基本上是点对点，采用 BIM 方式可以实现点对面的协同模式，通过互联网技术更可以打破地域的限制，实现跨区域的工作协同。目前可采用虚拟桌面实现局域网基于同一服务器进行协同工作，在保证带宽的前提下可以实现远程登录服务器，协同工作；另一种方式是通过不同地域的服务器进行同步备份实现协同工作。

（4）BIM 资源库

装配式建筑设计的核心价值在于实现系统集成的设计标准化，像造汽车一样造房子，因此装配式预制构件、机电设备、内装部品等都必须形成一套成体系的设计标准。BIM 资源库的应用价值在于将这些成套构件的信息集成起来，形成在计算机中虚拟现实世界真实存在的资源库，BIM 资源库作为建筑物真实存在的物理特性和功能特性的数字化表达。在后续的建筑设计中根据设计标准的分类快速调用 BIM 资源库中的模型，实现快速设计、快速算量、快速出图、最大限度地为决策提供技术层面的数据支持。

（5）BIM 模型深度

建筑设计分为不同的各个阶段，设计深度和设计要求不尽相同，BIM 模型的深度也随着设计阶段的不断深入而增加。北京市地方标准《民用建筑信息模型设计标准》DB11T 1069—2014 将模型的深度信息分为 5 个等级区间，同时将不同专业和信息维度的深度等级进行组合，并作了明确说明：专业 BIM 模型深度等级＝ [GIm，NGIn]，其中 GIm 是该专业的几何信息深度等级，NGIn 是该专业的非几何信息深度等级，m 和 n 的取值区间为

[1.0，5.0]。国际上基本以美国 AIA（LOD）定义作为依据。LOD 分为 6 个等级区间，分别是 LOD100，LOD200，LOD300，LOD350，LOD400，LOD500。其中设计阶段参照 LOD100～LOD350，施工和运维参照 LOD400 和 LOD500。如果参考以上两个标准，装配式建筑的 BIM 模型应该达到 4.0 或 LOD400 深度，目前预制构件的深化设计一般是放在设计阶段完成的。

（6）BIM 成果交付

装配式建筑设计的 BIM 成果交付内容主要分为两部分，一是 BIM 模型及模型所包含的数据，二是基于 BIM 模型产生的图纸、文档、视频等用作分析、统计、展示等用途的文件。

BIM 模型的交付可以分为方案、初设、施工图、构件深化加工图四个阶段。前三个阶段的 BIM 模型交付深度可参考北京市《民用建筑信息模型设计标准》DB11T 1069—2014 中 1.0～3.0 的深度标准，或参考 AIA 的 LOD100～LOD350 的深度标准，构件深化加工图阶段的 BIM 模型交付深度可参考北京市《民用建筑信息模型设计标准》DB11T 1069—2014-4.0 的深度标准，或 AIA 的 LOD400 的深度标准。

（7）BIM 模型质量管理

BIM 模型不同于二维图纸的表达方式，通过模型将离散的二维图纸关联起来，不再是由单一的设计师控制自己手中图纸的质量，而是由团队一起为 BIM 模型质量负责。在 BIM 模型的设计过程中由专门的人员（可以是项目内的设计师）负责 BIM 模型的协调工作，在统一建模标准的引导下，协调不同设计师的设计建模工作，保证模型的准确性、完备性，从而保证 BIM 模型的质量。设计阶段 BIM 模型完成后由指定部门进行统一管理，模型需要实时备份，保证模型文件的完好。

（8）BIM 设计软件

目前市场上针对装配式建筑设计的 BIM 软件主要有四款，分别是 Autodesk 公司的 Revit、Nemetschek 公司的 Planbar（Allplan）、Trimble 公司的 Tekla 、PKPM 的 PBIMS-PC，因为我国装配式建筑设计的国情特殊（比如设计规范、工厂生产线工艺要求、施工现场工法要求等），以上四种软件都不能够直接实现装配式建筑全产业链、全生命周期的应用。软件的架构和装配式建筑一样，是一项系统工程，装配式建筑设计软件的合理架构更需要装配式建筑全过程形成行业范围内普遍的流程标准，同时两者也可以并肩齐行，设计标准促进软件落地，软件落地促进设计质量和效率提升。

（9）BIM 协同平台

BIM 协同平台的本质是设计、生产、施工、运维、商务等各个阶段各个环节都能够基于同一 BIM 模型进行协同工作，保证数据源的唯一和信息处理的及时准确。建筑的生产过程不再是各环节的信息孤岛，而是连成一片，信息互通。

BIM 软件的生产商都有基于自己的软件体系并形成了建筑全生命周期的 BIM 应用架构，都可以在一定程度上打通上下游全产业链。所有 BIM 软件有一个共同的特点，软件产生的 BIM 模型文件都特别大，需要在局域网内实现有限协同，外部协同基本靠 BIM 模型输出特有的数据格式，满足不同阶段的软件需求。从这个角度来说 BIM 软件本身就是一个平台，信息的创建和传递都在软件厂商提供的软件体系里。

从另一个的角度来说，如果各个环节各个部门想要实时地参与到前一阶段或后一阶段的工作中，就需要实时接收上一阶段的信息数据，一个原始 BIM 模型文件体量非常大，单纯靠网络传递的方式是行不通的，需要模型的浏览文件（BIM 模型的轻量化，可以有效地压缩原始 BIM 模型的大小，支持互联网的快速查阅浏览）进行实时传递，由于浏览文件是单一文件，信息源是同一的，但是信息的传递方式依然是点对点的方式。如果想实现点对面的信息传递方式就需要有一个专门的协同平台，可以将 BIM 模型的轻量化文件放置在协同平台上，各个参与方通过协同平台基于 BIM 轻量化模型进行协同工作。这个意义上的协同平台是一个云服务平台，基于互联网的技术进行架构。

8.2 BIM 在设计前期阶段的应用

（1）BIM 实施计划（导则）

为确保项目能顺利实施，项目开始前需要制定一份项目的 BIM 实施计划（导则）作为整个项目 BIM 实施的指导性文件，并确保该项目所有参与者均能知晓并熟悉导则且能严格执行。导则一般包括以下内容：

1）BIM 实施目的、目标

明确本项目中需要通过 BIM 解决的问题及达到的目标。明确主要的应用点及考核标准。

2）BIM 实施原则

明确项目 BIM 实施的主要原则，如必须遵循的全过程协同管理、软件资源一致统一、全过程 BIM 建模、BIM 模型出图、图模一致等原则。

3）软硬件配置计划

明确统一的协同平台、模型创建软件、模型检查软件、模拟软件等，并统一软件版本，确保文件资源顺利交互、对接。配置满足三维设计的硬件设备，为设计工作的高效开展提供保障。

4）项目参与人员及架构

明确好项目组织架构，确定项目参与人员及岗位分工、从属关系、职责要求等，方便项目统一管理。

5）实施流程

明确项目实施流程，制定各参与方在整个项目实施过程中应完成的内容及所需对接的人员，确保项目有条不紊地推进。

6）BIM 应用内容

明确项目 BIM 主要应用点，如模型创建、碰撞检查、绿建分析、净高分析、BIM 出图、效果展示等。

7）BIM 技术标准

明确项目 BIM 实施过程中的各项技术标准，如各阶段各专业模型精度标准、模型创建要求、单位与坐标要求、模型拆分原则、模型及构件命名原则、模型材质与色彩标准等。

8）项目协同机制

统一项目协同平台，明确项目协同的机制，确保各参与人员均能熟练使用平台并明确注意事项，充分发挥平台高效协同的作用。

9）项目进度安排

提前做好项目进度安排，根据进度节点划分任务，确保项目能按节点提交成果。

10）各阶段交付成果

明确各阶段 BIM 成果须交付的内容，包括模型文件、媒体文件、图片及文档等，以及各类文件的文件格式也应作明确规定。

11）质量管理与控制

明确质量检查制度，包括前期准备阶段检查制度、过程控制检查制度、成果验收检查制度等，检查的内容可包括进度是否同步、模型精度是否满足当前阶段要求、模型的规范性是否符合导则规定、是否图模一致等，并形成检查记录单，确保项目在质量保证的前提下推进。

（2）装配式建筑设计模型信息对接

装配式建筑的生产全过程涉及设计、生产、施工各个阶段，设计阶段的 BIM 模型需要与生产、施工的模型保持一致，避免重复建模。在项目开始阶段制定的 BIM 实施计划（导则）就要对建模标准进行规划。对于以 EPC 模式为主的企业，应该形成自己的全产业链信息标准，保持模型在建筑全生命周期的通用性。对于传统企业及项目，需要业主聘请专门的 BIM 顾问角色，从项目前期对模型的整个流程的应用进行架构安排（图 8.2-1），对设计企业和施工企业提出共同的 BIM 应用标准，或者根据项目情况，在施工招标确认施工单位以后，由 BIM 顾问牵头设计企业和施工企业共同制定 BIM 导则。相应的对前期的设计模型按照约定的导则标准进行重新梳理。BIM 顾问的角色在整个项目中对 BIM 应用起到规划、引导、监督、评价等作用。

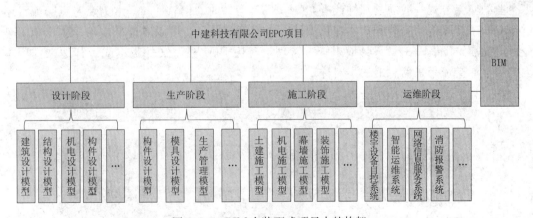

图 8.2-1　BIM 在装配式项目中的构架

1）BIM 模型在设计阶段与生产、施工阶段的信息对接

在装配式建筑设计阶段利用 BIM 技术建立的信息模型，包含了设计阶段的建筑信息，生产阶段根据设计阶段建立的构件深化模型进行生产。模型施工阶段根据现场实际施工情况对模型进行楼层拆分、施工分区、添加相应的属性信息等一系列深化设计，使设计模型顺畅的传递到施工阶段（图 8.2-2）。设计模型传递到施工阶段后，施工单位首先进行各个专业模型的链接整合，利用 BIM 软件的碰撞检测功能对模型进行初步的碰撞检测，在施

工前准确地把握住该工程的重点难点，在形成碰撞报告、把控重点难点的同时形成初步的优化方案以及构件吊装方案和施工组织方案等。

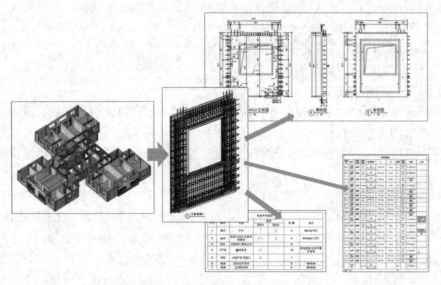

图 8.2-2　BIM 模型生成图纸与 BOM 表

2）基于互联网平台的 BIM 模型信息对接

随着互联网技术的发展，"互联网＋"概念的提出，互联网的作用在建筑行业中的重要性也逐渐显露出来，尤其是移动宽带、大数据分析、物联网、智能终端设备等的发展更加拓展了互联网技术在建筑行业中的应用前景。在传统的模式中，设计企业和业主以及施工企业的交流方式一般通过邮件或者 QQ、RTX 等即时通信软件，一般为点对点交流。通过建立基于互联网的（装配式）建筑设计一体化管理平台，可以通过平台与业主、施工企业协同交流（图 8.2-3）。设计成果统一管理，避免 BIM 模型文件版本或者其他文件版本因为离散的交流带来信息上的不对称。

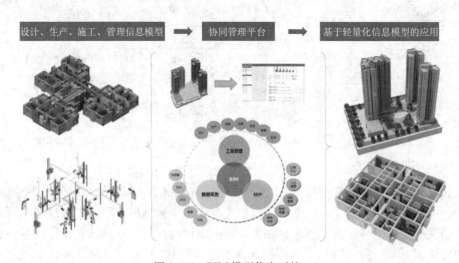

图 8.2-3　BIM 模型信息对接

3）轻量化模型

BIM 模型包含建筑构件精确的几何信息和丰富的非几何（属性）信息，同时支持对构件几何和非几何信息的实时编辑，也包含工作成员之间相互的工作链接关系，由于以上原因导致一个项目的全专业模型可能达到几百兆（M）字节甚至几千兆（G）字节，将这样大小的文件放在互联网上供各参与方查阅调用是不现实的。为了实现基于互联网的各参与方实时在线协同交流工作就需要将 BIM 模型进行格式转化，使 BIM 模型"轻量化"（图8.2-4），轻量化模型可以继续添加建筑工程信息，可以说"轻量化"模型是设计一体化平台的核心引擎。

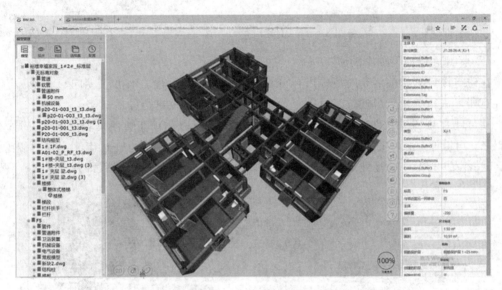

图 8.2-4　BIM 轻量化模型

8.3　BIM 在方案设计阶段的应用

（1）BIM 在规划指标计算中的应用

传统的规划指标计算是由设计师通过设计图纸的表达与人工计算结合来使方案匹配设计要求。由于在前期方案阶段设计师发挥的自由度比较大，不同的设计方案需要计算相应的技术经济指标并进行比对，因此反复的方案修改将带来庞大的指标核算的工作量。而方案方向确定以后，具体的方案修改也会引起指标的变化，都需要人工去自行核算，效率低下且精确度很难保证。通过 BIM 方式可以将图纸和 BIM 模型统计的技术经济指标实时关联起来，设计师对方案布局的任何修改都可以自动地由 BIM 软件完成相应指标的统计（图 8.3-1）。这样可以使设计师更专注于设计方案本身，而不需要分散精力去不断计算指标与方案布局的匹配关系，从而更高效地比对出最优方案。在方案前期就可以对后续的设计发展起到总体把控的作用。

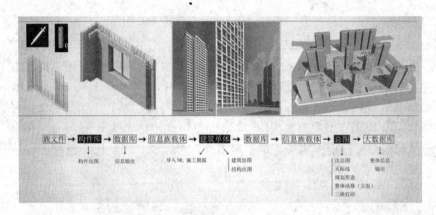

图 8.3-1　BIM 指标分析与信息输出

（2）BIM 场地设计中的应用

在建筑设计开始前需要对场地进行分析，对场地进行高程、坡度、朝向、水系、道路等现有要素进行分析。只通过二维图纸很难全方位地对场地进行分析。

通过现有的 BIM 软件，如 Autodesk InfraWorks 等可以比较准确客观地将场地的现状展示出来。可以通过软件的颜色设置将场地不同的高程或者坡度信息表达出来。也可以通过 Revit 或者 Civil 3D 进行场地平整和土方量计算分析等，确定最优的场地设计方案（图 8.3-2）。

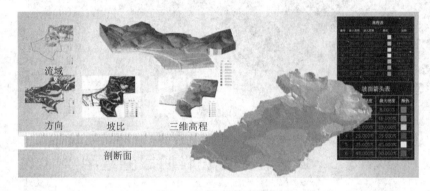

图 8.3-2　BIM 场地分析

（3）BIM 在装配式建筑户型设计中的应用

BIM 在装配式建筑户型设计一般可按图 8.3-3 所示流程进行。

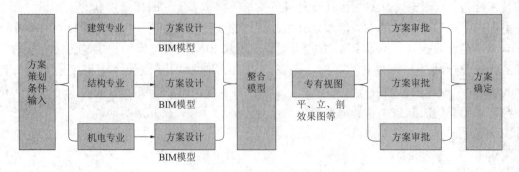

图 8.3-3　BIM 建筑户型方案设计流程

1) BIM 与标准化设计

在方案阶段需要进行装配式建筑的标准化设计，首先要确定项目的模数协调标准，通过模数数列调整建筑及部品部件的尺寸关系。使装配式建筑各组成要素在设计、生产、安装过程中达到高效性和经济性。在标准化户型的基础上按照建筑系统集成的思路展开设计，将各种不同功能的部品部件集成在户型方案设计当中，实现部品部件的系列化和通用化。

传统方式下，多是在施工图完成以后再由构件厂进行"构件拆分"，这样的方式所带来的问题很明显，就是设计与"构件拆分"的脱节。正确的做法是项目开始前建立合理的工作机制，在前期策划阶段就让专业介入，确定好装配式建筑的技术路线和产业化目标，方案设计阶段就根据既定目标并依据构件拆分原则进行方案设计及创作。这样才能避免因前期方案的不合理造成后期的技术经济性的不合理，甚至由于前后脱节造成的设计失误。BIM 信息化有助于建立上述工作机制，让各专业在设计阶段发挥协调作用，使众多技术问题和经济指标在前期得到很好的控制，同时结合 BIM 的三维可视化功能，对单个外墙构件的几何属性经过可视化分析（图 8.3-4），可以对预制外墙板的模数进行优化，从而减少预制构件的类型和数量，进而提高构件预制的效率，减少构件安装的工作量，降低成本。

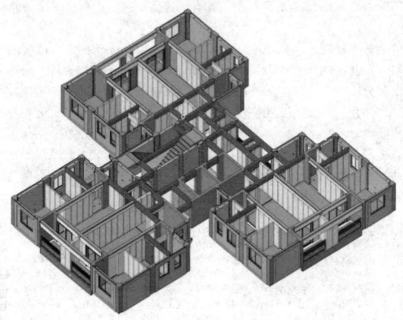

图 8.3-4 外墙构件可视化分析

2) BIM 户型库

在 BIM 标准设计前提下，不同的套型模块可以组成不同的 BIM 户型模型，形成企业的 BIM 户型库（图 8.3-5）。BIM 户型库也要实现标准化与多样化的对立统一，既满足工厂生产的效率要求，也能根据项目所处位置对朝向、通风、采光等居住要素平衡，同时也能满足人民群众对住宅产品个性化的需求。由标准化 BIM 户型组合成标准化 BIM 单元，再生成标准化楼栋。

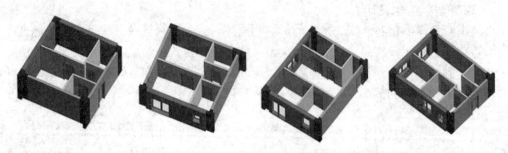

图 8.3-5　BIM 户型库

3）BIM 预制构件库

装配式建筑的典型特征是标准化的预制构件或部品在工厂生产，然后运输到施工现场装配、组装成整体。装配式建筑设计要适应其特点，在传统的设计方法中是通过预制构件加工图来表达预制构件的设计，其他平立剖面图纸的表达还是传统的二维表达形式。在装配式建筑 BIM 应用中，应该模拟工厂加工的方式，以"预制构件模型"的方式来进行系统集成和表达，这就需要建立装配式建筑的 BIM 构件库。通过装配式建筑 BIM 构件库的建立，可以不断增加 BIM 虚拟构件数量、种类和规格，逐步构建标准化预制构件库（图8.3-6）。

BIM 应用首先根据设计原则对各类预制构件进行 BIM 模型表达，该构件库中的预制构件模型是对真实世界中的虚拟反映，预制混凝土构件的配筋、连接件、内外页墙板都能够通过模型来充分地反映，能准确地进行经济算量。构件库还可以直接生成构件加工图，"三维构件图纸"的可重复利用能够带来生产提效，最重要的是可以实现构件加工图在整个项目生产周期中的前置，从而缩短项目的运营周期，提升项目效率。同时构件库内同类别的构件可以根据实际进行调整，比如同一墙体构件的节点安装方式及配筋方式不变，仅是长、高有所调整，便可通过已有构件快速地进行调整，并实时得出工程量及生成构件加工图。

3#_WQ1	3#_WQ3bf	3#_WQ5	3#_WQ7a	3_NQ2df	DBS67-3	DKL6	DKL9a
3#_WQ1a	3#_WQ3c	3#_WQ5a	3#_WQ7f	3_NQ3	DBS67-4	DKL7	DKL10
3#_WQ1af	3#_WQ3cf	3#_WQ5af	3#_WQ8	3_NQ4	DBS67-5	DKL7a	DKL10a
3#_WQ1f	3#_WQ3f	3#_WQ5b	3#_WQ9	3_NQ4a	DKL1	DKL7b	DLL1
3#_WQ2	3#_WQ4	3#_WQ5bf	3#_WQ9f	3_NQ5	DKL1f	DKL7c	DLL2
3#_WQ2a	3#_WQ4a	3#_WQ5c	3_NQ2a	3_NQ5a	DKL2	DKL7cf	YKL1
3#_WQ3	3#_WQ4af	3#_WQ5f	3_NQ2b	3_NQ5af	DKL2a	DKL7d	YLL1
3#_WQ3a	3#_WQ4b	3#_WQ6	3_NQ2c	DBD67-1	DKL2f	DKL8	YLL2
3#_WQ3af	3#_WQ4c	3#_WQ6f	3_NQ2cf	DBS67-1	DKL3	DKL8a	
3#_WQ3b	3#_WQ4cf	3#_WQ7	3_NQ2d	DBS67-2	DKL5	DKL9	

图 8.3-6　BIM 预制构件族库

4）BIM 部品部件库

从生产汽车的角度来看，装配式建筑是由不同的零部件组成的，通过建立装配式建筑的 BIM 部品部件库，设计过程中，可以直接将库中的资源调用到模型中。部品部件库内的各构件均为真实构件的虚拟反映，其外观尺寸与内部性能参数均与实物相对应，甚至附带一系列的安装信息、操作信息及维护信息等，有别于传统无具体信息的二维图例的表达。不断完善的部品部件库最终会形成一个巨大的材料库，满足不同类型项目的调用（图 8.3-7）。

图 8.3-7　BIM 部品部件族库

（4）BIM 在装配式建筑立面设计中的应用

通过 BIM 可视化优势对建筑立面进行构件组合设计，相同的户型可以实现不同的立面效果，可快速提供多种选择方案（图 8.3-8）。立面的连接节点也可通过 BIM 来进行展示模拟，保证构件现场的装配效率和可靠度。

图 8.3-8　BIM 可视化设计

（5）BIM 在建筑生态分析模拟方面的应用

通过 BIM 对建筑方案进行能效数字仿真分析模拟，并实现分析数据的可视化，便于直观快速地理解。一般的生态分析模拟为流场模拟，相应的软件如 Fluent、Phoenics、Autodesk simulation CFD、scSTREAM 等，可以对室内外风速、温度、舒适度、风压、空气湿度等进行仿真分析（图 8.3-9），达到创造舒适的流场环境的目的。

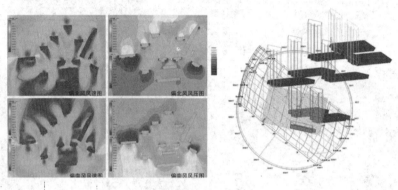

图 8.3-9　BIM 仿真分析

（6）BIM 在结构与构件装配方案设计中的应用

在预制构件方案设计阶段利用 BIM 手段综合考虑结构安全、场地规划、预制构件的施工、安装、制作、运输等工序的综合性因素，对预制构件模具的通用性、制作成本进行初步的对比分析。针对施工流水段作业顺序，竖向、水平构件数量及占比进行分析研究，确保装配方案构件配置合理，建造成本控制在合理性的范围内。

BIM 构件的主要控制内容包括：工业化建造立面与整体风格的协调统一（图 8.3-10）；策划阶段对于投资及全过程成本控制；构件成本控制、工艺流程、生产周期、上下游生产衔接等方面的整体把控；施工阶段成本控制、施工周期、上下游生产衔接。

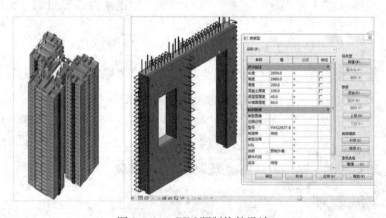

图 8.3-10　BIM 预制构件设计

（7）预制率计算、装配率计算

预制率和装配率是装配式建筑设计的重要技术指标，装配率计算的前提是将预制混凝土部分和现浇混凝土部分区分开来。在 BIM 模型中可快速将预制墙、梁、板、柱、阳台、楼梯分别统计出来，同时也可以快速将现浇混凝土的工程量按不同类别统计出来，从而得到预制率结果（图 8.3-11）。

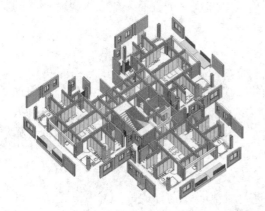

预制率计算表							
建造方式	现浇部分		预制部分		预制率		
结构类型	现浇部位名称	构件体积	现浇构件名称	构件体积	单项构件预制率	各类构件预制率	预制率总计
竖向结构	现浇墙	47.6	预制外墙	—		4.88%	
	现浇柱	25.33	预制内墙	8.13	4.88%		
水平结构	现浇楼板	37.75	预制凸窗	6.35	3.81%	10.27%	15.14%
			预制阳台	7.1	4.26%		
	现浇结构梁	30.75	预制楼梯	3.66	2.20%		
维护结构	现浇非承重外墙	—	内隔墙条板	—		—	
	其他	—	其他	—		—	
合计		141.43		25.24			
总计			166.57				

图 8.3-11 BIM 模型输出工程量统计预制率

（8）通过 BIM 模型进行投资估算

在方案阶段根据技术经济指标并结合对 BIM 模型中的各类建筑构件分类统计，无需再创建单独的算量模型或手算工程量，直接使用 BIM 模型进行工程量计算，实现算量模型和设计模型的统一可以相对准确地计算出工程量来，对于投资估算提供更可靠的数据。

（9）通过 BIM 模型进行方案汇报

传统方案设计阶段，设计师都试图通过抽象的二维图纸向客户阐述设计方案，而设计师本身对二维图纸所表达的内容未必能完全掌控，且作为非专业人士的客户在理解上不一定能到位，换而言之，仅仅通过二维图纸容易构成设计师与客户的沟通障碍，而通过 BIM 三维可视化，可直观反映设计师的想法和理念，客户也能一目了然，可避免许多因沟通不到位造成的方案反复修改。

8.4 BIM 在初步设计阶段的应用

BIM 在装配式建筑初步设计阶段一般可按图 8.4-1 所示流程进行。

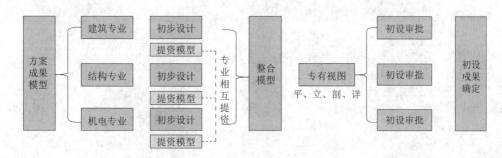

图 8.4-1 BIM 装配式建筑初步设计流程

（1）装配式建筑初设阶段的设计协同

在装配式建筑设计阶段各专业内及各专业间要进行设计协同，协同设计是各专业高效沟通的基础。BIM 协同涉及设计阶段的各专业以及生产和施工阶段各部门的信息交流、数据和文件交互，需要进行协作资源配置、协作行为沟通和协作交付管理等。协同设计包括流程、协作、管理三大块，缺一不可，所以应同时控制好这三个方面才能发挥设计协同的作用。

（2）初步设计阶段模型深化

1）土建模型深化

初步设计阶段（简称初设阶段）应基于方案设计阶段的 BIM 模型进行土建部分的详细建模，建模深度应根据 BIM 实施导则要求的 LOD 精度实施，并根据设计进度节点进行模型的拆解，完善设计图纸中的构造做法等内容，并根据后续设计中的需要提前增加构件信息，使设计 BIM 模型进一步符合初设阶段的标准。

2）机电模型深化

初设阶段应基于方案设计阶段的 BIM 模型进行机电专业构件的详细建模，建模深度应根据 BIM 实施导则要求的 LOD 精度实施，并根据设计进度节点进行模型的拆解，完善设计图纸中的系统功能及做法等内容，确定主要设备的使用功能及安装位置，并根据后续设计中的需要提前增加构件信息，使设计机电部分的 BIM 模型进一步符合初设阶段的标准。

3）预制构件优化设计

初设阶段对预制构件与现浇部分的空间位置关系进行设计定位，并初步考虑机电管线的预留、预埋位置，并结合管线预留、预埋位置合理拆分预制构件，同时结合预制构件的特点，充分简化预制构件的类别，提高标准化率。此外，还要综合考虑预制构件在后续各个阶段的几何和非几何的关系。

（3）初设阶段出图

初设图纸作为 BIM 阶段性成果的一部分，应在完成初设方案之后，通过 BIM 模型输入 CAD 图纸。根据项目前期制定的 BIM 导则，在初设阶段的模型深度满足要求后方可出图，同时出图的线性、颜色、定位、注释等设置均应按 BIM 导则要求提前在 BIM 软件中进行设置（图 8.4-2），以确保输出的图纸在包含所需信息的同时达到标准化、规范化。

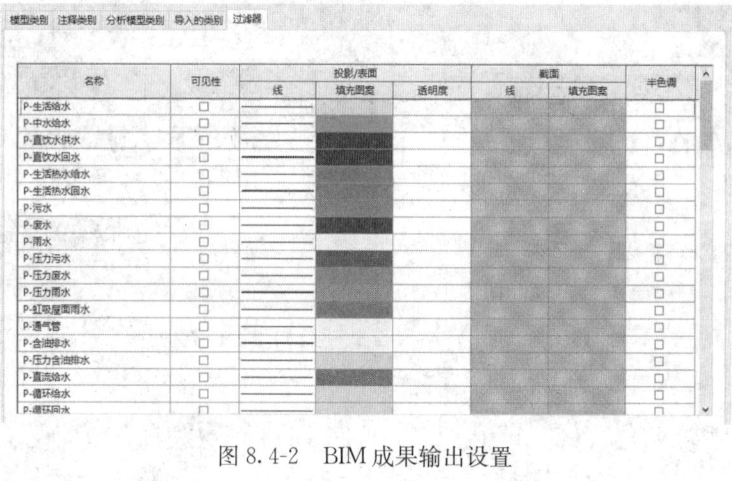

图 8.4-2　BIM 成果输出设置

（4）通过 BIM 模型进行工程量统计

在初设阶段根据 BIM 模型中的各类建筑构件分类统计，已完成的 BIM 模型即为算量模型，摒弃了以往基于设计图纸单独建立算量模型的工作，使算量模型和设计模型真正实现统一，可以更准确地计算出工程量来（图 8.4-3）。

各标准层结构框架用钢量体积

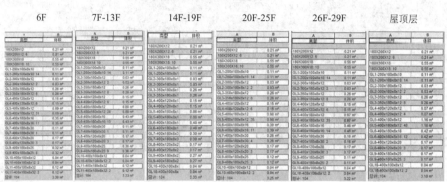

图 8.4-3　BIM 快速统计工程量

8.5　BIM 在施工图设计阶段的应用

BIM 在装配式建筑施工图阶段设计一般可按图 8.5-1 所示流程进行。

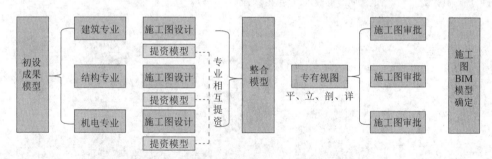

图 8.5-1　BIM 装配式建筑施工图设计流程

（1）装配式建筑设计施工图阶段的设计协同

在施工图设计阶段，传统方式是各专业相对独立进行设计，几乎完成后再通过二维图纸叠加的方式进行整合、查找问题、作调整，这种方式比较粗放、烦琐，且不能进行过程控制，效率较低且效果不理想。通过 BIM 协调管理的方式，各专业在统一的平台按照约定的协同标准进行设计，既不影响对方的设计操作，又可实时参考相互间的设计成果，把可能出现的问题提前解决在过程设计中。

（2）施工图阶段模型深化

1）土建模型深化

施工图设计阶段的 BIM 模型进行土建部分的详细建模，基于设计进度节点进行模型的拆解，并根据 BIM 导则要求的模型深度完善设计图纸中的构造做法等内容，以完整包含施工所需要的构件信息，包括构件准确的尺寸、节点大样、配筋等，同时根据后续施工中的需要提前增加构件的其他信息（图8.5-2），使设计土建部分BIM模型进一步符合施工图阶段的标准。

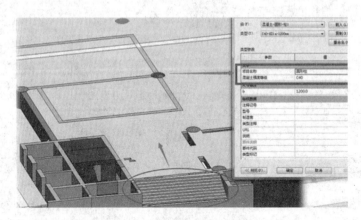

图8.5-2　BIM构件信息添加

2）机电模型深化

施工图设计阶段的BIM模型进行机电专业构件的详细建模，基于设计进度节点进行模型的拆解，并根据BIM导则要求的模型深度完善设计图纸中的构造做法等内容，包括所有机电管线、管道的规格、材质、安装方式，以及机电设备外观尺寸、型号、系统参数等均应得到确定，同时根据后续施工中的需要提前增加各构件的其他信息，使设计机电部分的BIM模型进一步符合施工阶段的标准（图8.5-3）。

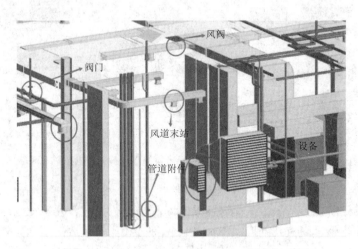

图8.5-3　BIM机电专业详细建模

（3）碰撞检查、净高检查

完成施工图阶段的土建及机电BIM模型建模后，可通过BIM软件快速对各专业模型进行相互的碰撞检查，通过碰撞检查来核查各构件间是否存在冲突，如建筑墙体、门窗等是否与主体结构冲突，机电管线、设备是否有足够空间能满足后续施工要求以及日后维护要求等，同时通过Navisworks软件对各功能区域的空间净高进行分析，确定可满足空间要求的区域及不满足的区域。并针对不满足空间要求的区域进行分析和设计调整。

（4）管线综合

传统管线综合的方式是简单地将所有机电专业及土建专业的图纸进行叠加，然后选取重点部分或管线较为复杂的部位，并针对该处绘制剖面图，或针对各类设备机房绘制机房大样及剖面图。该方式对后续施工有一定指导意义，但绝大多数情况下还需要进行施工二次深化，毕竟局部的综合并未能考虑全局，且设备大小、阀门阀件的尺寸在传统的设计阶段都未经很好地考虑，因此带来问题可能是预留空间不足，后期无法按图施工等。

而BIM的管线综合是将模型文件中的各个专业的所有管线、设备进行整合汇总，并根据不同专业管线的功能要求、施工安装要求、运营维护要求，结合建筑、结构设计和室内装修设计需求对管线与设备的布置进行统筹协调，以排布出最合理的管线方案（图8.5-4）。管线综合一般应遵从如下原则：①大管让小管；②有压管让无压管；③金属管避让非金属管；④冷水管避让热水管；⑤低压管避让高压管；⑥强弱桥架分开布置；⑦附件少的管道避让附件多的管道等。简而言之，在满足使用功能的前提下，以最节约成本的方式进行管线排布，充分考虑施工过程可能遇到的问题，尽量避免因设计失误而导致的现场变更，从而有效地控制施工进度和项目成本。

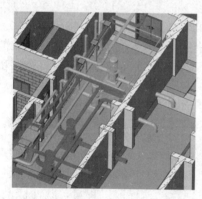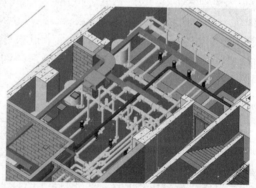

图8.5-4　BIM机电管线综合

（5）支吊架深化

经过管线综合后的BIM模型已经基本能满足施工要求，而作为机电施工中的基础性工序——支吊架的预制和安装，自然在BIM应用中不可或缺，根据BIM模型对支吊架进行深化，尽可能采用统一类别的综合支吊架，以提高工厂预制支吊架的效率，同时便于现场实施。

（6）预制构件综合协调

施工图设计阶段应充分考虑预制构件与预埋管线、预留洞口的关系，提前对管线、洞口进行准确定位，使预制构件能在工厂预制的过程中完成管线预留预埋，减少现场预埋工作，同时避免现场墙体、楼板的二次打砸、开挖（图8.5-5）。此外，还应对预制构件与现浇部分的空间位置关系进行设计定位，综合考虑预制构件在生产和施工安装阶段的几何和非几何的关系。

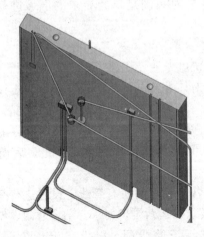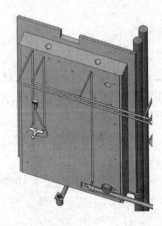

图 8.5-5　预制构件的管线预留预埋

（7）施工图出图

施工图设计阶段 BIM 模型全部完成后，所有施工图纸应通过 BIM 模型自动生成后导出。传统二维施工图纸的输出一般受限于各种条件容易出现错漏缺等问题，而通过 BIM 模型导出的图纸是完全基于模型的反映，准确的模型意味着准确的图纸。施工图纸输出前应根据 BIM 导则要求在 BIM 软件中对输出图纸的线性、颜色、样式、注释等进行统一管理，确保统一平台所输出的图纸在完整表达设计意图的前提下达到标准化和规范化。输出的图纸除包括传统的平面、立面、剖面及节点大样图外，还应包括机电管线、设备的在平面与剖面的准确定位图，管线预留预埋准确定位图、支吊架准确安装定位图、预制构件的准确尺寸加工图以及复杂节点的三维透视图等。

（8）通过 BIM 模型进行工程量统计

施工图阶段的模型信息量已经非常完备，可用于现场指导施工，其所包含的项目工程信息等同于传统可用以结算的施工图纸，完全可以反映实物工程量，且可以直接输出模型中的模型量，按照一定的定额标准，便可实现造价方向的延伸应用。BIM 模型不仅包含的是整体的工程量，也可以根据专业、区域、构件类别等单独提取工程量，既便捷又准确。相对于传统的手算图纸工程量或单独创建算量模型进行算量，直接通过施工图阶段完成BIM 模型所输出的工程量更加准确，也更接近现场实施的工程量。

（9）施工图阶段 BIM 模型展示

通过施工图阶段完成的 BIM 模型，已经非常接近现场竣工的实物，可直接作为项目的展示模型，包括项目外观的展示及项目内部的空间展示，同时也可以用于后续施工阶段作为施工参照，或作为项目的对外宣传。

8.6　BIM 在内装设计阶段的应用

（1）可视化设计

建筑的室内设计直接影响居住者的生活品质，装配式建筑的优势需要借助土建装修一体化来实现，通过 BIM 可以快速地将土建模型和精装模型集中表达，在装配式建筑设计阶段通过 BIM 模型进行室内空间的设计，可以快速地表达设计师的设计意图，实时调整设计，实现设计师对室内设计品质的高度控制。

（2）装修设计协同

1）内装阶段工作前置

精装设计工作通过 BIM 模型可以和建筑设计同期开展。室内设计师可以基于 BIM 模型按照模数进行室内设计，根据室内空间品质的要求对建筑设计提出要求，实现内装工作的前置。

2）BIM 与装修阶段的标准化设计

装配式建筑设计是由设计标准化开始，内装设计应该沿用建筑设计的模数，将居室空间分解为几个功能区域，每个区域视为一个相对独立的功能模块，如厨房模块、卫生间模块（图 8.6-1）。

图 8.6-1　BIM 模型按功能区拆分

将内装模块装修放在模块化设计时，综合考虑部品的尺寸关系，采用标准模数对空间及部品进行设计，以利于部品的工厂化生产。BIM 设计可以快速实现模块化、标准化，通过 BIM 模型的标准化，集成设计方案的信息。将设计好的模块化的布局方案形成内装模块化户型库，内装设计时可直接套用模块化的 BIM 模型。提高设计效率及内装全过程的控制力度，提升内装品质。

每一个标准的部品部件都可以进行独立的编码，通过与二维码技术的结合，实现内装过程中材料的实时信息追溯。在装配方案设计时，按照工厂下单图纸的精度标准进行，避免现场加工的尺寸误差，提高现场装配效率及部品的精确程度。

3）室内性能化分析

室内环境的设计需要专门的 BIM 软件作分析模拟，以此来保证室内环境的绿色和健康。通过将 BIM 分析软件得出的数据，辅助设计师快速做出正确的室内设计方案，提升室内空间品质（图 8.6-2）。

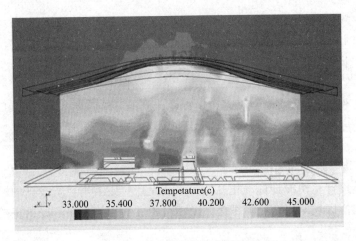

图 8.6-2　室内性能化分析

4）装修设计出图

BIM 信息集成的优势在于将离散的信息集成起来，可以在精装模型的基础上直接导出各类图纸。这样也可以避免人为错误带来的图纸表达问题，对项目设计进行更加准确直观地表达。

5）室内装修材料用量统计

BIM 模型可以导出各类构件明细表，避免传统方式因人工统计出现误差。同时根据 BIM 模型构件的分类信息可以快速地进行分类整理和统计，得出不同的材料用量表，随着 BIM 模型的建模深度的增加，BIM 模型可以逐步反映真实的施工用料与用量。

8.7　BIM 预制构件设计

BIM 在装配式建筑预制构件设计中一般可按图 8.7-1 所示流程进行。

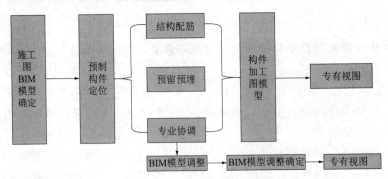

图 8.7-1　BIM 预制构件设计流程

预制构件的深化图主要包括构件模板图及构件钢筋图两部分。

（1）构件模板图

构件模板图是以建筑专业所创建的基本构件族为基础，集成了水暖电等设备专业在预制构件上的预留埋管、线槽等信息，一张完整的构件模板图包括主视图、俯视图、仰视图、右视图、三维效果图，对复杂的构件可添加背视图、横竖剖面等，各视图上要进行相应尺寸及预埋构件的标注，以准确地表达预制构件的外形尺寸及预埋构件信息。制图标准以国标为准，详见图 8.7-2。

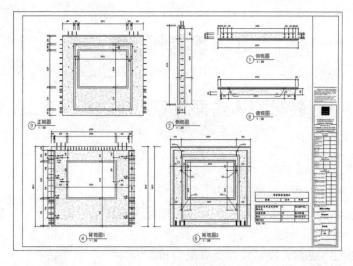

图 8.7-2　预制构件模板出图

（2）构件钢筋图

构件钢筋图是在建筑基本构件族的基础上，集成了结构配筋及吊钉、螺栓套筒、灌浆套筒等预埋件信息，主要包括主视图、俯视图、仰视图、右视图、三维效果图及钢筋和预埋件明细表，各视图上要进行相应的尺寸、钢筋定位及预埋构件的标注，以明确表达预制构件的结构信息。

构件配筋节点及埋件节点大样的钢筋应采用双线表达，并检查钢筋交叉是否矛盾。构件图应设计起吊件，包括脱模用和安装用起吊件，起吊件设置应保证构件在起吊时保持平衡。构件图中除构件型号外，还应列表表达此构件件数、体积（面积），所用预埋件型号、数量等，如图 8.7-3 所示。

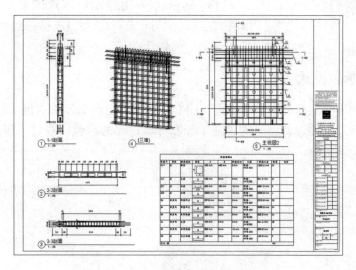

图 8.7-3　预制构件配筋出图

9 案例分析

9.1 装配整体式框架剪力墙结构工程案例

9.1.1 基本信息

（1）项目名称：新兴工业园服务中心。

（2）项目地点：成都市天府新区新兴镇，地处天府新区成都直管区、龙泉驿区区界的交界处。

（3）建设单位：成都天投科技投资有限公司。

（4）设计单位：中国建筑西南设计研究院有限公司。

（5）深化设计单位：中建科技成都有限公司、中建建筑工业化设计研究院。

（6）施工单位：中国建筑股份有限公司。

（7）预制构件生产单位：中建科技成都有限公司。

9.1.2 项目概况

本项目建设地点位于成都市天府新区新兴街道。建设用地面积 22545.81m²，总建筑面积 90630m²（其中地上约 66885.65m²），包括 1-1 号楼、1-2 号楼、2 号楼。设计使用年限为 50 年，建筑结构安全等级为二级，抗震设防烈度为 7 度（0.1g），设计地震分组为三组。其中 1-1 号楼总层数 18 层，标准层层高 3.6m，采用装配整体式框架剪力墙结构；2 号楼总层数 11 层，标注层层高 3.4m，采用装配整体式框架剪力墙结构。1-1 号楼预制率达 55.97%，2 号楼预制率达 20%。图 9.1-1、图 9.1-2 分别为本项目的总平面图和鸟瞰图。

9.1.3 工程承包模式

本项目采用国际通行的工程总承包（EPC）方式实施，工程总承包单位中国建筑股份有限公司对工程项目的设计、采购、施工等实行全过程的承包，并对工程的质量、安全、工期和造价等全面负责。

214

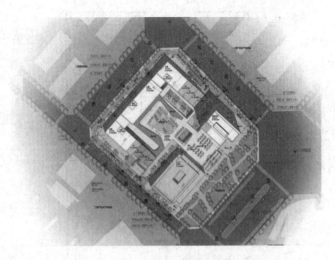

图 9.1-1　总平面图

图 9.1-2　鸟瞰图

9.1.4　装配式技术应用情况

1. 建筑专业

（1）标准化设计

1）建筑设计

本项目为西南地区首个采用 EPC 模式的装配式公建项目，从首层开始装配式，高度最高达到 5.4m，1-1 号楼塔楼部分预制率达 55.97%。建筑采用模数化设计，实现了平面的标准化，为预制构件拆分设计的少规格、多组合提供了可能，图 9.1-3、图 9.1-4 为基于标准化设计的基本户型平面布置图。设计立面体系由：外挂板外墙体系＋玻璃幕墙体系＋薄壁混凝土板组成；建筑内部构件采用一体板内墙、一体化内装、预制楼梯等构件，实现高度工业化的建筑内部集成设计，如图 9.1-5 所示。

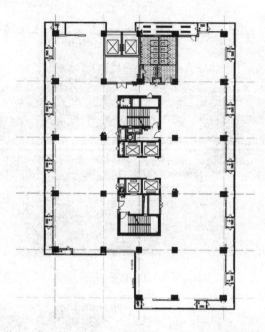

图 9.1-3　1-1 号楼标准层户型及平面图

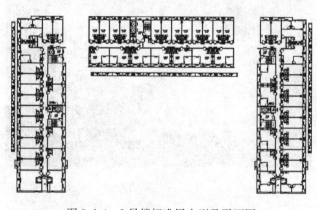

图 9.1-4　2 号楼标准层户型及平面图

(a)

图 9.1-5　立面放大效果图（一）

(b)

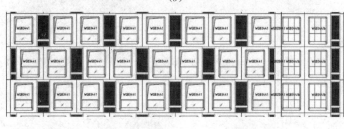

(c)

图 9.1-5 立面放大效果图（二）

2）预制构件拆分原则

本项目建筑标准层的标准化设计为结构构件的拆分组合设计奠定了很好的基础。结构设计执行《装配式混凝土结构技术规程》JGJ 1—2014 的相关规定，核心筒区域全部采用现浇，构件拆分尽量满足"少规格、多组合"的原则。1-1 号楼标准层，预制外挂板：15种，38 块；预制柱：3 种，26 块；预制楼梯：1 种，4 块；预制叠合楼板：6 种，60 块；预制叠合梁：3 种，38 根。2 号楼标准层，预制楼梯：2 种，10 块；预制叠合楼板：24种，269 块。图 9.1-6 为基于标准化设计的构件拆分示意图。

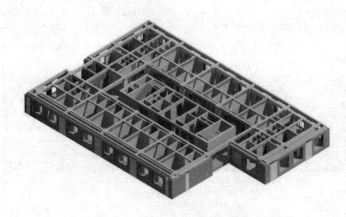

图 9.1-6 1 号楼标准层预制构件拆分布置图

3）混凝土外挂板防水节点做法

结合当前成熟的混凝土外挂板节点做法，实现了立面和防水企口的有效结合，为材料防水、构造防水创造了条件。典型 PC 外挂板水平、竖直缝防水节点做法如图 9.1-7、图 9.1-8 所示。

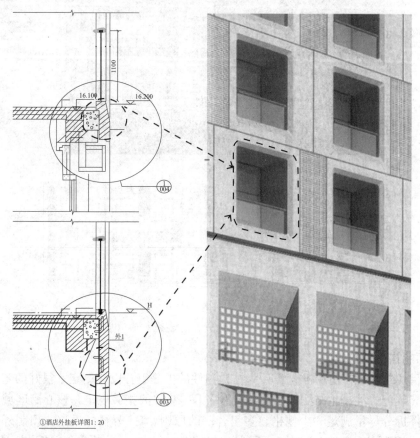

①酒店外挂板详图1∶20

图 9.1-7　PC 外挂板水平缝防水节点

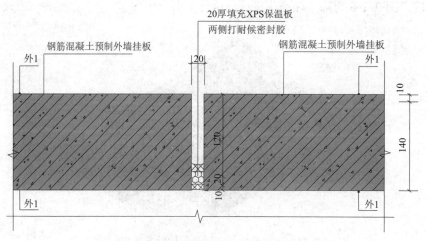

图 9.1-8　PC 外挂板竖直缝防水节点

（2）主要部品构件设计

考虑办公类公共建筑的特点，按照标准化模块、标准化部品的设计要求，形成不同类型的预制构件，例如预制叠合梁、预制叠合板、预制柱、预制楼梯等（图9.1-9、图9.1-10），尽量减少结构构件数量，为建筑规模量化生产提供基础，显著提高构配件的生产效率，有效地减少材料浪费，节约资源，节能降耗。

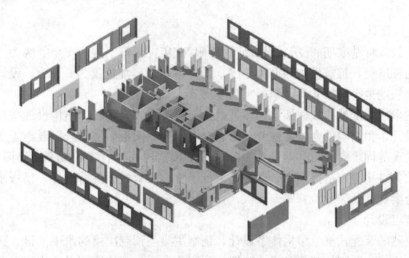

图 9.1-9　装配整体式框架结构体系示意

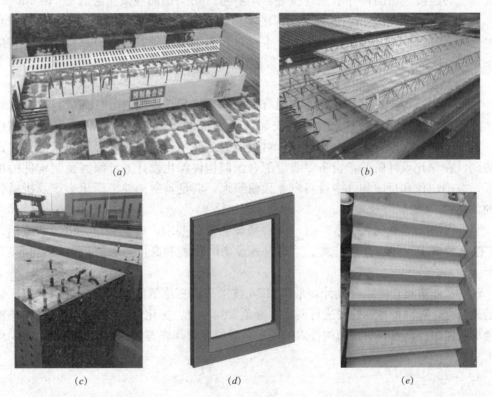

图 9.1-10　装配整体式框架结构体系主要预制构件

（a）叠合梁；（b）叠合楼板；（c）预制柱；（d）外挂板；（e）预制楼梯

2. 结构专业

（1）预制与现浇相结合的结构设计（预制率）

预制框架竖向连接采用半套筒灌浆连接，楼面处的坐浆层采用灌浆料填充；框架采用全灌浆套筒连接。装配式所用材料符合四川省工程建设地方标准《装配整体式混凝土结构设计规程》DBJ51/T 024—2014 的要求。1-1 号楼预制率达 55.97%，2 号楼预制率达 20%。

（2）抗震设计

本工程的设计基准期 50 年，设计使用年限 50 年，建筑结构的安全等级为二级，抗震设防类别为标准类，抗震设防烈度为 7 度，设计基本地震加速度为 0.10g，设计地震分组第一组，建筑场地类别按 II 类，地面粗糙度 B 类。

楼栋均采用装配整体式框架结构体系，框架抗震等级为二级。结构设计按等同现浇的原则进行设计。预制构件通过梁柱节点区后浇混凝土、梁板后浇叠合层混凝土实现整体式连接。为实现等同现浇的目标，设计中除采取了预制构件与后浇混凝土交界面为粗糙面、梁端采用抗剪键槽等构造措施外，还补充进行了叠合梁斜截面抗剪计算、梁板水平缝抗剪计算、叠合梁挠度及裂缝验算等。

（3）节点设计

采用成熟的装配式框架结构体系设计，预制主梁与预制次梁的水平连接、预制梁与叠合板的水平连接、预制柱与叠合板的连接、预制叠合梁与现浇墙节点的连接、预制叠合梁与叠合板的连接、预制楼梯节点连接等，均参考《桁架钢筋混凝土叠合板（60mm 厚底板）》15G366-1、《预制钢筋混凝土板式楼梯》15G367-1、《装配式混凝土结构连接节点构造》15G310-1、15G310-2 等图集。由于本项目预制混凝土外挂板，节点做法没有相应国标图集，具体节点做法如图 9.1-11～图 9.1-13 所示。

3. 水暖电专业

除了主体结构外，设备专业的协同与集成也是装配式建筑的重要部分。装配式建筑的水暖电设计应做到设备布置、设备安装、管线敷设和连接的标准化、模数化和系统化。施工图设计阶段，设备专业设计应对敷设管道做精确定位，且必须与预制构件设计相协同。在深化设计阶段，设备专业应配合预制构件深化设计人员编制预制构件的加工图纸，准确定位和反映构件中设备专业预留预埋，满足预制构件工厂化生产及机械化安装的需要。

酒店客房采用集成式卫生间时，应根据设备专业要求，确定管道、电源、电话、网络、通风等需求，并结合集成式卫生间内各设备的位置和高度，做好机电管线和接口的预留。

设备专业进行管线综合设计，采用 BIM 技术开展三维管线建模，通过与建筑、结构模型的综合，对设备专业管线进行调整，避免管线冲突、优化管线平面布置；竖向调整管线增加室内净空高度；对预制构件内的设备、管线预留预埋等做到精确定位，以减少现场返工。

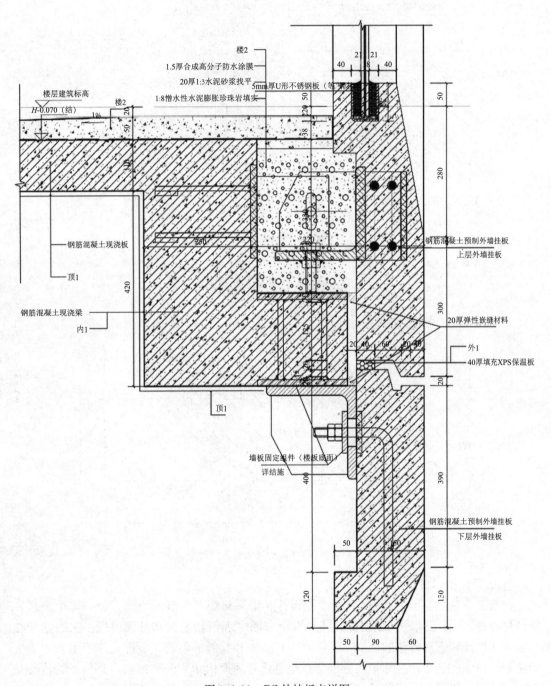

楼2
1.5厚合成高分子防水涂膜
20厚1:3水泥砂浆找平
5mm厚U形不锈钢板（等
1:8憎水性水泥膨胀珍珠岩填实

楼层建筑标高
楼2
H-0.070（结）

钢筋混凝土现浇板

顶1

钢筋混凝土现浇梁
内1

顶1

墙板固定组件（楼板底面）
详结施

钢筋混凝土预制外墙挂板
上层外墙挂板

20厚弹性嵌缝材料

外1
40厚填充XPS保温板

钢筋混凝土预制外墙挂板
下层外墙挂板

图 9.1-11　PC外挂板点详图

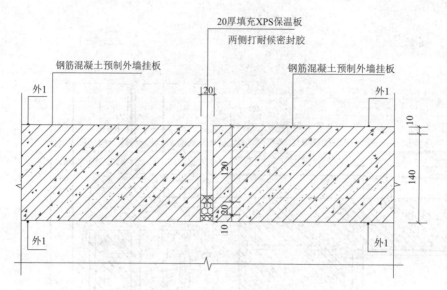

图 9.1-12　PC 外挂板交接节点详图

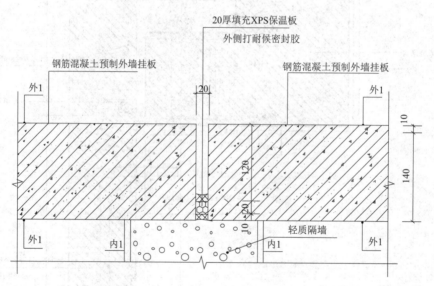

图 9.1-13　PC 外挂板交接点详图（隔墙处）

4. 信息化技术应用

建筑工业化具有五大特点："标准化设计、工厂化生产、装配化施工、一体化装修和信息化管理"，装配式建筑必须要围绕这五个方面实现创新发展和升级换代。它的创新在于标准化设计理念和方法的创新、工厂化生产技术和材料的创新；装配式施工工艺和工法的创新；一体化装修产品和集成的创新；信息化管理架构和手段的创新。其创新的核心是"集成创新"，BIM 信息化创新是"集成创新"的主线。这条主线串联起设计、生产、施工、装修和管理全过程，服务于设计、建设、运维、拆除的全生命周期。可以数字化虚拟、信息化描述各种系统要素，实现信息化协同设计、可视化装配、工程信息的交互以及节点连接模拟及检验等全新运用，可以整合建筑全产业链，实现全过程、全方位的信息化集成。

  EPC 总承包管理模式与建筑工业化有天然的结合优势。本项目采用 EPC 模式与信息化技术结合的方式,旨在 EPC 全产业链、全过程各个环节各个参与部门的信息交换能集成在一个平台上,通过信息的集成实现"信息化红利"。该平台的主要的设计、生产、施工、管理信息的建立和交换在固定端实现,实时移动协同信息通过云平台实现,最主要载体为轻量化信息模型及自动关联性的信息数据表单。图 9.1-14 是信息化平台组织架构,该平台功能随着项目的进行会根据项目特点不断修正深化。

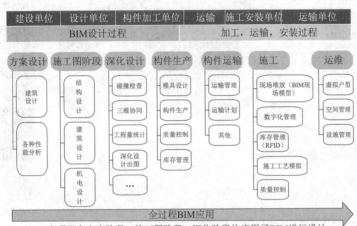

本项目在方案阶段、施工图阶段、深化阶段均应用了BIM进行设计。

图 9.1-14   信息化平台组织框架

（1）设计阶段 BIM 应用

  在装配式建筑设计前期首先要考虑预制构件的加工生产和现场施工装配的问题,做好预制构件的构件拆分设计。传统方式下大多数情况都是在施工图完成以后再由构件厂进行"构件拆分",本项目在前期策划阶段各专业介入,确定好装配式建筑的技术路线和产业化目标,方案设计阶段根据既定目标依据构件拆分原则进行方案设计及创作。避免由于方案不合理造成后期技术经济性的不合理,避免由于前后脱节造成的设计失误。图 9.1-15 是 1号楼标准层的 BIM 模型图。

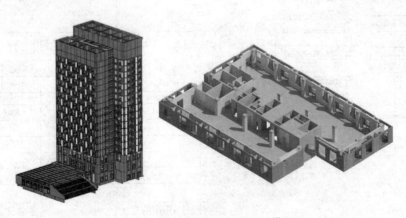

图 9.1-15   1号楼标准层 BIM 模型

　　本项目建立模块化的预制构件库，从构件库中提取各类构件，将不同类型的构件进行组装，完成整体建筑模型的建立。项目级的构件库构件种类会在不同项目的设计过程中不断扩充和完善。图 9.1-16 是预制构件模型示意。

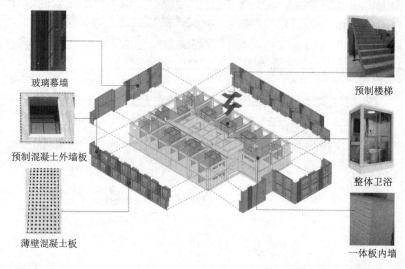

图 9.1-16　预制构件模型

（2）生产阶段 BIM 应用

　　基于 BIM 信息化模型的表达（图 9.1-17），用于构件加工的图纸直接一键式出图，对于复杂的建筑信息系统可以最大限度地消除由于人为翻图、制图误差所带来的生产阶段问题。

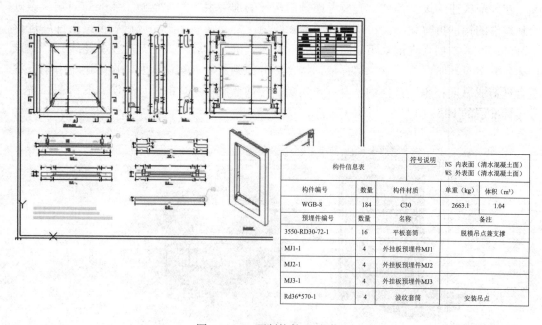

构件信息表			符号说明	NS 内表面（清水混凝土面） WS 外表面（清水混凝土面）
构件编号	数量	构件材质	单重（kg）	体积（m³）
WGB-8	184	C30	2663.1	1.04
预埋件编号	数量	名称	备注	
3550-RD30-72-1	16	平板套筒	脱模吊点兼支撑	
MJ1-1	4	外挂板预埋件MJ1		
MJ2-1	4	外挂板预埋件MJ2		
MJ3-1	4	外挂板预埋件MJ3		
Rd36*570-1	4	波纹套筒	安装吊点	

图 9.1-17　预制构件 BIM 信息

　　BIM 建模是对建筑的真实反映，在生产加工过程中，BIM 信息化技术可以直观地表达出配筋的空间关系和各种参数情况，能自动生成构件下料单、派工单、模具规格参数等生产表单，并且能通过可视化的直观表达帮助工人很好地理解设计意图（图 9.1-18）。

图 9.1-18　预制构件信息数据交换

　　构件生产厂家可以直接提取 BIM 信息平台中各个构件的相关参数，根据相关参数确定构件的尺寸、材质、做法、数量等信息，并根据这些信息合理地确定生产流程和做法，同时生产厂家也可以对发来的构件信息进行复核，并且可以根据实际生产情况，向设计单位进行信息的反馈，这样就使得设计和生产环节实现了信息的双向流动，提高了构件生产的信息化程度，图 9.1-19 是预制构件全过程管理信息。

图 9.1-19　预制构件全过程管理信息

（3）施工阶段 BIM 应用

　　在制定施工组织方案时，将本项目计划的施工进度、人员安排等信息输入 BIM 信息平台中，软件可以根据这些录入的信息进行施工模拟。图 9.1-20 是利用 BIM 信息平台模拟的施工场地布置，图 9.1-21 是爬架模拟。

　　利用 BIM 提供的各类专业管线与主体结构部件，进行机电管线综合（图 9.1-22），检查出管线和主体结构的碰撞以及不同专业管线之间是否存在碰撞。

　　预制构件吊装模拟如图 9.1-23 所示，根据构件尺寸进行吊具选择，确定构件的吊装方式，同时根据施工组织计划综合确定构件吊装方案。并将计划吊装方案与现场实际吊装方案进行对比，调整施工计划。

图 9.1-20　施工场地布置

图 9.1-21　爬架模拟

图 9.1-22　机电管线综合

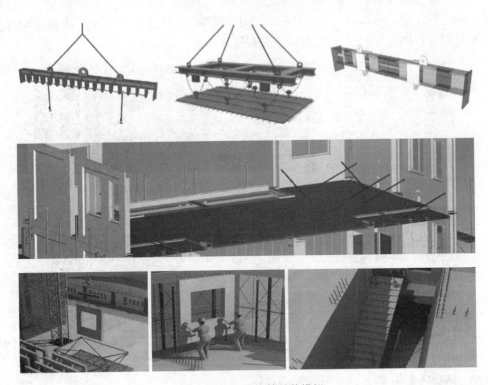

图 9.1-23　预制构件吊装模拟

将整体的施工进度计划写入 BIM 信息模型，将空间信息与时间信息整合在一个可视的 4D 模型中，直观、精确地反映整个建筑的施工过程，如图 9.1-24 所示。

（4）管理使用阶段 BIM 应用

本项目建立了全程追溯体系管理系统，项目验收投入使用后，也可以随时查看建筑中所有建筑构件及建筑部品的相关信息，可以当作一个项目的"电子说明书"，便于用户和物业管理者清晰直观地获得建筑的信息，进行维护管理，如图 9.1-25 所示。

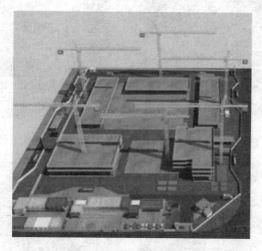

图 9.1-24　施工过程模拟

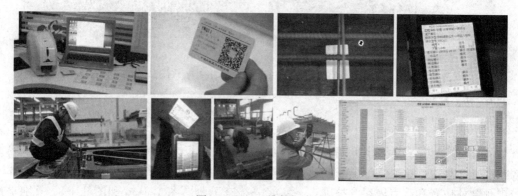

图 9.1-25　运维数据支持

9.1.5　构件生产

构件生产主要分为两类，一类是板式构件，包括叠合楼板、外挂板等；一类是异形构件，包括叠合梁、预制楼梯等。板式构件一般采用 PC（预制混凝土）自动化流水线生产，生产效率高，质量有保障。其主要流水作业环节为：

（1）清扫机自动清理模台。

（2）划线机自动放线，安装模具。

（3）喷涂隔离剂。

（4）钢筋网片机自动焊接钢筋。

（5）固定预埋件，如线盒、套管等。

（6）混凝土布料机自动浇筑布料，振动台振捣。

（7）养护室养护。

板式构件生产，以叠合板为例，如图 9.1-26～图 9.1-29 所示。

图 9.1-26　划线机自动划线　　　　　图 9.1-27　混凝土布料机自动浇筑布料

图 9.1-28　振动台振捣　　　　　　　图 9.1-29　养护室养护

9.1.6　施工安装

1. 预制柱施工安装

测量放线→检查调整下方结构伸出的连接钢筋位置和长度→清理灌浆缝基础面→测量放置水平标高控制垫块→分仓与接缝封堵→预制柱吊装就位→安装固定预制柱调节支撑→校准预制柱位置和垂直度后支撑固定→灌浆→检查验收。图 9.1-30 和图 9.1-31 分别是预制柱现场安装图、固定临时支撑图。

图 9.1-30　预制柱现场安装　　　　　图 9.1-31　固定临时支撑

主要工序介绍如下（图 9.1-32）：

（1）检查调整下方结构伸出的连接钢筋位置和长度：检查下方结构伸出的连接钢筋位

置是否符合标准，钢筋位置偏移量不得大于±3mm；可用钢筋位置检验模板检测；钢筋不正可用钢管套住掰正。长度偏差在 0～15mm 之间；钢筋表面干净，无严重锈蚀，无粘贴物。

（2）清理灌浆缝基础面：柱与底板水平接缝（灌浆缝）基础面干净、无油污等杂物。高温干燥季节应对柱板与灌浆料接触的表面作润湿处理，但不得形成积水。

（3）测量放置水平标高定位钢板：采用专用定位钢板调整墙板的标高及找平，并用水准仪测量，使其在同一个水平标高上。

（4）柱吊装就位：吊装预制柱时，采用两点起吊，就位应垂直平稳，吊具绳与水平面夹角不宜小于 60°，吊钩应采用弹簧防开钩；起吊时，应采用缓冲块（橡胶垫）来保护柱下边缘角部不至于损伤。

（5）安装固定柱调节支撑：每根柱通常需用两个斜支撑来固定，斜撑上部通过专用螺栓与预制柱上部 2/3 高度处预埋的连接件连接，斜支撑底部与地面（或楼板）用膨胀螺栓进行锚固；支撑与水平楼面的夹角在 40°～50°之间。脚部调节支撑可通过调节螺栓对预制柱进行水平及竖向位置的微调。

（6）灌浆：套筒灌浆连接施工包括注浆孔和排浆孔（观察孔）的清理、柱底部缝隙封堵、无收缩水泥砂浆制备、流动度检测、水泥灌浆、灌浆孔封堵及清洁等工序。

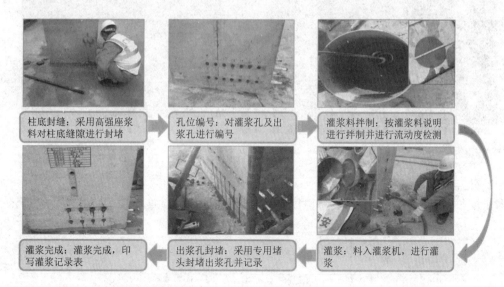

图 9.1-32　预制柱施工安装工序

2. 叠合梁、楼板施工安装

叠合楼板支撑体系安装→叠合主梁支撑体系安装→叠合主梁吊装→叠合次梁支撑体系安装→叠合次梁吊装→叠合楼板吊装→叠合楼板、叠合梁吊装铺设完毕后的检查→附加钢筋及楼板下层横向钢筋安装→水电管线敷设、连接→楼板上层钢筋安装→柱上下层连接钢筋安装→预制洞口支模→预制楼板底部拼缝处理→检查验收。图 9.1-33 是叠合梁的现场安装图，图 9.1-34 是叠合楼板的现场吊装图。

图 9.1-33　叠合梁现场安装

图 9.1-34　叠合楼板吊装

3. 预制楼梯施工安装

预制楼梯起吊→预制楼梯安装→节点连接→检查验收。图 9.1-35 预制楼梯现场安装图，图 9.1-36 是预制楼梯节点现场连接图。

图 9.1-35　预制楼梯现场安装

图 9.1-36　节点连接

4. 外挂板安装

安装支撑系统→外挂板吊运→外挂板安装及拼缝处理→检查验收，如图 9.1-37 所示。

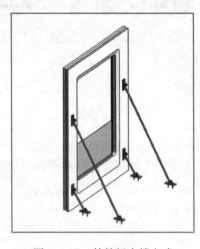

图 9.1-37　外挂板支撑方式

9.2　装配整体式剪力墙结构工程案例

9.2.1　基本信息

(1) 项目名称：裕璟幸福家园。

(2) 项目地点：深圳市坪山新区坪山街道田头社区上围路南侧，深圳监狱北侧。

(3) 开发单位：深圳住宅工程管理站。

(4) 设计单位：中国建筑股份有限公司。

(5) 深化设计单位：中建建筑工业化设计研究院。

(6) 施工单位：中国建筑股份有限公司。

(7) 预制构件生产单位：广东中建科技有限公司。

9.2.2　项目概况

深圳市裕璟幸福家园项目建设地点位于深圳龙岗新区坪山街道。建设用地面积11164m²，总建筑面积64050m²（其中地上50050m²），共三栋塔楼，即1号楼、2号楼、3号楼，总层数31～33层，层高2.9m，总建筑高度98m，设防烈度7度（0.1g），采用装配整体式剪力墙结构体系，标准层预制率达50%，装配率达70%。图9.2-1、图9.2-2分别为本项目的总平面图和鸟瞰图。本文对本项目建筑工业化技术进行介绍。

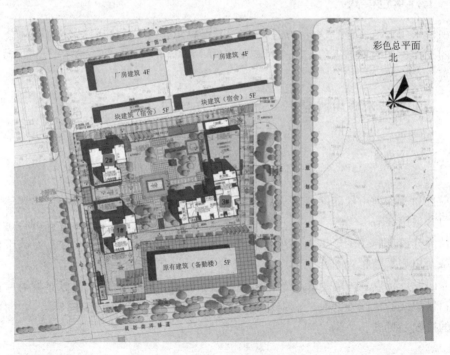

图9.2-1　总平面图

图 9.2-2　鸟瞰图

9.2.3　工程承包模式

本项目采用 EPC 工程总承包方式实施，工程总承包单位中建科技集团有限公司对工程项目的设计、采购、施工等实行全过程的承包，并对工程的质量、安全、工期和造价等全面负责。

9.2.4　装配式技术应用情况

1. 建筑专业

（1）标准化设计

1）建筑设计

本项目为《深圳市保障性住房标准化系列化研究课题》的研究成果。3 栋高层住宅共计 944 户，采用 35m²、50m²、65m² 三种标准化户型模块组成，实现了平面的标准化，为预制构件拆分设计的"少规格、多组合"提供了可能，图 9.2-3～图 9.2-5 为基于标准化设计的基本户型平面布置图。

外立面设计特点：外墙角部构造，体现装配式特点；与水平和垂直板缝相对应的外饰面分缝；装配式的外遮阳部品、标准化金属百叶（含标准化室外空调机架）；立面两种涂料色系的搭配（见图 9.2-6）。

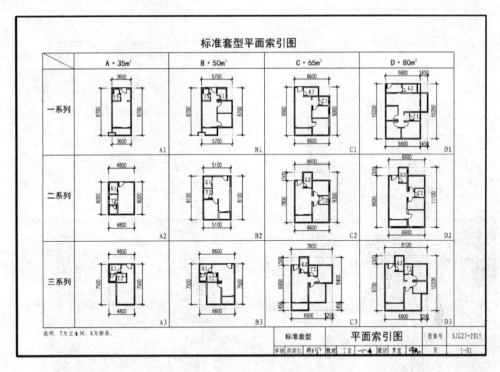

图 9.2-3　深圳市保障性住房标准化设计图集（选）

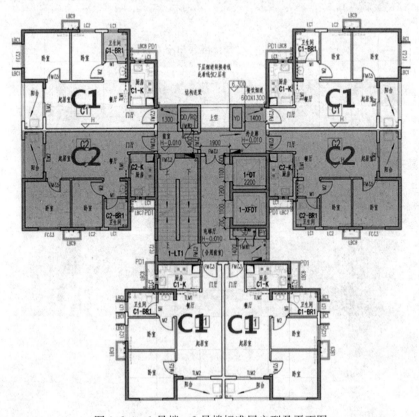

图 9.2-4　1号楼、2号楼标准层户型及平面图

233

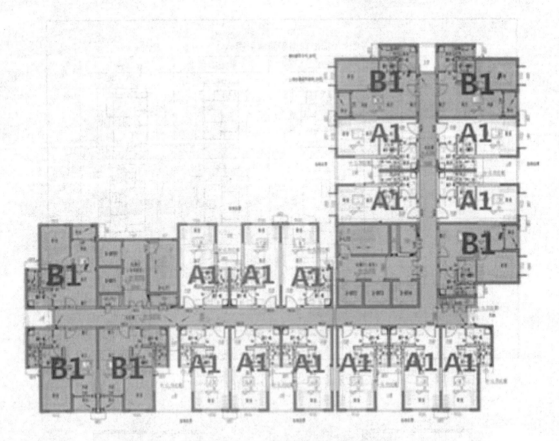

图 9.2-5　3 号楼标准层户型及平面图

(a)

图 9.2-6　立面放大效果图（一）

(b)

图 9.2-6 立面放大效果图（二）

2）预制构件拆分原则

本项目建筑户型的标准化设计为结构构件的拆分组合设计奠定了很好的基础。结构设计按照《装配式混凝土结构技术规程》JGJ 1—2014 相关规定执行，核心筒区域、底部加强区全部采用现浇，边缘约束构件区域采用现浇。预制楼梯采用一段滑动、一段固定。构件拆分尽量满足"少规格、多组合"原则。1号楼、2号楼标准层，预制外墙：9种，33块；预制内墙：3种，4块；预制楼梯：2种，2块；预制叠合楼板：9种，33块。3号楼标准层，预制外墙：7种，53块；预制内墙：5种，18块；预制楼梯：1种，4块；预制叠合楼板：9种，86块。图 9.2-7 为基于标准化设计的构件拆分布置图。

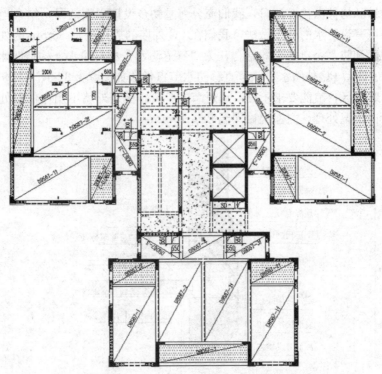

图 9.2-7 标准层预制构件拆分布置图（以 1 号楼、2 号楼为例）（一）

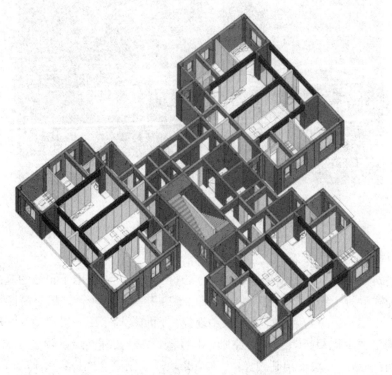

图 9.2-7 标准层预制构件拆分布置图（以 1 号楼、2 号楼为例）（二）

3）PC 外墙防水节点做法

施工图设计和构件深化设计时，我们充分尊重初步设计立面效果，结合当前成熟的三明治夹心剪力墙三道防水的节点做法，我们在 PC 外墙的周边外加 60mm 的外皮墙体，实现了格构式立面和防水企口的有效结合，为"三道防水"材料防水、构造防水、结构自防水创造了条件。典型 PC 外墙水平、竖直缝防水节点做法如图 9.2-8、图 9.2-9 所示。本项目处于夏热冬暖地区，节能要求不高，通过节能验算，南北外墙不用作保温处理，仅仅对东西外墙进行内保温处理，内保温做保温砂浆 10mm。

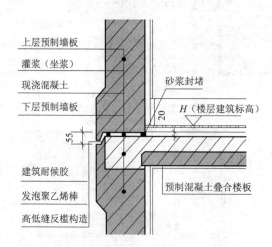

图 9.2-8 PC 外墙水平缝防水节点图

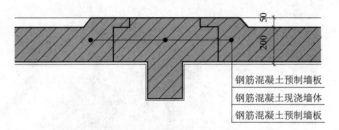

图 9.2-9　PC外墙竖向缝防水节点

4）PC外墙窗节点防水做法

本项目招标文件明确要求采用预装窗框法施工，这与深圳当地雨水充裕，临海有压强水有较大关系。借鉴香港预装窗框节点的成熟做法，本项目预装窗框节点采用内高外低的企口做法，上部设置滴水槽，下部设置斜坡泄水平台，在工厂预先装设窗框，并打密封胶处理。做好成品保护运输至工地后，统一装窗扇和玻璃，以有效控制质量，避免现场安装密封作业，防止渗漏。预装窗节点如图 9.2-10 所示。

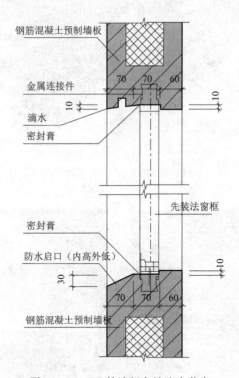

图 9.2-10　PC外墙竖向缝防水节点

（2）主要部品构件设计

根据标准化的模块，再进一步进行标准化的部品设计，形成标准化的楼梯构件、标准化的楼板构件、标准化的阳台构件等（图 9.2-11、图 9.2-12），大大减少结构构件数量，为建筑规模化生产提供基础，显著提高构配件的生产效率，有效地减少材料浪费，节约资源，节能降耗。

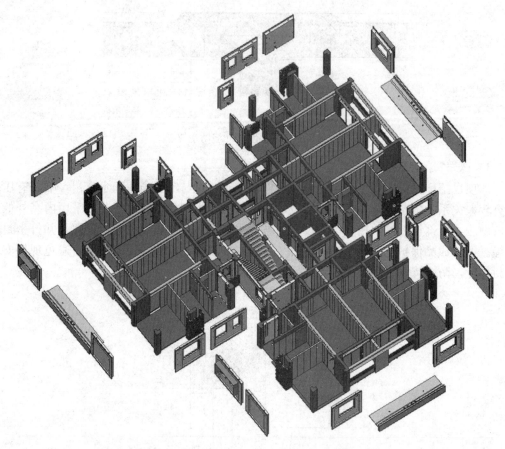

图 9.2-11 装配整体式剪力墙结构体系示意

（a）

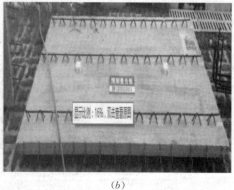

（b）

图 9.2-12 装配整体式剪力墙结构体系主要预制构件（一）

（a）叠合梁；（b）叠合楼板

（c）　　　　　　　　　　　　　　（d）

图 9.2-12　装配整体式剪力墙结构体系主要预制构件（二）

（c）预制剪力墙板；（d）叠合阳台板

2. 结构专业

（1）预制与现浇相结合的结构设计（预制率）

标准层预制率计算见表 9.2-1。如表所示，1 号、2 号楼标准层预制率约为 50%（含采用装配化的内隔墙部分）以上。

按照《深圳市住宅产业化项目单体建筑预制率和装配率计算细则》计算：

标准层预制率 V_1 =（标准层预制构件混凝土体积+0.5×轻质内隔墙体积）/（标准层预制构件混凝土体积+标准层现浇混凝土体积+轻质内隔墙体积）=（67.7+0.5×31.6）/（67.7+69.85+31.6）=83.5/169.15=49.3%

由于条板体积占比超过 7.5%，修正后预制率为 49.3%。

标准层装配率 S_1 =（标准层装配式工法构件总表面积）÷（标准层混凝土总表面积）×100% =（760.8+0.5×455.0+0.5×557.2）/（760.8+455.0+557.2）= 71.5%

1 号、2 号标准层预制率、装配率计算　　　　　　　　表 9.2-1

楼栋编号	预制构件类别		标准层各类预制构件体积（m³）	标准层现浇混凝土体积（m³）	标准层混凝土总体积（m³）
1 号楼 2 号楼	墙板	外墙板	36.3	69.85	137.55
		内墙板	4.5		
	预制叠合楼板		15.4		
	叠合梁		3.7		
	预制楼梯		3.5		
	阳台板及其他		4.3		
	小计		67.7	—	—
	轻质混凝土条板体积		31.6		

（2）抗震设计

本工程的设计基准期 50 年，设计使用年限 50 年，建筑结构的安全等级为二级，住宅抗震设防类别为丙类，抗震设防烈度为 7 度，设计基本地震加速度为 0.10g，设计地震分组第一组，建筑场地类别按 Ⅳ 类，基本风压为 0.55kN/m² （50 年重现期 60m 以下），地面粗糙度 B 类。

3 栋塔楼均采用装配整体式剪力墙结构体系，剪力墙抗震等级为二级。结构嵌固部位为地下室顶板。结构设计按等同现浇的原则进行设计，现浇部分地震内力放大 1.1 倍。预制构件通过墙梁节点区后浇混凝土、梁板后浇叠合层混凝土实现整体式连接。为实现等同现浇的目标，设计中除采取了预制构件与后浇混凝土交界面为粗糙面、梁端采用抗剪键槽等构造措施外，还补充进行了叠合梁斜截面抗剪计算、梁板水平缝抗剪计算、叠合梁挠度及裂缝验算等。

（3）节点设计

本项目采用成熟的装配式剪力墙结构体系设计，PC 墙与 PC 墙的水平连接、PC 墙与现浇节点的竖向连接、PC 墙与叠合板的连接、预制叠合梁与现浇墙节点的连接、预制叠合梁与叠合板的连接、预制楼梯节点连接等，均参考《桁架钢筋混凝土叠合板（60mm 厚底板）》15G366-1、《预制钢筋混凝土板式楼梯》15G367-1、《装配式混凝土结构连接节点构造》15G310-1、15G310-2 等图集。由于本项目采用内保温，外墙节点做法与国标图集的三明治夹心剪力墙的节点做法稍有区别，具体节点做法如图 9.2-13～图 9.2-15 所示。

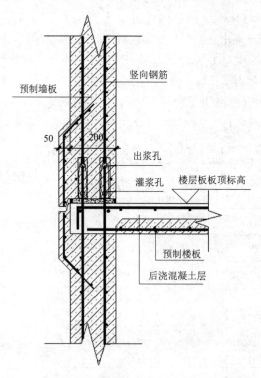

图 9.2-13　PC 外墙水平节点详图

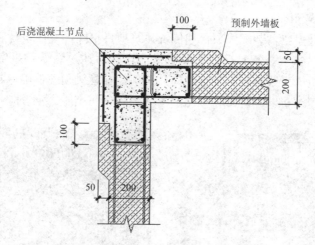

图 9.2-14　PC 外墙角部现浇节点详图

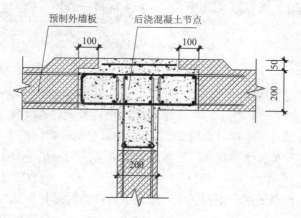

图 9.2-15　PC 外墙 T 形现浇节点详图

3. 水暖电专业

装配式建筑的水暖电设计应做到设备布置、设备安装、管线敷设和连接的标准化、模数化和系统化。施工图设计阶段，水暖电专业设计应对敷设管道做精确定位，且必须与预制构件设计相协同。在深化设计阶段，水暖电专业应配合预制构件深化设计人员编制预制构件的加工图纸，准确定位和反映构件中的水暖电设备。

当装配式住宅建筑采用集成式卫生间时，应根据不同水暖电设备要求，确定管道、电源、电话、网络、通风等需求，并结合机电设备的位置和高度，做好机电管线和接口的预留。

装配式住宅建筑采用集成式厨房时，应根据不同水暖电设备要求，确定管道、电源、电话、防排烟等需求，并结合机电设备的位置和高度，做好机电管线和接口的预留。

装配式建筑应进行管线综合设计，避免管线冲突、减少平面交叉；设计应采用 BIM 技术开展三维管线综合设计，对结构预制构件内的机电设备、管线和预留洞槽等做到精确定位，以减少现场返工。

4. 全装修技术应用

装配式装修设计思路：装配式项目和传统建筑项目不同，室内设计在建筑设计的初期就要考虑里面的空间布置，家具摆放，装修做法，然后通过装修效果定位各机电末端点位，然后精确反推机电管线路径、建筑结构孔洞预留及管线预埋，确保建筑、机电、装修一次成活，实现土建、机电、装修一体化。图 9.2-16 是一体化设计图。

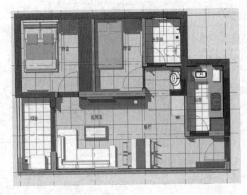

图 9.2-16　一体化设计图

5. 信息化技术应用

信息化技术方案的主线串联起设计、生产、施工、装修和管理全过程，服务于设计、建设、运维、拆除的全生命周期。EPC 总承包管理模式专业化程度高，可实现各方有效协同，提高工程效率及效益。本项目采用 EPC 模式与信息化技术结合的方式，旨在 EPC 全产业链、全过程各个环节各个参与部门的信息交换能集成到一个平台上，通过信息的集成实现"信息化红利"。该平台主要的设计、生产、施工、管理信息的建立和交换在固定端实现，实时移动协同信息通过云平台实现，最主要载体为轻量化信息模型及自动关联性的信息数据表单。图 9.2-17 是信息化平台组织架构，该平台功能随着项目的进行会根据项目特点不断修正深化。

"标准化设计、工厂化生产、装配化施工、一体化装修和信息化管理"，是发展装配式建筑的五化一体的工作要求。主要创新在于标准化设计理念和方法的创新、工厂化生产技术和材料的创新、装配式施工工艺和工法的创新、一体化装修产品和集成的创新、信息化管理架构和手段的创新。其创新的核心是"集成创新"，BIM 信息化创新是"集成创新"的主线。

（1）设计阶段 BIM 应用

BIM 信息化有助于建立工作机制，单个外墙构件的几何属性经过可视化分析，可以对预制外墙板的类型数量进行优化，减少预制构件的类型和数量。设计阶段建立了各专业的设计 BIM 模型，将建筑构件及参数信息等属性真实反映出来，事前确定好工业化的技术体系和构件拆分方式，从而确定好创作方案，避免后期的反复修改，提高设计效率，在设计过程中可以及时发现问题，也便于甲方及时决策，可以避免事后的再次修改。

图 9.2-18 是 1 号楼标准层 BIM 模型。

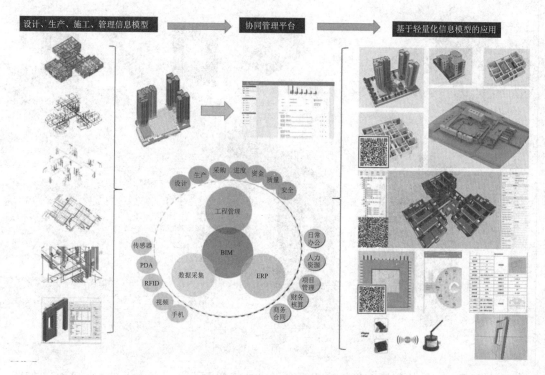

图 9.2-17　信息化平台组织架构

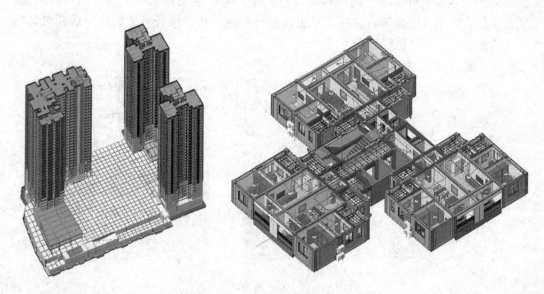

图 9.2-18　1号楼标准层 BIM 模型

　　建立模块化的预制构件库，提取构件库中各类构件，将不同类型的构件进行组装，完成信息化模型的建立。构件库的构件种类会在不同项目的设计过程中，不断完善并扩充。图 9.2-19 是预制构件模型示意图。

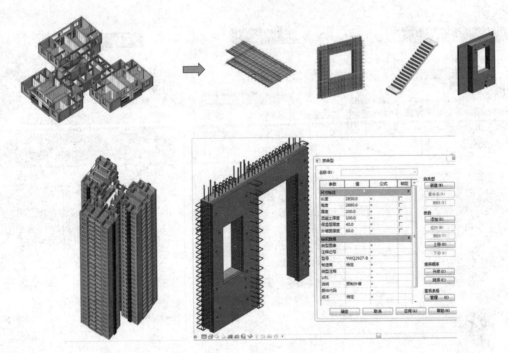

图 9.2-19　预制构件模型

　　BIM 模型以三维信息模型作为集成平台，在技术层面上适合各专业的协同工作，如图 9.2-20 所示。各专业可以基于同一模型进行工作。BIM 模型还包含了建筑的材料信息、工艺设备信息、成本信息等，这些信息可以进行数据分析，使各专业的协同达到更高层次，大大地提高了设计精度和效率。

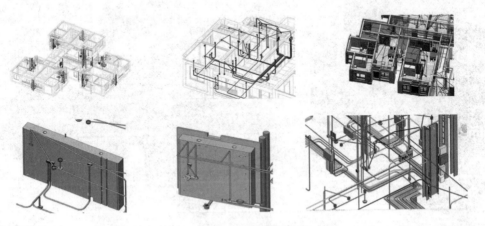

图 9.2-20　专业间协同设计

　　装修设计工作应在建筑设计时同期开展。将居室空间分解为几个功能区域，每个区域视为一个相对独立的功能模块。如厨房模块、卫生间模块，由装修方设计好几套模块化的布局方案，建筑设计时可直接套用模块化的方案。装修方在模块化设计时，综合考虑部品的尺寸关系，采用标准模数对空间及部品进行设计，以利于部品的工厂化生产。装修方在装配方案设计时，按照工厂下单图纸的精度标准进行，避免现场加工的尺寸误差，提高现场装配效率及部品的精确程度。图 9.2-21 是 BIM 精装模型。

图 9.2-21　BIM 精装模型

（2）生产阶段 BIM 应用

通过 BIM 模型对建筑构件的信息化表达（图 9.2-22），构件加工图在 BIM 模型上直接完成和生成，不仅能清楚地表达传统图纸中的二维关系，对于复杂的空间剖面关系也可以清楚表达，同时还能够将离散的二维图纸信息集中到一个模型当中。这样的模型能够更加紧密地实现与预制工厂的协同和对接。

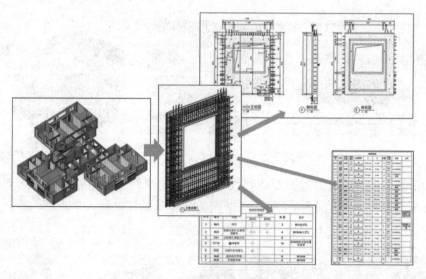

图 9.2-22　预制构件 BIM 信息

信息化建模能通过可视化的直观表达帮助工人很好地理解设计意图，可以形成 BIM 生产模拟动画、流程图、说明图等辅助培训的材料，有助于提高工人生产的准确性和质量效率。

如图 9.2-23 所示，构件生产厂家可以直接提取 BIM 信息平台中各个构件的相关参数，根据相关参数确定构件的尺寸、材质、做法、数量等信息，并根据这些信息合理地确定生产流程和做法，同时生产厂家也可以对发来的构件信息进行复核，并且可以根据实际生产情况，向设计单位进行信息的反馈，这样就使得设计和生产环节实现信息双向流动，提高了构件生产的信息化程度。

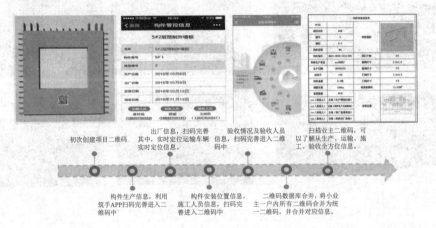

图 9.2-23　预制构件全过程管理信息

（3）施工阶段 BIM 应用

可以实现不同施工组织方案的仿真模拟，施工单位可以依据模拟结果选取最有利的施工组织方案。图 9.2-24 是利用 BIM 信息平台模拟的施工场地布置，图 9.2-25 是爬架模拟。

　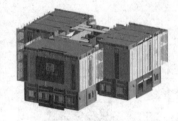

图 9.2-24　施工场地布置　　　　　　图 9.2-25　爬架模拟

利用信息化模型提供的各类专业管线与主体结构部件、不同专业管线之间的设计检查，进行机电管线综合（图 9.2-26），根据现场实际情况对设计成果进行检查，避免后期返工。

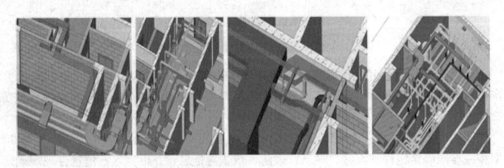

图 9.2-26　机电管线综合

预制构件的吊装前通过 BIM 模型模拟吊装，根据构件尺寸进行吊具选择，确定构件的吊装方式，同时根据施工组织计划综合确定构件吊装方案。并将计划吊装方案与现场实际吊装方案进行对比，调整施工计划。

构件安装定位通过自主开发的定位工具精确匹配安装位置，提高安装的精确度，最重要的是安装工人不用再俯身查看钢筋与套筒的对位关系，提高了安装工人的安全生产水平，如图 9.2-27 所示。

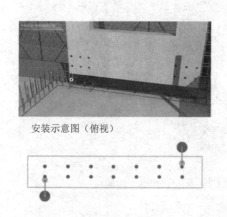

安装示意图（俯视）

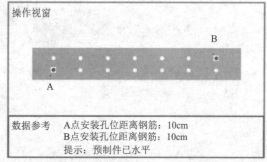

操作视窗

B

A

数据参考　A点安装孔位距离钢筋：10cm
　　　　　B点安装孔位距离钢筋：10cm
　　　　　提示：预制件已水平

1.手机显示摄像机红外对孔实时情况，指导移动；
2.视频提示，墙板与定位钢筋实时距离；
3.视频提示，墙板实时倾斜角度。

图 9.2-27　预制构件定位监控

提前预知本项目主要施工的控制方法、施工安排是否均衡、总体计划是否合理，场地布置是否合理，工序是否正确，并可进行随时优化。通过虚拟建造，安装和施工管理人员都可以非常清晰地理解装配式建筑的组装构成，避免二维图纸造成的理解偏差，保证项目的如期进行（图 9.2-28）。

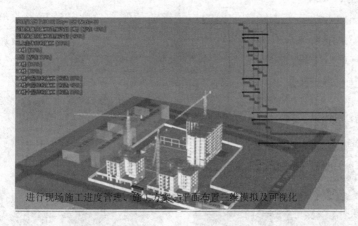

进行现场施工进度管理、施工方案与平面布置三维模拟及可视化

图 9.2-28　施工过程模拟

（4）管理使用阶段 BIM 应用

本项目建立了全程追溯体系管理系统，如图 9.2-29 所示。

图 9.2-29　运维数据支持

9.2.5　构件生产

本项目预制构件生产主要分为两类，一类是板式构件，包括叠合楼板，墙板，叠合阳台等；一类是异形构件，包括叠合梁，预制楼梯等。

9.2.6　施工安装

1. 剪力墙施工安装

测量放线→检查调整下方结构伸出的连接钢筋位置和长度→清理灌浆缝基础面→测量放置水平标高控制垫块→分仓与接缝封堵→墙板吊装就位→安装固定墙板调节支撑→校准墙板位置和垂直度后支撑固定→灌浆→检查验收。图 9.2-30 和图 9.2-31 分别是剪力墙现场安装图、固定临时支撑图。

图 9.2-30　剪力墙安装

图 9.2-31　固定临时支撑

主要工序介绍如下：

（1）检查调整下方结构伸出的连接钢筋位置和长度：检查下方结构伸出的连接钢筋位置是否符合标准，钢筋位置偏移量不得大于±3mm；可用钢筋位置检验模板检测；钢筋不正可用钢管套住掰正。长度偏差在0～15mm之间；钢筋表面干净，无严重锈蚀，无粘贴物。

（2）清理灌浆缝基础面：墙板水平接缝（灌浆缝）基础面干净、无油污等杂物。高温干燥季节应对墙板与灌浆料接触的表面作润湿处理，但不得形成积水。

（3）测量放置水平标高控制垫块：墙板下口留有20mm左右的空隙，采用专用垫块调整墙板的标高及找平。在每一块墙板两端底部放置专用垫块，并用水准仪测量，使其在同一个水平标高上。

（4）分仓与接缝封堵：根据图纸要求分仓，分仓式两侧须内衬模板（通常为便于抽出的PVC管），将搅拌好的封堵料填塞充满模板，保证与上下墙板表面结合密实；然后抽出内衬。填抹完毕确认干硬强度达到要求（常温24h，约30MPa）后再灌浆。

（5）墙板吊装就位：吊装墙板时，采用两点起吊，就位应垂直平稳，吊具绳与水平面夹角不宜小于60°，吊钩应采用弹簧防开钩；起吊时，应通过采用缓冲块（橡胶垫）来保护墙板下边缘角部不至于损伤。

（6）安装固定墙板调节支撑：每块墙板通常需用两个斜支撑及两个脚部调节支撑来固定，斜撑上部通过专用螺栓与墙板上部2/3高度处预埋的连接件连接，斜支撑底部与地面（或楼板）用膨胀螺栓进行锚固；支撑与水平楼面的夹角在40°～50°之间。脚部调节支撑可通过调节螺栓对墙体进行水平及竖向位置的微调。

（7）灌浆：套筒灌浆连接施工包括注浆孔和排浆孔（观察孔）的清理、墙板底部缝隙封堵、无收缩水泥砂浆制备、流动度检测、水泥灌浆、灌浆孔封堵及清洁等工序。

2. 叠合梁、楼板施工安装

叠合楼板支撑体系安装→叠合主梁吊装→叠合主梁支撑体系安装→叠合次梁吊装→叠合次梁支撑体系安装→叠合楼板吊装→叠合楼板、叠合梁吊装铺设完毕后的检查→附加钢筋及楼板下层横向钢筋安装→水电管线敷设、连接→楼板上层钢筋安装→墙板上下层连接钢筋安装→预制洞口支模→预制楼板底部拼缝处理→检查验收。图9.2-32和图9.2-33分别为叠合梁安装和叠合板就位现场施工图。

图9.2-32　叠合梁安装

图9.2-33　叠合楼板就位

附录 A 名词解释

1. 预制率

工业化建筑室外地坪以上的主体结构和围护结构中，预制构件部分的混凝土用量占对应部分混凝土总用量的体积比（此处定义源自国标，不同地区的定义参见当地相关标准或规范）。

2. 装配率

工业化建筑中预制构件、建筑部品的数量（或面积）占同类构件或部品总数量（或面积）的比率（此处定义源自国标，不同地区的定义参见当地相关标准或规范）。

3. 模数

选定的尺寸单位，作为尺度协调中的增值单位。

4. 模块

可组合成系统的、具有某种确定功能和接口结构的、典型的通用独立的单元。

5. 建筑部品

建筑部品是指直接构成建筑成品的最基本组成部分，建筑部品的主要特征首先体现在标准化、系列化、模块化生产，并向通用化方向发展；其次，建筑部品通过材料制品、施工机具、技术文件配套，形成成套技术。

6. 集成化设计

实现建筑结构系统、外围护系统、设备与管线系统、内装系统一体化以及策划、设计、生产和施工等一体化的设计方法。

7. 协同设计

装配式建筑设计中通过建筑、结构、设备、装修等专业协同配合，并运用信息化技术手段完成的满足建筑设计、部品部件生产、施工安装、建筑装修要求的一体化设计。

8. 装配式建筑

用工厂化生产的构件在工地采用机械化的方式装配而成的建筑。

9. 装配式混凝土结构

由预制混凝土构件或部件装配连接而成的混凝土结构。

10. 装配式整体式混凝土结构

由预制混凝土构件或部件通过钢筋、连接件或施加预应力加以连接，并在连接部位浇筑混凝土而形成整体受力的混凝土结构。

11. 预制混凝土构件

在工厂或现场预制的混凝土构件，包括柱、墙板、飘窗板、叠合梁、叠合板、楼梯、阳台等。

12. 叠合构件

由预制混凝土构件（或既有混凝土结构构件）和后浇混凝土组成，以两阶段成型的整体受力结构构件。

13. 等同现浇装配式混凝土结构

当采取可靠的构造措施及施工方法，保证装配整体式钢筋混凝土结构中，预制构件之间或者预制构件与现浇构件之间的节点或接缝的承载力、刚度和延性不低于现浇钢筋混凝土结构，使装配整体式钢筋混凝土结构的整体性能与现浇钢筋混凝土结构基本相同时，此类装配整体式结构称为等同现浇装配式混凝土结构，简称等同现浇装配式结构。

14. 等效静力

结构设计中的可变荷载或偶然作用经过修正处理可作为静力荷载的等效值。

15. 接缝

预制构件与现浇混凝土连接的交界面，接缝可分为结合面和叠合面。

16. 连系钢筋

为提高装配式结构的整体性，防止装配式结构因个别预制构件或接缝的局部破坏，造成整个结构连续破坏或失效，而在结构适当部位采取的连接构造措施中采用的钢筋。

17. 套筒灌浆连接

预制构件接缝部位的钢筋通过套筒灌浆方式实现钢筋连续可靠传力的连接构造，其连接性能等同于钢筋的机械连接。

18. 间接搭接

预制构件接缝部位的钢筋通过预留孔道灌浆方式实现钢筋连续可靠传力的连接构造，孔道壁采用螺旋筋或波纹管加强，被搭接的两根钢筋之间保持一定间距的搭接连接方式。

19. 抗剪粗糙面

为增强预制构件与后浇混凝土共同工作的能力，在预制构件抗剪连接的界面采用化学或机械方法处理而成的具有较好传递剪力的粗糙表面，可以和键槽或抗剪钢筋组合使用达到可靠传递剪力的目的，俗称水洗面。

20. 建筑外围护系统

围合成建筑室内空间，与室外环境分隔的预制构件和部品部件的组合，包括建筑外墙、屋面、门窗、阳台、空调板和装饰件等。

21. 预制混凝土夹心保温外墙板

内外两层混凝土板采用拉结件可靠连接，中间夹有保温材料的预制外墙板，简称夹心保温外墙板。

22. 预制混凝土外挂墙板

简称预制外挂墙板或外挂墙板，仅起围护作用的非承重预制混凝土墙板，包括幕墙板和非幕墙板。

23. 蒸压加气混凝土板材

蒸压加气混凝土板材又称 ALC 板材，是以水泥、硅砂、石灰为原料，铝粉为加气剂，采用经防锈、防腐处理的钢筋网片作为配筋，经高温、高压蒸汽养护制成的一种高性能多孔混凝土板材。

24. 建筑信息模型

全寿命期工程项目或其组成部分物理特征、功能特性及管理要素的共享数字化表达。

25. BIM 模型构件

指构成模型的基本对象或组件，是 BIM 模型中承载几何信息和非几何信息最基础的元素。

26. BIM 资源库

指在 BIM 实施过程中开发、积累并经过加工处理，形成可重复利用的构件的集合。

附录 B　引用标准名录

[1]《装配式混凝土结构技术规程》JGJ 1—2014

[2]《高层建筑混凝土结构技术规程》JGJ 3—2010

[3]《全国民用建筑工程设计技术措施—结构（混凝土结构）》JSCS-2-3-2009

[4]《建筑抗震设计规范》GB 50011 2010

[5]《混凝土结构设计规范》GB 50010—2010

[6]《钢筋焊接网混凝土结构技术规程》JGJ 114—2014

[7]《钢筋连接用灌浆套筒》JG/T 398—2012

[8]《钢筋连接用套筒灌浆料》JG/T 408—2013

[9]《钢筋锚固板应用技术规程》JGJ 256—2011

[10]《钢筋焊接及验收规程》JGJ 18—2012

[11]《建筑结构荷载规范》GB 50009—2012

[12]《混凝土结构工程施工规范》GB 50666—2011

[13]《预制装配整体式钢筋混凝土结构技术规范》SJG-18-2009

[14]《钢筋机械连接通用技术规程》JGJ 107—2003

[15]《混凝土结构工程施工质量验收规范》GB 50204—2015

[16]《钢筋套筒灌浆连接应用技术规程》JGJ 355—2015

[17]《钢筋机械连接用套筒》JG/T 163—2013

[18]《钢筋机械连接技术规程》JGJ 107—2010

[19]《预制预应力混凝土装配整体式框架结构技术规程》JGJ 224—2010

[20]《预制混凝土外墙挂板》08SG 333/08SJ110-2

[21]《木骨架组合墙体技术规范》GB/T 50361—2005

[22]《装配式建筑系列标准应用实施指南 装配式混凝土结构建筑》（2016 版）

[23]《地面辐射供暖系统施工安装》12K404

[24]《装配式剪力墙住宅建筑设计规程》DB11/T 970—2013

[25]《建筑设计防火规范》GB 50016—2014

[26]《建筑物防雷设计规范》GB 50057—2010

[27]《住宅设计规范》GB 50096—2011

[28]《建筑电气工程施工质量验收规范》GB 50303—2015

[29]《民用建筑电气设计规范》JGJ 16—2008

[30]《住宅建筑电气设计规范》JGJ 242—2011

[31]《建筑模数协调标准》GB/T 50002—2013

参 考 文 献

[1] 朱邦范，吴晓清. 基于标准营造体系的装配式混凝土住宅设计 [J]. 住宅科技，2014，06：21-28.

[2] 樊则森. 2007 年以来北京市装配式住宅的新发展 [EB]. 建筑工业化装配式建筑网，2016，07，13.

[3] 住房和城乡建设部住宅产业化促进中心. 大力推广装配式建筑必读——技术·标准·成本与效益 [M]. 北京：中国建筑工业出版社，2017.

[4] 黄国宏，王波，钱刚毅，隋作钢，刘国臣. 轻质加气混凝土墙板洞口设计与加固技术 [J]. 施工技术，2011，40（344）：8-9.

[5] 李晓丹. 轻质蒸压砂加气混凝土墙板的设计与研究 [D]. 陕西：长安大学建筑与土木工程学院，2014：15-17.

[6] 尹梦泽. 北方地区被动式超低能耗建筑适应性设计方法探析 [D]. 山东：山东建筑大学，2016.

[7] 刘雁飞. 建筑外遮阳与立面的整合设计研究 [D]. 重庆：重庆大学，2015.

[8] 尹宝泉. 绿色建筑多功能能源系统集成机理研究 [D]. 天津：天津大学，2013.

[9] 李芳. 节能构件与建筑立面一体化设计研究 [D]. 上海：同济大学，2007.

[10] 龚强. 厦门地区商业综合体建筑节能模块化设计研究 [D]. 天津：天津大学，2015.

[11] 戴璐. 外窗可调节外遮阳一体化透光外围护结构系统的设计与应用 [D]. 湖北：武汉理工大学，2011.

[12] 蓝亦睿. 装配式被动房关键节点构造技术研究 [D]. 山东：山东建筑大学，2016.

[13] 林敬木. 腹板开孔轻钢龙骨围护墙体抗弯与抗冲击性能研究 [D]. 黑龙江：哈尔滨工业大学，2014.

[14] 颜於滕. 腹板开孔轻钢龙骨围护墙体保温性能研究 [D]. 黑龙江：哈尔滨工业大学，2012.

[15] 马玲玲. 轻钢龙骨体系建筑做法、保温性能及经济性研究 [D]. 湖北：武汉理工大学，2008.

[16] 刘强. 腹板开孔轻钢龙骨围护墙体抗火与隔声性能研究 [D]. 黑龙江：哈尔滨工业大学，2013.

[17] 耿悦. 外挂式轻钢龙骨墙体、钢框架连接受力性能研究 [J]. 建筑结构学报，2016.

[18] 武胜. 轻钢龙骨外墙节能设计方案研究 [J]. 工业建筑，2012.

[19] 潘志峰. 轻钢结构装配式建筑材料构造技术研究 [D]. 广东：华南理工大学，2012.

[20] 李海英. 钢结构建筑围护结构的材料和构造技术研究 [D]. 北京：清华大学，2005.

[21] 闫英俊，刘东卫，薛磊. SI 住宅的技术集成及其内装工业化工法研发与应用 [J]. 建筑学报，2012：55-59.

[22] 路文丽，庞志泉，孙兵. 预制装配式住宅给水排水系统的设计与应用 [J]. 建筑学报，2012：48-50.

后 记

2016 年 11 月，住房和城乡建设部在上海市召开了全国装配式建筑工作现场会，会上再次强调了发展装配式建筑的重大意义：是贯彻绿色发展理念的需要、是实现建筑现代化的需要、是保证工程质量的需要、是缩短建设周期的需要、是可以催生新的产业和相关服务业的需要，发展装配式建筑是实现建筑工业化的必经之路，是我国现阶段发展建筑工业化最好的时期。

装配式建筑是建筑业的一场革命，是生产方式的彻底变革，必然会带来生产力和生产关系的变革。装配式建筑的发展和创新具有诸多优点，我国装配式建筑市场潜力巨大。发展装配式建筑是一次机遇，也是对我们建筑行业从业人员在建筑史进程中的一次重大考验。现阶段，由于各方面工作基础薄弱，当前其发展形势也不能盲目乐观，现阶段主要面临以下六个方面的挑战：

1. 装配式建筑的设计技术体系还不够完善

首先，装配式建筑设计关键技术发展较慢，装配式建筑一体化、标准化设计的关键技术和方法发展滞后，设计和加工生产、施工装配等产业环节脱节的问题普遍存在。其次，装配式建筑设计技术系统集成不够，只注重研究装配式结构而忽视了与建筑围护、建筑设备、内装系统的相互配套。最后，装配式建筑设计技术创新能力不足，装配式建筑还没有形成高效加工、高效装配、性能优越的全新结构体系，基于现浇设计、通过拆分构件来实现"等同现浇"的装配式结构，不能充分体现工业化生产的优势。

2. 装配式建筑的技术体系还不够先进

首先，从设计、部品件生产、装配施工、装饰装修到质量验收的全产业链关键技术缺乏且系统集成度低。其次，BIM 信息技术对设计、生产加工、施工装配、机电装修和运维等全产业链的信息协同共享，还未形成有效的平台支撑。

3. 装配式建筑的成本还略显偏高

目前，装配式结构体系平均成本普遍比传统现浇体系高，无竞争优势，在一定程度上阻滞了工业化的推广和发展。导致建筑工业化项目成本偏高的原因主要在于装配式结构设计体系不够成熟，装配式建筑项目没有推行 EPC 工程总承包模式，装配式建筑项目还处于试点示范阶段，还没有大面积推广应用。

4. 装配式建筑的体制机制还不够健全

目前，在预制装配式建筑项目的招投标、施工许可、施工图审查、质量检测和竣工验收等监管流程上，还未形成促进建筑工业化快速发展的创新机制。适应于推广装配式建筑的相关监管机制的缺失，在很大程度造成了装配式建筑建造过程的不确定性，增加了装配式建筑一体化建造的难度。

5. 装配式建筑的舆论宣传还不够全面准确

当前在提升装配式建筑的社会认知度方面，主流媒体的引导性宣传还不够，非主流媒体的宣传推介影响力不大，导致社会对装配式建筑还存在一定的误区，例如：认为装配式建筑的抗震性能不好，认为装配式建筑产品会千篇一律，认为装配式建筑产品是低端产品等。

6. 建筑工业化的行业队伍水平还有待提升

首先，发展装配式建筑的复合型人才稀少。装配式建筑对设计、生产、装配、质量检测及施工验收等多环节的从业人员综合素质要求高，目前知研发、晓技术、懂管理等的装配式建筑从业人员十分稀少，需要培养出适合我国装配式建筑发展的复合型人才。

其次，推进装配式建筑发展的产业工人队伍还没有形成。全行业对农民工的技能提升还不够重视，"技能水平低、离散程度高"的农民工队伍，还不能有效适应标准化、机械化、自动化的工业化生产模式。

发展装配式建筑是推进供给侧结构性改革的重要举措，其核心优势就是提供优质、适用的建筑产品。而装配式建筑的发展还需要解决上述存在的问题，就需要在装配式建筑中实践装配式建筑"三个一体化"发展，将发展方向和重点转移到"建筑、结构、机电、内装一体化"、"设计、生产、装配一体化"和"技术、管理、市场一体化"的系统工程上来，从而回归装配式建筑发展的"初心"，为社会提供优良性能和高质量的人居环境。

1. 建筑、结构、机电、内装一体化

装配式建筑是由结构系统、外围护系统、设备与管线系统、内装系统四个子系统组成，它们各自既是一个完整独立存在的子系统，又共同构成更大的系统，即装配式建筑工程项目。四个子系统独立存在，又从属于整体建筑系统，每个子系统是装配式，整体系统也是装配式。

依据建筑系统和系统集成设计的理念，按照四个子系统的组成，将预制部品部件通过模数协调、模块组合、接口连接、节点构造和施工工法等一体化系统性集成装配。通过在工地高效、可靠装配，从而实现主体结构、建筑围护、设备管线和内装一体化。

2. 设计、生产、装配一体化

设计、加工、装配一体化，是工业化生产的要求。唯有采用标准化设计、工厂化生产、装配化施工、一体化装修和信息化管理的五化一体实施路径，以全装配为特点，运用BIM信息化共享技术，实现全过程工业化建造。

3. 技术、管理、市场一体化

技术、管理、市场一体化，是产业化发展的要求。首先，技术与管理要高度集中和统一，需建立成熟完善的技术体系。其次，需建立与之相适应的管理模式，以及与技术体系、管理模式相适应的市场机制。最后，要营造良好的市场环境。推行技术、管理、市场一体化，突破政府和行业积极而市场反应冷淡的发展瓶颈，推进装配式建筑的产业化发展。积极培育适应行业发展的复合型技术人才和产业工人队伍。

2017 年 7 月